全国高职高专院校装备制造大类专业规划教材
“互联网+”新形态信息化教材

可编程控制技术及应用

范立荣　马丽娜　主编

天津大学出版社
TIANJIN UNIVERSITY PRESS

图书在版编目（CIP）数据

可编程控制技术及应用 / 范立荣，马丽娜主编. 天津 ： 天津大学出版社，2025. 5. -- (全国高职高专院校装备制造大类专业规划教材）（“互联网+”新形态信息化教材）. -- ISBN 978-7-5618-8023-4

Ⅰ. TM571.6

中国国家版本馆CIP数据核字第2025XA4015号

出版发行	天津大学出版社
地　　址	天津市卫津路92号天津大学内（邮编：300072）
电　　话	发行部：022-27403647
网　　址	www.tjupress.com.cn
印　　刷	河北鑫彩博图印刷有限公司
经　　销	全国各地新华书店
开　　本	787mm×1092mm　1/16
印　　张	19
字　　数	475千
版　　次	2025年5月第1版
印　　次	2025年5月第1次
定　　价	49.80元

本书编写委员会

主　编　范立荣　马丽娜
副主编　邵　华　曹玉柱

前言

Preface

可编程控制器(PLC)是先进控制领域不可或缺的设备之一。它是以微处理器为核心，将计算机技术、自动控制技术及通信技术融为一体的一种工业自动化控制装置。它常常和传感器、触摸屏、变频器等设备配合使用，构成功能齐全、操作简单的自动控制系统，具有编程简单、使用方便、配置灵活、易于扩展、可靠性高、控制能力强等优点。

鉴于西门子 S7-1200 PLC 和 G120 系列变频器以及昆仑通态触摸屏在国内学校和企业现场使用较为普遍，编者编写了本书，旨在使学生或具有一定电气控制基础知识的技术人员较快地掌握西门子 S7-1200 PLC、G120 系列变频器和昆仑通态触摸屏的相关技术。

本书基于工学结合的指导思想，以项目化教学方式实现理论知识与技能训练相结合，以任务驱动的编写方式导入教学内容，使教材内容更加符合学生的认知规律，由浅入深地激发学生的学习兴趣。在教材编写模式下每个任务都有明确的学习目标，并针对“任务描述”“任务目标”展开相关“任务准备”的介绍及“任务实施”，还设置了相应的“任务拓展”以及“练习题”，以便学生巩固基础知识与技能。在内容的表达方式上，本书力求图文并茂，尽可能以图片或者表格形式将各知识点展示出来，并配有微课视频，从而提高教材的可读性。

本书共有 8 个项目，较为全面地介绍了 S7-1200 PLC 技术及其应用。

项目 1 为“认识 S7-1200 PLC”，包含 7 个任务，介绍了 S7-1200 PLC 的硬件构成、工作原理及博途软件的使用和编程规则。

项目 2 为“三相交流异步电动机 PLC 控制系统的设计、安装与调试”，包含 10 个任务，介绍了位逻辑指令、定时器指令、加计数器指令等的应用及程序监控调试的方法。

项目 3 为“PLC 典型控制系统的设计与调试”，包含 5 个任务，介绍了行迹控制以及移动指令、比较指令、移位和循环移位指令等的用法。

项目 4 为“PLC 步进顺控指令及其应用”，包含 4 个任务，介绍了顺序控制的结构、绘制方法，不同结构的顺序功能图转换为梯形图的方法。

项目 5 为“HMI 的基本应用”，包含 4 个任务，介绍了 S7-1200 PLC 和 MCGS 软件通信和调试的方法，以及脚本程序的使用方法。

项目 6 为“了解变频器的基础知识”，包含 4 个任务，介绍了变频器的结构、整流和逆变模块的检测方法。

项目 7、项目 8 以 G120 变频器为载体，介绍了 G120 变频器 BOP 操作、数字量控制、模拟量控制、通信控制的方法。

校企合作企业宁夏大有电气集团有限公司原高级工程师曹玉柱参与了本书的编写，在此表示感谢。

编写本书时，编者查阅和参考了众多文献资料，从中得到了许多教益和启发，在此向参考文献的作者致以诚挚的谢意。由于编者水平有限和时间仓促，书中错误和不妥之处在所难免，恳请广大读者批评指正。

编者

2025 年 3 月

目录

Contents

项目 1 认识 S7-1200 PLC

项目导读

可编程逻辑控制器（Programmable Logic Controller，PLC）简称可编程控制器，是以微处理器为核心的通用工业控制装置，是在继电-接触器的基础上发展起来的。随着现代工业生产自动化水平的日益提高及微电子技术的迅猛发展，当今的 PLC 已将计算机技术、自动控制技术及通信技术融为一体，是现代工业生产自动化的重要支柱。

西门子 S7-1200 PLC 是一种整体式的小型 PLC，其功能强大，使用灵活，可用于控制各种各样的设备，以满足用户的自动化需求。S7-1200 PLC 设计紧凑、组态灵活，具有功能强大的指令集，这些特点的组合使它成为控制各种应用的完美解决方案。

通过本项目的学习，学生能够熟悉 PLC 的结构，了解 PLC 的工作原理，掌握 S7-1200 PLC 的分类、型号及博途软件的使用方法。

项目描述

本项目主要学习可编程控制器的基础知识和博途软件的使用。通过本项目的学习，学生能够识读 PLC 型号，了解 S7-1200 PLC 面板布局及端子功能，正确认识 S7-1200 型号，并能够利用博途软件输入、调试程序并验证程序的正确性。

项目目标

1. 知识目标

（1）说出 PLC 的特点、应用领域及构成。

（2）说明 PLC 的工作原理。

（3）说出 S7-1200 PLC 面板标志的含义。

（4）总结梯形图的编程规则。
（5）说出博途软件的使用方法。

2. 能力目标

（1）能说出 PLC 的应用领域、分类、结构、工作原理。
（2）能正确辨别 S7-1200 PLC 的电源、输入信号、输出信号。
（3）能使用博途软件进行设备组态、梯形图编程以及程序监控和调试。
（4）能根据编程规则对简单控制的梯形图进行改画。

3. 素养目标

（1）让学生了解国内外 PLC 的发展历史，增强学生为国效力的信念。
（2）培养学生对 PLC 学习的专业认同感。
（3）培养学生刻苦勤奋、诚实守信、持之以恒的优良品质以及团结协作精神。
（4）培养学生遵循编程规则和安全规范的意识，帮助学生养成严谨认真的职业素养。

任务 1.1　初识 PLC

任务描述

随着可编程控制器（PLC）在工业领域的广泛应用，传统继电控制线路由于灵活性差、硬件故障率高、不能实现复杂控制等问题逐步被 PLC 控制系统所取代。某公司要对机床电气控制线路进行 PLC 控制系统改造，那么什么是 PLC？它有哪些特点？如何使用 PLC 实现控制系统改造呢？通过本任务的学习，学生能够认识 PLC，了解其特点及应用领域，为 PLC 控制系统改造奠定基础。

任务目标

1. 知识目标

（1）说出 PLC 的定义、特点。
（2）说出 PLC 的应用领域。

2. 能力目标

（1）能说出 PLC 的主要应用领域。
（2）能对 PLC 进行分类。

3. 素养目标

（1）让学生了解国内外 PLC 的发展历史，增强学生为国效力的信念。
（2）培养学生对 PLC 学习的专业认同感。

任务准备

1.1.1　可编程控制器的定义

国际电工委员会（International Electrotechnical Commission，IEC）于 1985 年对 PLC 做出如下定义：PLC 是一种数字运算操作的电子系统，专为在工业环境下应用而设计。它采用一类可编程的存储器，在其内部存储执行逻辑运算、顺序控制、定时、计数和算术运算等操作的指令，并通过数字式或模拟式的输入与输出控制各种类型的机械或生产过程。PLC 及其有关外围设备，都应按易于与工业控制系统连成一个整体、易于扩充其功能的原则设计。

1.1.2　PLC 的产生及发展

1. PLC 的产生

在传统的工业生产过程中存在着大量开关量的顺序控制（按照逻辑条件进行顺序动作，并按照逻辑关系进行连锁保护动作的控制）和大量离散量的数据采集。这些功能是通过继电-接触器控制系统来实现的。

20 世纪 60 年代，美国的汽车制造工业得到了飞速发展，市场竞争十分激烈，汽车型号更新的周期愈来愈短，每一次改型都直接导致继电-接触器控制装置的重新设计和安装，费时、费工、费料。作为工业主力军的继电-接触器控制系统具有简单易懂、操作方便、价格低廉等优点，但其体积大，可靠性低，查找故障困难，特别是接线复杂，对生产工艺变化的适应性差的缺点尤为突出。1969 年，美国数字设备公司（Digital Equipment Corporation，DEC）研制出第一台基于集成电路和电子技术的 PLC，并在通用汽车（GM）的自动装配线上试用成功。这种新型的工业控制装置以其简单易懂、操作方便、可靠性高、通用灵活、体积小、使用寿命长等一系列优点，在工业领域得到了推广和应用。

2. PLC 的发展历程

常见国外 PLC 的品牌如图 1-1-1 所示。

PLC 的发展历程

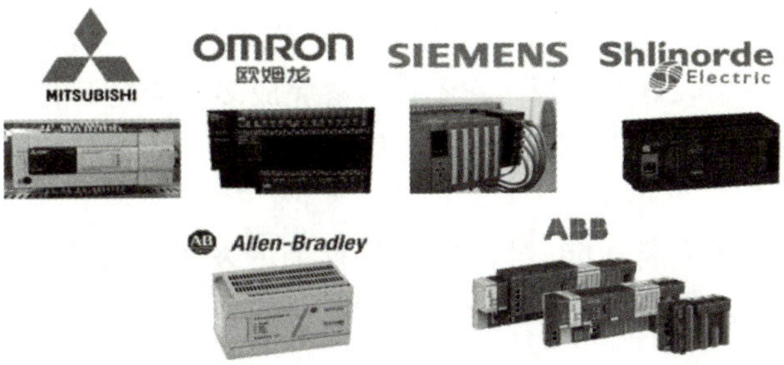

图 1-1-1　常见国外 PLC 的品牌

（从左到右、从上到下依次为三菱、欧姆龙、西门子、施耐德、艾伦-布拉德利、艾波比）

常见国内 PLC 的品牌如图 1-1-2 所示。

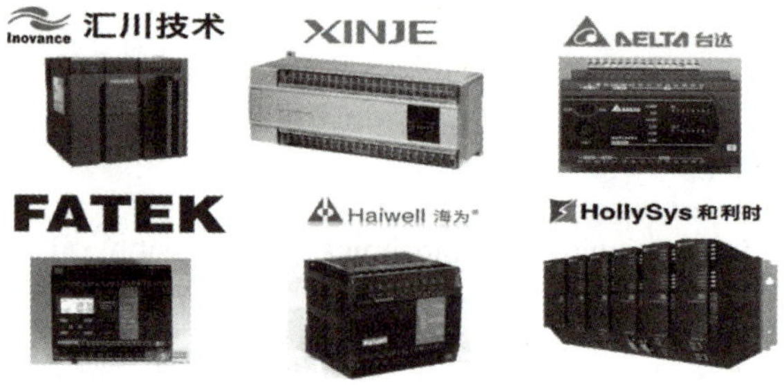

图 1-1-2　常见国内 PLC 的品牌

（从左到右、从上到下依次为汇川、信捷、台达、永宏、海为、和利时）

3. PLC 的特点

PLC 是基于工业控制的需要而产生，面向工业控制领域的专用设备。它具有以下七个主要特点。

1）可靠性高，抗干扰能力强

用程序来实现的逻辑顺序和时序，能最大限度地取代传统继电器控制系统中的硬件接线，大大减少了机械触点和接线的数量，在可靠性上优于继电器控制系统。在抗干扰方面，PLC 在结构设计、内部电路设计、系统程序执行等方面都进行了充分的考虑。例如，对主要器件和部件用导磁性良好的材料进行屏蔽，对供电系统和输入电路采用多种形式的滤波，在 I/O（输入/输出）回路与微处理器电路之间用光电耦合器隔离，系统软件具有故障检测、信息保护和恢复、循环扫描时间的超时警戒等功能。

2）灵活性强，具有良好的柔性

当生产工艺和流程进行局部的调整和改动时，通常只需要对 PLC 的程序进行改动或者配合外围电路的局部调整即可实现对控制系统的改造。

3）编程简单，使用方便

梯形图是 PLC 最重要也最常用的一种编程语言，其图形符号和表达方式与继电器电路原理图相似，因此电气技术人员和技术工人可以很快掌握梯形图语言，并用它来编写用户程序。

4）易于实现，开发工作量少，周期短

由于 PLC 具有系列化、模块化、标准化的特性，以及良好的扩展性和联网性能，在大多数情况下，PLC 都是一个较好的选择。它不仅能够完成多数情况下的控制任务，还能够大量节省系统设计、安装、调试的时间和减少工作量。

5）维修方便

PLC 有完善的故障诊断功能，可以根据装置上的发光二极管（Light Emitting Diode，LED）和软件提供的故障信息，方便地查明故障源。

6）体积小，能耗低

由软件实现逻辑控制，可大量节省继电器和定时器。一台小型的 PLC 相当于几个继电器的体积，控制系统所消耗的能量也大大降低。

7)功能强,性价比高

在 PLC 控制系统中,传统继电器控制所需的物理元件(如继电器、定时器、计数器等)均被存储单元(软元件)替代。这些软元件数量庞大,仅一台小型 PLC 即可提供成百上千个,其相当于传统的大规模甚至超大规模继电器控制系统。而且 PLC 的软元件(如软继电器)触点支持无限次重复使用,从而能够方便地实现复杂的控制逻辑。另外, PLC 的通信联网功能有利于实现分散控制、远程控制、集中管理等功能,与同等规模或成本的继电器控制系统相比,其具有无可比拟的优势。

4. PLC 的应用领域

目前, PLC 在国内外已被广泛应用于石油化工、电力、机械加工、建筑建材、纺织、交通运输、环保以及文化娱乐等领域。随着 PLC 性价比的不断提高,其应用范围还将不断扩大,从技术的角度来讲,其具体应用大致可归纳为如下几类。

1)顺序控制

顺序控制是 PLC 最基本、最广泛的应用领域。PLC 能用于单机控制、多机群控制和自动化生产线控制,如数控机床、注塑机、印刷机械、电梯和纺织机械控制等。

2)计数和定时控制

PLC 为用户提供了足够的定时器和计数器,并设置了相关的定时和计数指令。PLC 的定时器和计数器精度高、使用方便,可以取代继电器控制系统中的时间继电器和计数器。

3)位置控制

目前大多数的 PLC 制造商都提供拖动步进电动机或伺服电动机的单轴或多轴位置控制模块。这一功能可广泛应用于各种机械,如金属切削机床和装配机械等。

4)模拟量处理

PLC 通过模拟量的输入/输出模块,实现模拟量与数字量的转换,并对模拟量进行控制。有的 PLC 还具有 PID(比例-积分-微分)控制功能,可用于锅炉的水位、压力和温度控制。

5)数据处理

PLC 具有数学运算、数据传送、转换、排序和查表等功能,也能完成数据的采集处理和分析工作。

6)通信联网

PLC 的通信包括 PLC 之间、PLC 与上位计算机之间以及 PLC 与其他智能设备之间的通信。PLC 系统与通用计算机可以直接相连,或通过通信处理单元、通信转接器相连,构成通信网络,以实现信息交互,并可构成集中管理、分散控制的分布式控制系统,满足工厂自动化系统的需求。

PLC 的发展趋势

5. PLC 的发展趋势

扫码阅读二维码资源“PLC 的发展趋势”,回答问题:PLC 的发展趋势包括哪些方面?

6. PLC 的分类

PLC 种类繁多,规格和性能也不尽相同。人们通常根据 PLC 的 I/O 点数、结构形式和功能等对 PLC 进行大致分类。

1)按 I/O 点数分类

根据 PLC 的 I/O 点数可将 PLC 分为小型 PLC、中型 PLC 和大型 PLC。

(1)小型 PLC:I/O 点数在 256 之内,具有单 CPU(中央处理器)及 8 位或 16 位处理器,用户存储器容量在 4 kB 以下,适合单机控制系统或小型控制系统。

(2)中型 PLC:I/O 点数在 256~2 048,具有双 CPU,用户存储器容量为 4~8 kB。中型 PLC 不仅可以对设备进行直接控制,还可以对多个下一级 PLC 进行监控,适合中型或大型控制系统。

(3)大型 PLC:I/O 点数一般大于 2 048,具有多 CPU 及 16 位或 32 位处理器,不仅能完成较复杂的算术运算,还能进行复杂的矩阵运算。大型 PLC 不仅可以对设备进行直接控制,还可以对多个下一级 PLC 进行监控。

2)按结构形式分类

根据 PLC 的结构形式可将 PLC 分为整体式 PLC、模块式 PLC 和叠装式 PLC。

(1)整体式 PLC:将电源、CPU、I/O 接口等部件都集中装在一个单元内,该单元叫作基本单元,一个基本单元就是一台完整的 PLC。整体式 PLC 具有结构紧凑、体积小、价格低、安装方便的特点。此外,整体式 PLC 一般还可配备特殊功能单元,如模拟量单元、位置控制单元等,当控制点数不符合要求时,可再接扩展单元。

小型 PLC 一般采用整体式结构,如西门子 S7-200 PLC、西门子 S7-1200 PLC。

(2)模块式 PLC:模块式 PLC 将 PLC 的各组成部分分别做成单独的模块,如 CPU 模块、I/O 模块、电源模块(有的位于 CPU 模块中)等。具有单一功能的各种模块装在框架或基板的插座上,拼装成一台完整的 PLC。用户在设计自己的 PLC 控制系统时拥有极大的灵活性,可使设备的性价比达到最高。模块式结构有利于系统的维护、换代和升级,并使系统的扩展能力得到大大加强。

中型 PLC 和大型 PLC 一般采用模块式结构,如西门子 S7-300 PLC、西门子 S7-400 PLC。

(3)叠装式 PLC:叠装式 PLC 由不同 I/O 点数的基本单元(又称主机)和扩展单元组成。基本单元内有 CPU、I/O 接口、与 I/O 扩展单元相连的扩展口、与编程器或 EPROM(可擦除可编程只读存储器)写入器相连的接口等;扩展单元内只有 I/O 接口和电源等而没有 CPU。基本单元和扩展单元之间一般用扁平电缆连接。

3)按功能分类

根据 PLC 的功能可将 PLC 分为低档 PLC、中档 PLC 和高档 PLC。

(1)低档 PLC:具有逻辑运算、定时、计数、移位、自诊断以及监控等基本功能,还具有少量模拟量输入/输出、算术运算、数据传送和比较及通信等功能,主要用于逻辑控制、顺序控制或少量模拟量控制的单机控制系统,如西门子 S7-200 PLC。

(2)中档 PLC:除具有低档 PLC 的功能外,还具有较多的模拟量输入/输出、算术运算、数据传送和比较、数制转换、远程 I/O、子程序及通信联网等功能,有些还可增设中断控制、PID 控制等功能,适用于复杂的控制系统,如西门子 S7-300 PLC。

(3)高档 PLC:除具有中档 PLC 的功能外,还增加了带符号算术运算、矩阵运算、位逻辑运算、平方根运算及其他特殊功能函数的运算,制表及表格传送功能等。高档 PLC 具有更强的通信联网功能,可用于大规模过程控制系统或构成分布式网络控制系统,进而实现工厂自动化，如西门子 S7-400 PLC、西门子 S7-1500 PLC。

任务实施

说出实验室中的 PLC 是哪些品牌的，根据 PLC 的分类方法对它们进行分类。

1. 设备与器材

设备与器材如表 1-1-1 所示。

表 1-1-1　设备与器材

序号	名称	型号规格	数量
1	西门子 S7-1200 PLC	CPU 1215C AC/DC/RLY，订货号：6ES7 215-1BG40-0XB0	1 台
		CPU 1215C DC/DC/DC，订货号：6ES7 215-1AG40-0XB0	1 台
2	三菱 FX 系列 PLC	FX2N-32MT	1 台
		FX3U-48MR、FX2N-8EYR	各 1 台

2. 内容与步骤

（1）根据给定的 PLC 品牌标志填写品牌名称。

（2）对于给定的 PLC 实物，识读其品牌，并根据分类方法对其进行分类。

3. 任务考核

（见“任务 1.1 考核标准”码课）

任务 1.1 考核标准

练习题

（见“任务 1.1 练习题”码课）

任务 1.1 练习题

任务 1.2　认识 S7-1200 PLC 的面板标志

任务描述

通过本任务的学习，学生能够正确识读实验室中 PLC 的型号及其面板上各种标注信息的含义，并能够根据所学习的 PLC 型号绘制出电动机连续运行控制的外部接线图。

任务目标

1. 知识目标

（1）说出 S7-1200 PLC 的硬件体系。

（2）总结 S7-1200 PLC 的面板标志及含义。

2. 能力目标

（1）能正确认识 PLC 的型号。

（2）能正确说出 S7-1200 PLC 面板标志的含义。

3. 素养目标

通过对 S7-1200 PLC 的实物认知，培养学生对 PLC 学习的专业认同感。

任务准备

1.2.1　S7-1200 PLC 外观认知

S7-1200 PLC 的外观如图 1-2-1 所示，其带有一个或多个 PROFINET 接口，可以与 HMI（人机界面）、编程计算机、其他 PLC 以及带有以太网接口的设备进行通信，还可以使用扩展模块通过 PROFIBUS 接口、RS-485 接口、RS-232 接口等与外界进行通信。

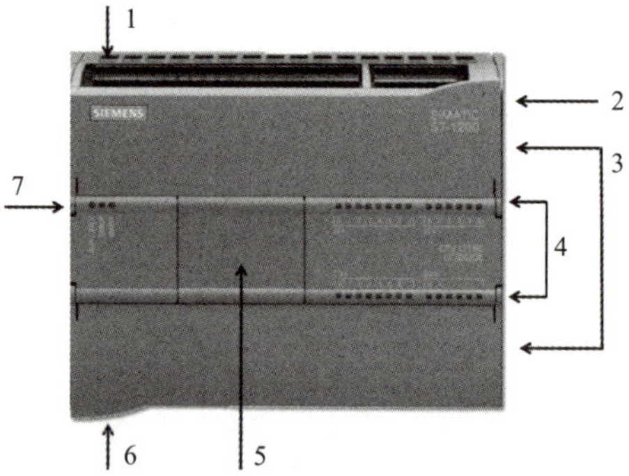

1—电源接口；2—存储卡插槽（保护盖下方）；3—可拆卸用户接线连接器（保护盖下方）；
4—板载输入/输出状态指示灯；5—信号板；6—PROFINET 接口（保护盖下方）；7—CPU 状态指示灯

图 1-2-1　S7-1200 PLC 的外观

1.2.2　S7-1200 PLC 型号认知

对于 S7-1200 PLC 来说，现在常见的型号主要有五种，分别为 CPU 1211C、CPU 1212C、CPU 1214C、CPU 1215C、CPU 1217C，其参数比较如表 1-2-1 所示。

表 1-2-1　S7-1200 PLC 各种型号 CPU 的参数比较

PLC 型号	CPU 1211C	CPU 1212C	CPU 1214C	CPU 1215C	CPU 1217C
PLC 类型	DC/DC/DC、AC/DC/RLY、DC/DC/RLY				DC/DC/DC
本机数字量输入/输出	6 输入/4 输出	8 输入/6 输出	14 输入/10 输出		
本机模拟量输入/输出	2 输入			2 输入/2 输出	

续表

PLC 型号	CPU 1211C	CPU 1212C	CPU 1214C	CPU 1215C	CPU 1217C
过程映像存储器	1 024 B 输入/1 024 B 输出				
位存储器（M）	4 096 B		8 192 B		
信号板数量	1				
扩展模块数量	无	2	8	8	8
通信模块数量	3				
高速计数器数量	3	4	6		
实时时钟保持时间	通常为 20 d，40 ℃时最短为 12 d				
PROFINET 接口数量	1			2	

S7-1200 PLC 除了 CPU 之外，还有通信模块、信号模块、信号板及 CPU 电源等。CPU 和模块都有其规定的命名规则和型号含义。

如图 1-2-2 所示，西门子 S7 系列 PLC 的型号命名规则分为三部分，第一部分是模块标识符，第二部分是 PLC 系列，最后一部分的数值代表不同的模块。

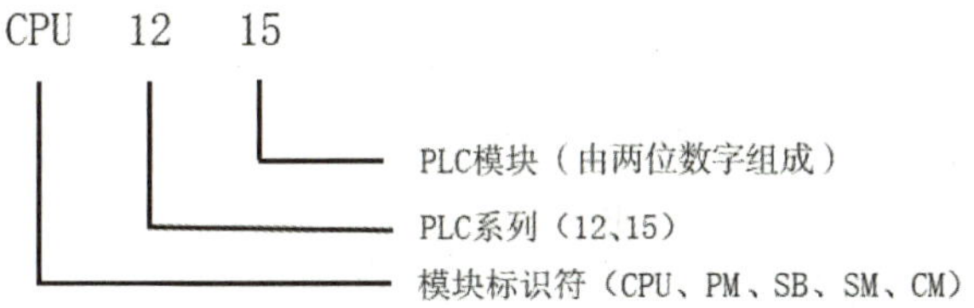

图 1-2-2 西门子 S7 系列 PLC 的型号命名规则

模块标识符包括 CPU（中央处理器模块）、PM（电源模块）、SB（信号板）、SM（信号模块）、CM（通信模块）。

PLC 系列 12 表示 1200 系列，15 表示 1500 系列。

PLC 模块由两位数字组成：第一位数字代表不同的模块，1 为 CPU 模块，2 为数字量模块，3 为模拟量模块，4 为通信模块；第二位数字代表不同型号的产品。

例如：CPU 1214C 表示 1200 系列的 CPU 模块；SM 1221 表示数字量信号模块；SB 1222 表示数字量信号板。

S7-1200 PLC 有三种类型，分别是 DC/DC/DC、AC/DC/RLY、DC/DC/RLY 型。其类型符号包括以下三个部分。

第一部分表示 CPU 的供电电压，DC 表示直流 24 V 供电，AC 表示交流 220 V 供电。

第二部分 DC 表示输入信号是直流 24 V 供电的，可采用 NPN 型接线方式，也可采用 PNP 型接线方式。图 1-2-3 所示为 CPU 1215C 输入端子的 NPN 型接线，图 1-2-4 所示为 CPU 1215C 输入端子的 PNP 型接线。

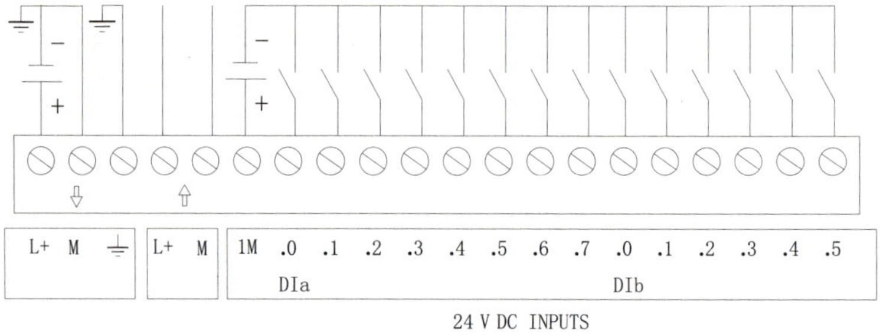

图 1-2-3 CPU 1215C 输入端子的接线（NPN 型）

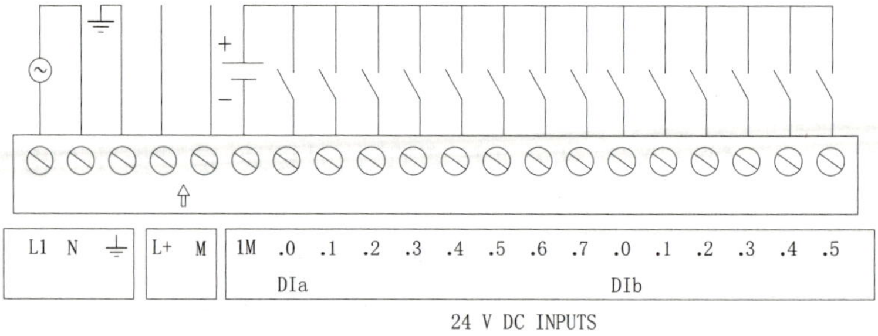

图 1-2-4 CPU 1215C 输入端子的接线（PNP 型）

第三部分表示 CPU 的输出类型，DC 为晶体管输出类型，RLY 为继电器输出类型。当输出类型为 DC 时，只能驱动直流负载；当输出类型为 RLY 时，既可以驱动直流负载，也可以驱动交流负载。图 1-2-5 所示为 CPU 1215C（DC/DC/DC）数字量输出端子的接线，图 1-2-6 所示为 CPU 1215C（DC/DC/RLY）数字量输出端子的接线。

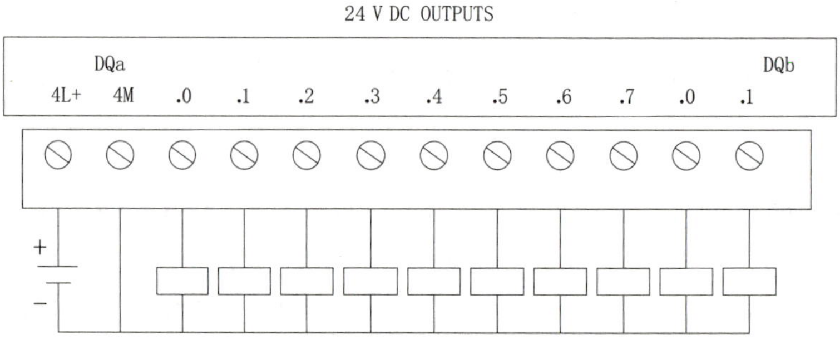

图 1-2-5 CPU 1215C（DC/DC/DC）数字量输出端子的接线

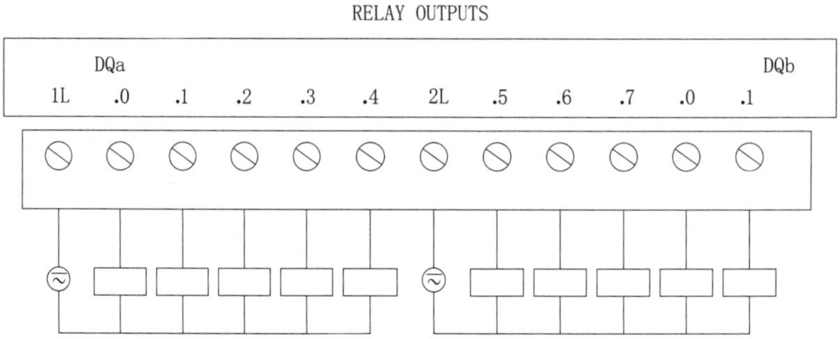

图 1-2-6 CPU 1215C（DC/DC/RLY）数字量输出端子的接线

1.2.3　S7-1200 PLC 指示灯认知

如图 1-2-7 所示，S7-1200 PLC 本机指示灯有 RUN/STOP（运行/停止，绿色/橙色）、ERROR（错误，红色）和 MAINT（维护，黄色），各指示灯功能说明如表 1-2-2 所示。

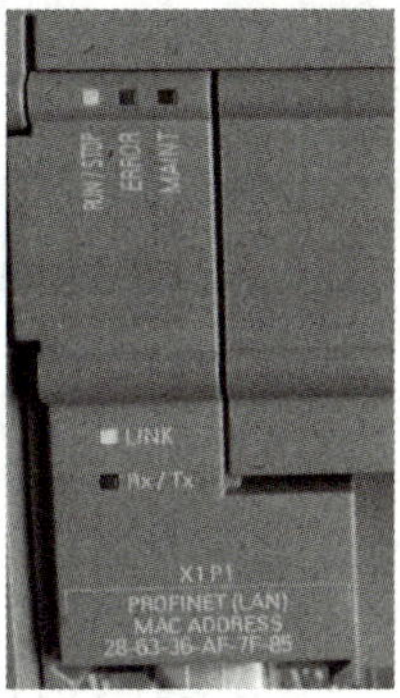

图 1-2-7　S7-1200 PLC 本机指示灯

表 1-2-2　S7-1200 PLC 本机指示灯功能说明

功能说明	指示灯		
	RUN/STOP（绿色/橙色）	ERROR（红色）	MAINT（黄色）
工作模式	橙色常亮表示 CPU 处于 STOP（停止）模式		
	绿色常亮表示 CPU 处于 RUN（运行）模式		
	闪烁（绿色和橙色交替）表示 CPU 处于 STARTUP（启动）模式		
取出存储卡	橙色常亮		闪烁
错误	常亮（橙色或绿色）	闪烁	
请求维护	常亮（橙色或绿色）		常亮
强制 I/O			
需要更换电池（如果安装有电池）			
LED 测试或 CPU 固件故障	闪烁（绿色和橙色交替）	闪烁	闪烁
CPU 组态版本未知或不兼容	橙色常亮	闪烁	闪烁
CPU 硬件故障		常亮	

LINK（连接，绿色）点亮，表示通信连接成功。

Rx/Tx（橙色）点亮，表示通信传输正在进行。

1.2.4　S7-1200 PLC 扩展模块认知

1. 信号板

CPU 支持一个插入式的扩展板即信号板（SB）。信号板提供附加的输入、输出功能，可以直接安装在 CPU 的正面插槽中，且安装后不会占用额外的空间。信号板外观如图 1-2-8

所示。常见信号板及其特征如表 1-2-3 所示。

图 1-2-8　信号板外观

表 1-2-3　常见信号板及其特征

信号板	SB 1221	SB 1223	SB 1222	SB 1231	SB 1232
特征	数字量输入 ① 4DI，5 V DC，200 kHz ② 4DI，24 V DC，200 kHz	数字量输入/输出 ① 2DI/2DQ，24 V DC ② 2DI/2DQ，5 V DC，200 kHz ③ 2DI/2DQ，24 V DC，200 kHz	数字量输出 ① 4DQ，5 V DC，200 kHz ② 4DQ，24 V DC，200 kHz	模拟量输入 ① 1AI，± 10 V DC（12 Bit）/0~20 mA ② 1AI，16 Bit RTD（Pt） ③ 1AI，16 Bit TC（t 类型：J，K；± 80 mV）	模拟量输出 1AQ，± 10 V（12 Bit）/0~20 mA（11 Bit）

2. 信号模块

信号模块（SM）安装在 CPU 模块的右侧，使用信号模块可以增加数字量和模拟量 I/O 点数，实现对外部信号的采集和对外部对象的控制。

数字量信号模块分为数字量输入模块和数字量输出模块：数字量输入模块用于采集各种控制信号，如按钮、开关、时间继电器、过电流继电器以及一些传感器等产生的信号；数字量输出模块输出开关量控制信号，如接触器、继电器及电磁阀等工作的信号。

模拟量信号模块分为模拟量输入模块和模拟量输出模块：模拟量输入模块用于采集各种控制信号，如压力、温度和位移等变送器的标准信号；模拟量输出模块输出模拟量控制信号，如变频器、电动阀和温度调节器等工作的信号。

常用的信号模块及其特征如表 1-2-4 所示。

表 1-2-4　常用的信号模块及其特征

数字量输入	数字量输出		数字量输入输出		模拟量输入	模拟量输出	模拟量输入输出
SM1221 DC	SM1222 DC	SM1222 RLY	SM1223 DC/DC	SM1223 DC/RLY	SM1231 AI	SM1232 AQ	SM1234 AI/AQ
① DI 8 × 24 V DC ② DI 16 × 24 V DC	① DQ 8 × 24 V DC，0.5 A ② DQ 16 × 24 V DC，0.5 A	① DQ 8 × RLY 30 V DC /250 V AC，2 A ② DQ 16 × RLY 30 V DC/ 250 V AC，2 A	① DI 8 × 24 V DC，DQ 8 × 24 V DC，0.5 A ② DI 16 × 24 V DC，DQ 16 × 24 V DC，0.5 A	① DI 8 × 24 V DC，DQ 8 × RLY 30 V DC/ 250 V AC，2 A ② DI 16 × 24 V DC，DQ 16 × RLY 30 V DC/250 V AC，2 A	① AI 4 × 13 Bit，± 10 V DC/ 0~20 mA ② AI 8 × 13 Bit，± 10 V DC/ 0~20 mA	① AQ 2 × 14 Bit，± 10 V DC/0~ 20 mA ② AQ 4 × 14 Bit，± 10 V DC/ 0~20 mA	① AI 4 × 13 Bit，± 10 V DC/ 0~20 mA ② AQ 2 × 14 Bit，± 10 V DC/ 0~20 mA

3. 通信模块

S7-1200 PLC 最多可以扩展 3 个通信模块和 1 个通信板，如 CM 1241 RS-232、CM 1241 RS-485、CB 1241 RS-485，它们安装在 CPU 模块的左侧和 CPU 模块的面板上。

RS-232 和 RS-485 通信模块为点对点（PtP）的串行通信提供连接。STEP7 工程组态系统提供了扩展指令或库功能、USS 驱动协议、Modbus RTU 主站协议和 Modbus RTU 从站协议，用于串行通信的组态和编程。

任务实施

采用 PLC 控制实现电动机连续运行，具体控制要求如下：按下启动按钮，电动机连续运行；按下停止按钮，电动机停止运行。根据你学习和使用的 S7-1200 PLC 的型号，绘制出其外部接线图。

1. 设备与器材

设备与器材如表 1-2-5 所示。

表 1-2-5　设备与器材

序号	名称	符号	型号规格	数量
1	西门子 S7-1200 PLC	CPU	CPU 1215C AC/DC/RLY，订货号：6ES7 215-1BG40-0XB0	1 台
			CPU 1215C DC/DC/DC，订货号：6ES7 215-1AG40-0XB0	1 台
2	数字量输入/输出模块	SM 1223	DI 8/DQ 8 × 24 V DC，订货号：6ES7 223-1BH32-0XB0	1 个
3	模拟量输出模块	SM 1232	AQ 2 × 14 Bit，订货号：6ES7 232-4HB32-0XB0	1 个

2. 内容与步骤

1）任务分析

该任务有 3 个开关量输入信号（启动按钮、停止按钮及电动机过载保护信号）和 1 个开关量输出信号（电动机连续运行交流接触器线圈）。

2）I/O 地址分配表

根据任务分析，可以得到表 1-2-6 所示的 I/O 地址分配表。

表 1-2-6　I/O 地址分配表

信号类型	描述	I/O 地址
DI	SB1 启动按钮	I0.0
	SB2 停止按钮	I0.1
	FR 电动机过载保护	I0.2
DQ	KM 电动机连续运行交流接触器线圈	Q0.0

3）外部接线图

可采用 CPU 1215C AC/DC/RLY 进行接线和编程，其接线图如图 1-2-9 所示。

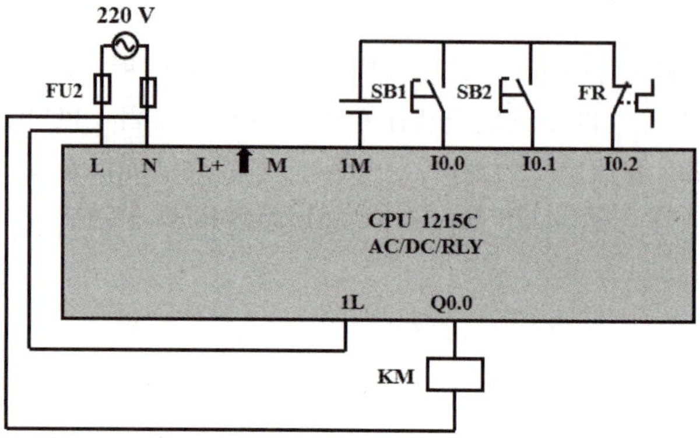

图 1-2-9　CPU 1215C AC/DC/RLY 的接线图

任务 1.2 考核标准

3. 任务考核

（见“任务 1.2 考核标准”码课）

任务 1.2 练习题

练习题

（见“任务 1.2 练习题”码课）

任务 1.3　了解 PLC 的硬件构成

任务描述

通过本任务的学习，学生能够结合实验室设备上 PLC 的型号，正确指出各 PLC 的电源端子、输入端子、输出端子以及通信接口的位置，并说明各部分的功能。

任务目标

1. 知识目标

（1）说出 PLC 的硬件构成。

（2）总结 PLC 各部分的功能。

2. 能力目标

（1）能正确说出 PLC 的硬件构成。

（2）能正确指出 PLC 实物中各部分的名称。

3. 素养目标

通过对 PLC 的硬件认知，帮助学生构建关于工业自动化控制的基础知识体系，为进一步学习自动化控制技术打下坚实的基础。

任务准备

1.3.1　PLC 的硬件构成

虽然 PLC 种类繁多，但其基本结构是相同的。PLC 的硬件一般由电源、输入输出单元、CPU、通信接口和存储器等部分构成，其基本单元结构如图 1-3-1 所示。

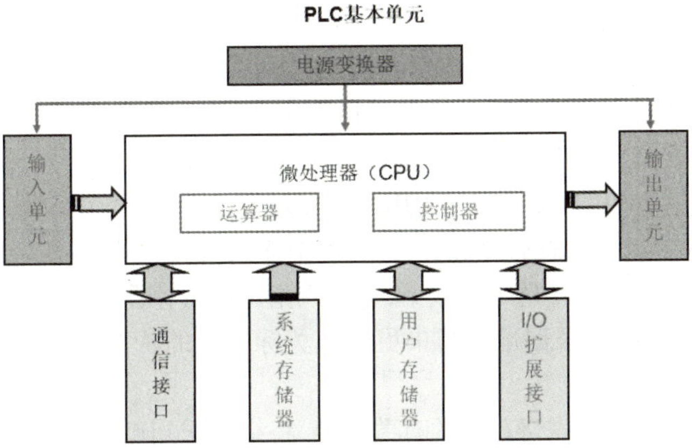

图 1-3-1　PLC 的基本单元结构

微课　PLC 的硬件结构

1.3.2　电源

PLC 一般使用 220 V 交流电源或 24 V 直流电源，内部的开关电源为 PLC 的 CPU、存储器等电路提供 5 V、12 V、24 V 直流电源，使 PLC 正常工作。

1.3.3　输入输出单元

PLC 的输入接口电路的作用是将按钮、行程开关或传感器等产生的信号输入 CPU；PLC 的输出接口电路的作用是将 CPU 向外输出的信号转换成可以驱动外部执行元件的信号，以便控制接触器线圈等外部执行元件的通断电。PLC 的输入输出接口电路一般采用光耦合隔离技术，可以有效地保护内部电路。

PLC 的输入接口电路可分为直流输入电路和交流输入电路。直流输入电路的延迟时间比较短，可以直接与接近开关、光电开关等电子输入装置连接；交流输入电路适合在有油雾、粉尘的恶劣环境下使用。交流输入电路和直流输入电路类似，只是外接的输入电源为 220 V 交流电源。

PLC 的输出接口电路通常有三种类型：继电器输出型、晶体管输出型和晶闸管输出型。这三种类型的输出电路类似，不同之处在于后两种类型是用晶体管和晶闸管代替继电器来控制外部负载的。

1.3.4 CPU

与通用计算机一样,PLC 的 CPU 也是整个系统的核心部件。它主要由控制器、运算器、寄存器及实现它们之间联系的地址总线、数据总线和控制总线构成。此外,它还包括外围芯片、总线接口及有关电路。CPU 在很大程度上决定了 PLC 的整体性能,如整个系统的控制规模、工作速度和内存容量等。

CPU 的控制器控制 PLC 工作,由它读取指令,解释并执行命令。工作的时序(节奏)则由振荡信号控制。CPU 的运算器用于完成算术或逻辑运算,在控制器的指挥下工作。CPU 的寄存器参与运算,并存储运算的中间结果。它也是在控制器的指挥下工作的。

作为 PLC 的核心,CPU 的功能主要包括以下几个方面。

(1)接收从编程器或计算机输入的程序和数据,并送入用户存储器中存储。

(2)监视电源、PLC 内部各个单元电路的工作状态。

(3)诊断编程过程中的语法错误,对用户程序进行编译。

(4)待 PLC 进入运行状态后,从用户存储器中逐条读取、分析并执行指令。

(5)采集由现场输入装置送来的数据,并存入指定的寄存器中。

(6)按程序进行处理,根据运算结果更新有关标志位的状态和输出状态或数据寄存器的内容。

(7)根据输出状态或数据寄存器的有关内容,将结果送到输出接口。

(8)响应中断和各种外围设备(如编程器、打印机等)的任务处理请求。当 PLC 处于运行状态时,首先以扫描的方式接收现场各输入装置的状态和数据,并分别存入相应的输入缓冲区;然后从用户存储器中逐条读取用户程序,经过命令解释后,按指令的规定执行完毕,再将 I/O 缓冲区的各输出状态或数据寄存器内的数据传送到相应的输出装置。如此循环运行,直到 PLC 处于停机状态,用户程序停止运行。

CPU 模块一般有相应的状态指示灯,如电源指示灯、运行停止指示灯、输入/输出指示灯和故障指示灯等。总线接口用于扩展连接 I/O 模块或特殊功能模块,内存接口用于连接外部存储器,外设接口用于连接编程器等外围设备,通信接口则用于通信。此外, CPU 模块上还有用来设定工作方式和内存区等的设定开关。

CPU 模块的工作电压一般是 5 V,而 PLC 的 I/O 信号电压一般较高,有直流电(DC)24 V 和交流电(AC)220 V。因此, CPU 模块不能直接与外部输入输出装置相连,在使用时还要防止外部尖峰电压和干扰噪声侵入,以免损坏 CPU 模块中的部件或影响 PLC 正常工作。I/O 模块除了传递信号外,还需进行电平转换与噪声隔离。

1.3.5 通信接口

PLC 配有各种通信接口,这些通信接口一般带有通信处理器。PLC 可通过这些通信接口与打印机、监视器、其他 PLC、计算机等设备实现通信。PLC 与打印机连接,可将过程信息、系统参数等输出打印;与监视器连接,可将控制过程图像显示出来;与其他 PLC 连接,可组成多机系统或连成网络,实现更大规模的控制; 与计算机连接,可以当作编程口使用,也可以组成多级分布式控制系统，实现控制与管理相结合。

远程 I/O 系统也必须配备相应的通信接口模块。

1.3.6　存储器

PLC 的存储器分为系统存储器和用户存储器。

系统存储器是供厂家使用的存储器，由只读存储器（ROM）组成。系统存储器用以存放系统程序，包括管理程序、监控程序以及对用户程序做编译处理的解释编译程序。其内容不可更改，断电后也不消失。

用户存储器是供用户使用的存储器，由随机存取存储器（RAM）组成，分为用户程序存储区和工作数据存储区。其内容可更改，但断电后内容会消失。常用高效的锂电池作为后备电源，寿命一般为 3~5 年。

现在的 PLC 一般采用电可擦除可编程只读存储器（E2PROM）作为系统存储器和用户存储器。

任务实施

根据所使用的 S7-1200 PLC，指出其电源端子、输入端子、输出端子以及通信接口。

1. 设备与器材

设备与器材如表 1-3-1 所示。

表 1-3-1　设备与器材

序号	名称	型号规格	数量
1	西门子 S7-1200 PLC	CPU 1215C AC/DC/RLY，订货号：6ES7 215-1BG40-0XB0	1 台
		CPU 1215C DC/DC/DC，订货号：6ES7 215-1AG40-0XB0	1 台
2	数字量输入/输出模块	DI 8/DQ 8 × 24 V DC，订货号：6ES 7223-1BH32-0XB0	1 个
3	模拟量输出模块	AQ 2 × 14 Bit，订货号：6ES7 232-4HB32-0XB0	1 个

2. 内容与步骤

（1）指出 CPU 1215C AC/DC/RLY 型和 CPU 1215C DC/DC/DC 型 PLC 的电源端子、输入端子、输出端子、通信接口的位置。

（2）指出 CPU 1215C AC/DC/RLY 型和 CPU 1215C DC/DC/DC 型 PLC 内部电路各部分的名称。

3. 任务考核

（见“任务 1.3 考核标准”码课）

任务 1.3 考核标准

练习题

（见“任务 1.3 练习题”码课）

任务 1.3 练习题

任务 1.4　输入输出单元功能等效电路的应用

任务描述

通过本任务的学习,学生能够理解并正确绘制输入输出单元功能等效电路;能够正确使用输入映像存储器和输出映像存储器;能够在教师的引导下理解并利用专业术语描述三相笼形异步电动机单向连续运行控制程序的工作原理。

任务目标

1. 知识目标

(1)说出 PLC 输入单元功能等效电路和输出单元功能等效电路的工作原理。

(2)总结 PLC 输入映像存储器和输出映像存储器的特点及使用方法。

2. 能力目标

(1)能绘制出 PLC 控制系统的功能等效电路。

(2)能正确使用输入映像存储器和输出映像存储器。

3. 素养目标

(1)通过功能等效电路的分析和应用培养学生严谨的逻辑思维。

(2)基于功能等效电路,鼓励学生尝试对 PLC 输入输出单元的功能进行扩展或优化,培养学生的创新思维和设计能力。

任务准备

1.4.1　PLC 控制系统的功能等效电路

PLC 控制系统的功能等效电路可以分为两部分,即输入部分和输出部分。输入部分用于采集输入信号,输出部分就是系统的执行部件,这两部分与继电器控制电路相同。

用户所编写的程序控制输出部分的常开触点按照要求闭合,实现控制逻辑。PLC 控制系统的功能等效电路如图 1-4-1 所示。图中的梯形图是为输出侧负载编写的对应程序。

1.4.2　PLC 的输入部分和过程映像输入

PLC 的输入部分由外部输入电路、PLC 输入端子和输入继电器组成。外部输入信号通过 PLC 输入端子驱动输入继电器线圈。每个 PLC 输入端子跟与其有相同编号的输入继电器有着唯一确定的对应关系。当外部的输入元件处于接通状态时,对应的输入继电器线圈得电,这个输入继电器是 PLC 内部的“软继电器”。这样称呼只是为了便于用户接受,实际上这里不存在真正的物理继电器，它只是存储器中的某一位，可以提供任意多个常开触点（动合触点）和常闭触点（动断触点）。这里所说的“触点”实际上也是不存在的，而是为了向早期的继电器线路图靠拢，便于用户接受。“触点”实际上就是存储器位的状态，可以任意取用。

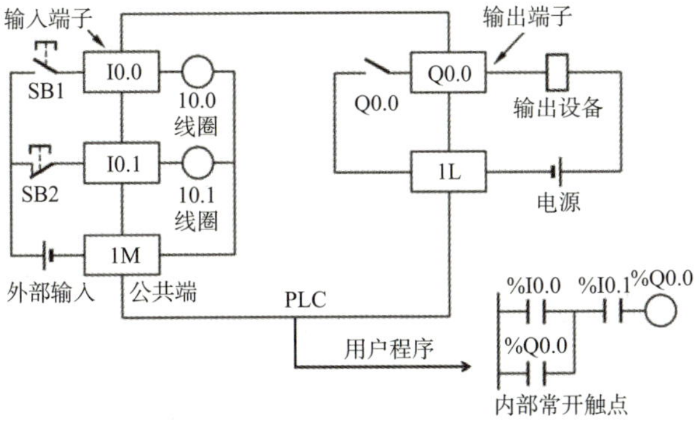

图 1-4-1　PLC 控制系统的功能等效电路

为使输入继电器的线圈得电，即让外部输入元件的接通状态写入对应的存储单元，输入回路中要有电流，这个电流可以由 PLC 自己的电源提供，也可以由 PLC 外部电源提供。

这个输入继电器称为 PLC 的输入映像存储器，其标识符为 I。在每个扫描周期开始时，CPU 会对每个物理输入点进行集中采样，并将采样值写入输入映像存储器，这一过程可以通过将输入映像存储器形象地比作输入继电器来理解。

需要说明的是，过程映像输入的数值只能由外部信号驱动，不能由内部指令改写；输入映像存储器有无数个常开、常闭触点供编程时使用，且在编写程序时，只能出现过程映像输入的触点，不能出现其线圈。

通过在地址后面添加“: P”，可以立即读取 CPU、SB 或 SM 的数字量和模拟量输入。使用“I_: P”访问与使用“I”访问的区别是前者直接从被访问点而非输入映像存储器获得数据。“I_: P”访问称为“立即读”访问，因为数据是直接从源而非副本获取的，这里的副本是指在上次更新过程映像输入时建立的副本。

因为物理输入点直接从与其连接的现场设备接收值，所以不允许对这些点进行写访问，即与可读、可写的“I”访问不同的是，“I_:P”访问为只读访问。

1.4.3　PLC 的输出部分和过程映像输出

PLC 的输出部分由在 PLC 内部且与外部控制电路隔离的输出继电器的外部常开触点、输出接线端子和外部驱动电路组成，用来驱动外部负载。每个输出继电器除了为用户程序提供编程用的任意多个常开、常闭触点外，还为外部输出电路提供了一个实际的常开触点，该触点与输出接线端子相连。需要特别指出的是，输出继电器是 PLC 中唯一存在的实际物理器件。

这个输出继电器称为 PLC 的输出映像存储器，其标识符为 Q。每一个输出映像存储器对应一个数字量输出点，在每个扫描周期结束时，CPU 会将过程映像输出的数据传输至 PLC 的物理输出点，再由硬触点驱动外部负载，这一过程可以通过将输出映像存储器形象地比作输出继电器来理解，如图 1-4-2 所示。

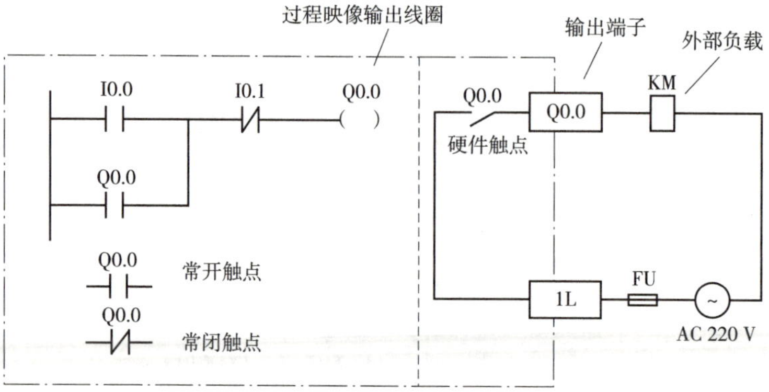

图 1-4-2　过程映像输出等效电路

需要指出的是，过程映像输出的线圈只能由内部指令驱动，即过程映像输出的数值只能由内部指令写入，不能由外部信号直接驱动；输出映像存储器有无数个常开、常闭触点供编程时使用，在编写程序时，过程映像输出的线圈、触点均能出现，且线圈的通断状态表示程序的最终运算结果。

通过在地址后面添加“: P”，可以立即写入 CPU、SB 或 SM 的数字量和模拟量输出。使用“Q_:P”访问与使用“Q”访问的区别是前者除了将数据写入输出映像存储器外，还直接将数据写入被访问点（写入两个位置）。“Q_:P”访问有时称为“立即写”访问，因为数据被直接发送到目标点，而目标点不必等待过程映像输出的下一次更新。

因为物理输出点直接控制与其连接的现场设备，所以不允许对这些点进行读访问，即与可读、可写的“Q”访问不同的是，“Q_:P”访问为只写访问。

1.4.4　用户程序

用户程序的作用是按照用户编写的程序所规定的逻辑关系，处理输入信号和输出信号。一般用户程序是用梯形图语言编写的，它看上去很像继电器控制电路图，这也是 PLC 设计所追求的。但是，即使 PLC 的梯形图与继电器控制电路图完全相同，最后的输出结果也不一定相同，这是因为它们处理信号的过程是不同的：继电器控制电路中的线圈都是并联关系，机会相等，只要条件允许，就可以同时动作；而 PLC 梯形图程序的工作特点是周期性逐行扫描。

任务实施

绘制三相笼形异步电动机单向连续运行 PLC 的输入单元和输出单元的功能等效电路，并结合程序分析其工作原理。

1. 设备与器材

（略）

2. 内容与步骤

（1）说出单向连续运行控制 PLC 输入输出单元功能等效电路的工作原理。

（2）结合单向连续运行控制程序分析其工作原理。

3. 任务考核

（见“任务 1.4 考核标准”码课）

任务 1.4 考核标准

练习题

（见“任务 1.4 练习题”码课）

任务 1.4 练习题

任务 1.5　博途软件的基本使用

任务描述

本任务以通过 PLC 实现三相交流异步电动机单向连续运行控制为例，学习如何使用博途软件编程及仿真调试。通过本任务的学习，学生能够初步了解博途软件的使用方法。

任务目标

1. 知识目标

（1）说出博途软件的功能。

（2）总结博途软件的使用方法。

（3）归纳 S7-1200 PLC 的编程步骤和方法。

2. 能力目标

（1）能利用博途软件实现 CPU 的硬件组态。

（2）能利用博途软件编写梯形图程序并完成程序的监控和调试。

（3）能完成简单 PLC 控制系统的软件和硬件的联合调试。

3. 素养目标

（1）帮助学生熟悉自动化工程的实施流程，提高其工程实践技能，为未来参与实际工程项目打下坚实基础。

（2）逐渐培养学生自主学习的能力。

任务准备

1.5.1 博途软件简介

博途软件是全集成自动化博途（Totally Integrated Automation Portal）软件的简称，是业内首个集工程组态、软件编程和项目环境配置于一体的全集成自动化软件，几乎涵盖了所有自动化控制编程任务。借助该全新的工程技术软件平台，用户能够快速、直观地开发和调试自动化控制系统。

博途软件与传统自动化软件相比，无须花费大量的时间集成各个软件包，它采用全新的、统一的软件框架，可在统一开发环境中组态西门子所有的 PLC、HMI 和驱动装置，实现统一的数据和通信管理，可大大降低连接和组态成本。

博途软件主要包括 SIMATIC STEP7、SIMATIC WinCC 和 StartDrive 三款软件，这三款软件所具有的功能和覆盖的产品范围如图 1-5-1 所示。

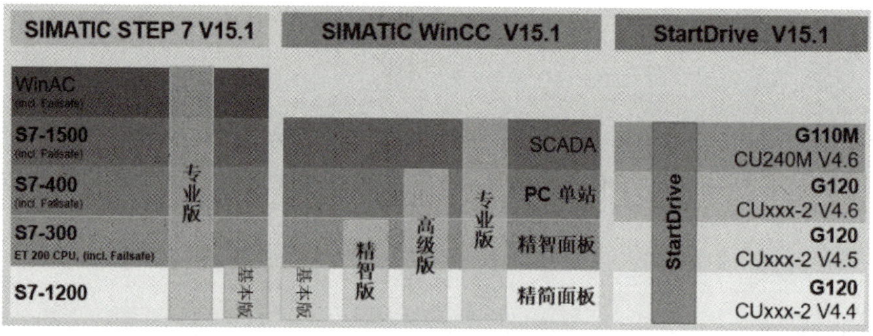

图 1-5-1 博途软件各产品

1. SIMATIC STEP7

STEP7 是西门子 PLC 的编程软件，是一款注重用户体验的工业工程工具。它功能强大，简单易学，使用方便，可在个人计算机（PC）的 Windows 操作系统下运行。个人计算机通过 RJ45 电缆与西门子 PLC 进行通信。

在 STEP7 软件中有 LAD（梯形图）、SCL（结构化控制语言）和 FBD（功能块图）三种编程方式，这三种编程方式可以相互转换，便于用户选择使用。该软件功能强大，可以进行程序在线编辑、监控、调试，支持中断程序、网络通信、模拟量处理、高速计数器等复杂程序编辑。

2. SIMATIC WinCC

WinCC 是由西门子公司开发，适用于西门子触摸屏，用于进行画面设计、人机交互、生产过程控制的软件，可以运行于各种 Windows 环境下。通过 WinCC 软件创建工程文件，进行控件的组态，创建变量与控件动画，和 PLC 变量进行关联，然后将工程编译下载至触摸屏中，从而实现触摸屏与 PLC 的通信，完成 HMI 对生产过程的实时监控。

3. StartDrive

StartDrive 是西门子 SINAMICS 驱动器调试的关键软件。利用博途软件平台，驱动器和控制器之间可以实现便捷交互，StartDrive 软件使工程师可以轻松完成驱动器的调试。

1.5.2　博途软件的视图

博途软件提供两种不同的工具视图：基于任务的博途视图和基于项目的项目视图。

1. 博途视图

启动博途软件，进入图 1-5-2 所示的博途视图。在图 1-5-2 中点击⑤创建新项目，可创建新项目并进入图 1-5-3 所示的新手上路界面。

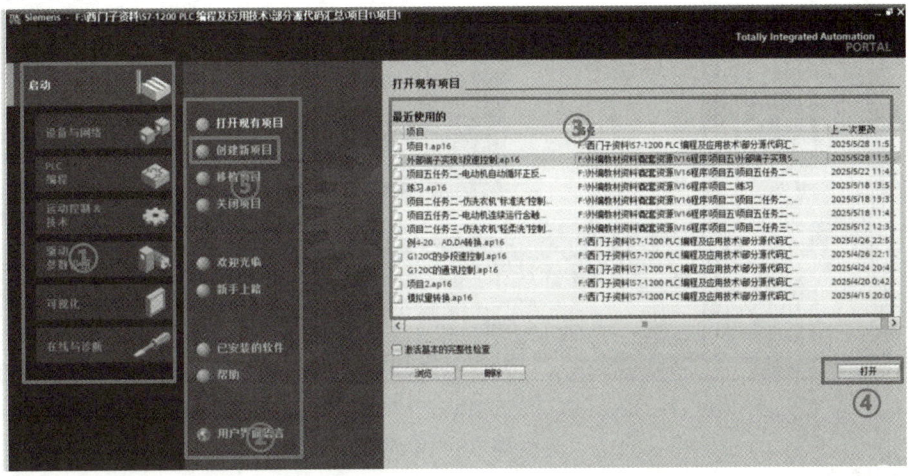

①—任务选项；②—所选任务选项对应的操作；③—所选操作的选择面板；④—打开现有项目；⑤—创建新项目

图 1-5-2　博途视图

新建项目时，可在图 1-5-3 中进行设备组态，也可在进入项目视图后进行设备组态。

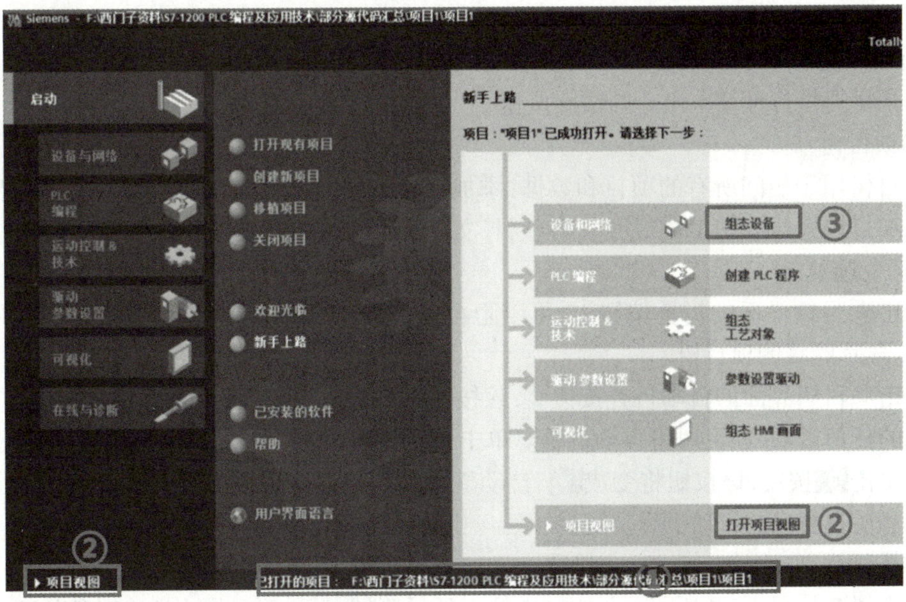

①—当前项目的路径；②—打开所选项目的项目视图；③—设备组态

图 1-5-3　新手上路界面

2. 项目视图

在博途视图中，用户可以概览自动化项目的所有任务。单击左下角的视图切换按钮，可以切换到项目视图，如图 1-5-4 所示。

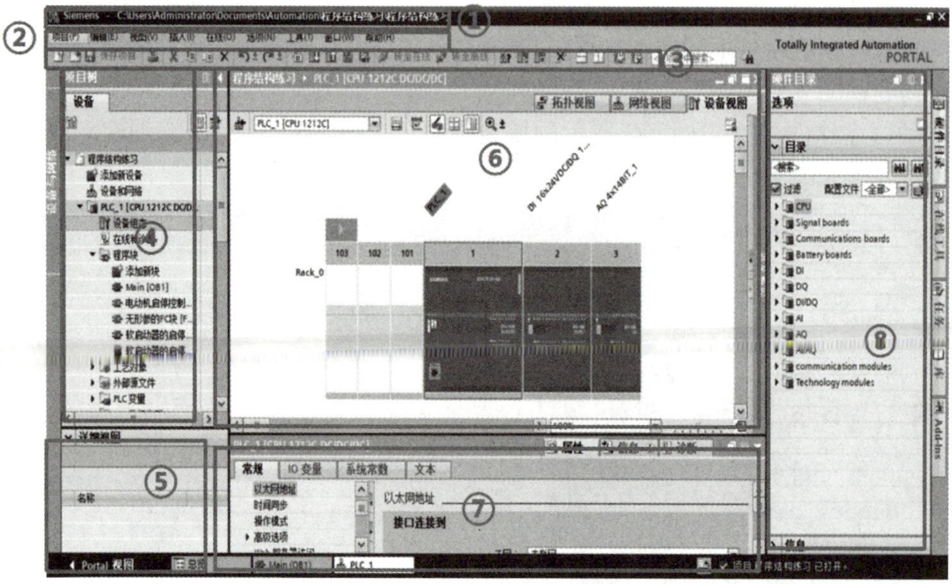

①—标题栏；②—菜单栏；③—工具栏；④—项目树；⑤—详细视图；⑥—工作区；⑦—巡视窗口；⑧—任务卡

图 1-5-4　项目视图

1）标题栏

标题栏提供工程的存储路径及项目名称。

2）菜单栏

菜单栏提供项目视图的各种菜单命令。

3）工具栏

工具栏提供各种菜单命令的快捷按钮。

4）项目树

项目树用于访问所有的项目和数据，添加项目设备，编辑已有项目，打开处理项目的编辑器。项目树界面如图 1-5-5 所示，有项目（如“点动控制”）、“在线访问”、“读卡器/USB 存储器”三个选项。

单击项目树界面的折叠按钮①，可以隐藏项目树；单击项目树界面左边最上端的按钮，可以显示隐藏的项目树。

单击项目树界面的自动折叠按钮②，该按钮将变成永久展开按钮。这时单击项目树界面外的任何区域，项目树将自动折叠。单击项目树界面左边最上端的按钮，项目树将会展开。单击按钮，该按钮将变成，自动折叠功能消失。用类似的方法可以启动或关闭任务卡和巡视窗口的自动折叠功能。

5）详细视图

详细视图是图 1-5-4 所示项目视图左侧⑤所示区域，显示项目树中选中对象的下一级内容。详细视图中若有某一打开项目中的变量，可以将此变量直接拖至梯形图中。

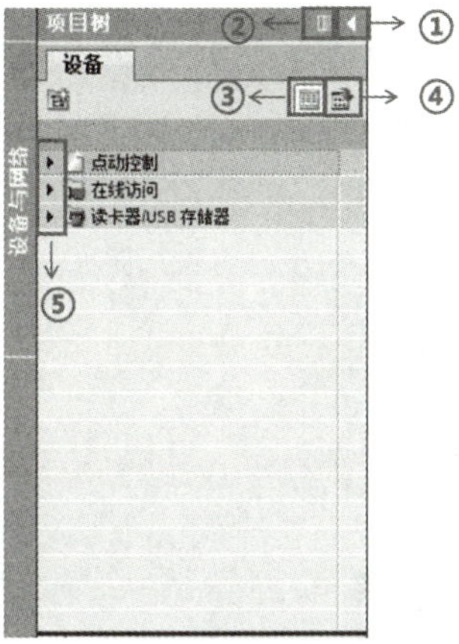

①—折叠按钮；②—自动折叠按钮；③—显示/隐藏列标题按钮；④—最大化/最小化概览视图按钮；⑤—下拉按钮

图 1-5-5　项目树界面

6）工作区

可以同时打开多个编辑器，但工作区一般只显示一个打开的编辑器。编辑栏会高亮显示已经打开的编辑器，单击编辑栏的选项，可以切换不同的编辑器。

单击工具栏中的水平拆分按钮、垂直拆分按钮，可以水平、垂直显示两个编辑器窗口。

工作区右上角的四个按钮分别为最小化、浮动、最大化和关闭按钮。工作区被最大化或浮动后，单击嵌入按钮，工作区重新固定显示。

7）巡视窗口

巡视窗口用于显示工作区中对象的附件信息，设置有“属性”“信息”“诊断”三个选项卡。

8）任务卡

单击任务卡边上的箭头可以隐藏或显示任务卡。

任务卡的内容与编辑器有关，可以通过任务卡进行进一步操作或附加操作。通过任务卡最右边的标签，可以切换任务卡显示的信息。

1.5.3　博途软件的应用

微课　创建项目及路径选择

1. 生成工程项目

1）创建新项目，输入项目名称和路径

首先在图 1-5-6 所示的初始视图中选择“创建新项目”，然后输入项目名称，如“点动控制”，并点击路径右侧的图标修改保存路径。

2）新手上路

在创建新项目界面点击“创建”后可进入新手上路界面，如图 1-5-7 所示。界面中包含创建完整项目所需要的“组态设备”“创建 PLC 程序”“组态 HMI 画面”“打开项目视图”等提示，新手可以按照提示一步一步完成，也可以直接打开项目视图。这里选择“打开项目视图”。

3）项目视图

切换到项目视图后，项目视图总览界面如图 1-5-8 所示，包括项目树、设备、硬件目录及信息窗口等。

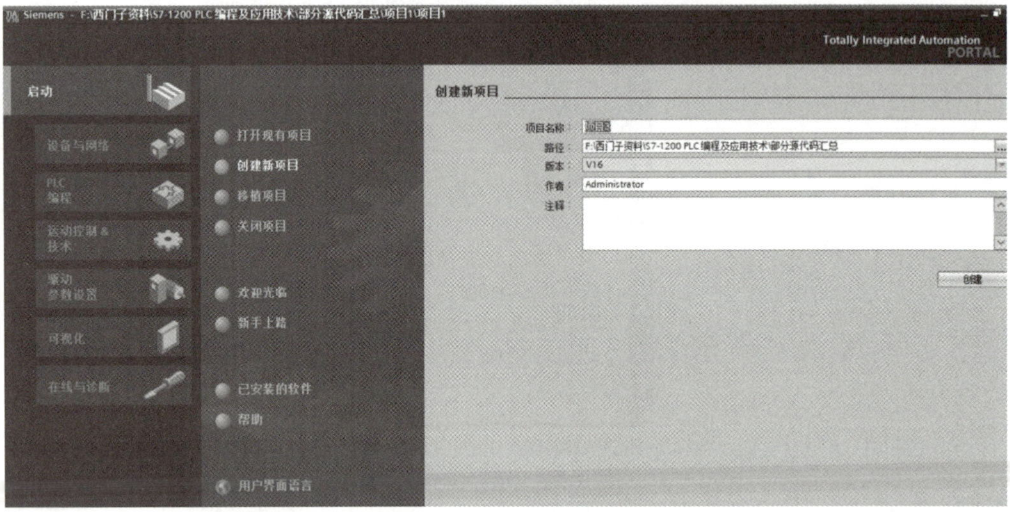

图 1-5-6　初始视图

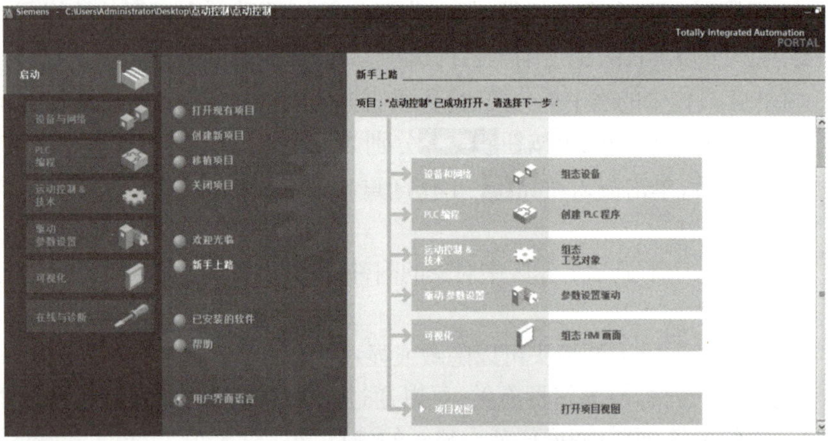

微课　设备组态、变量表的使用及编译

图 1-5-7　新手上路界面

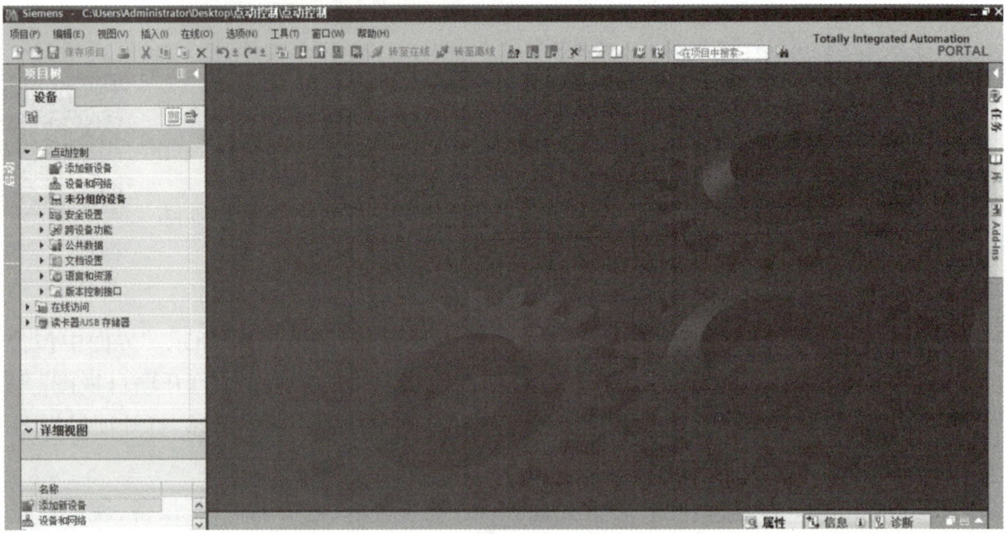

图 1-5-8　项目视图总览界面

2. 设备组态

1）添加新设备

在项目树中选择“添加新设备”，选择 SIMATIC S7-1200，并依次单击 PLC 的 CPU 类型，最终选择 6ES7 215-1BG40-0XB0。单击“确定”按钮后，就会出现如图 1-5-9 所示的完整设备视图。

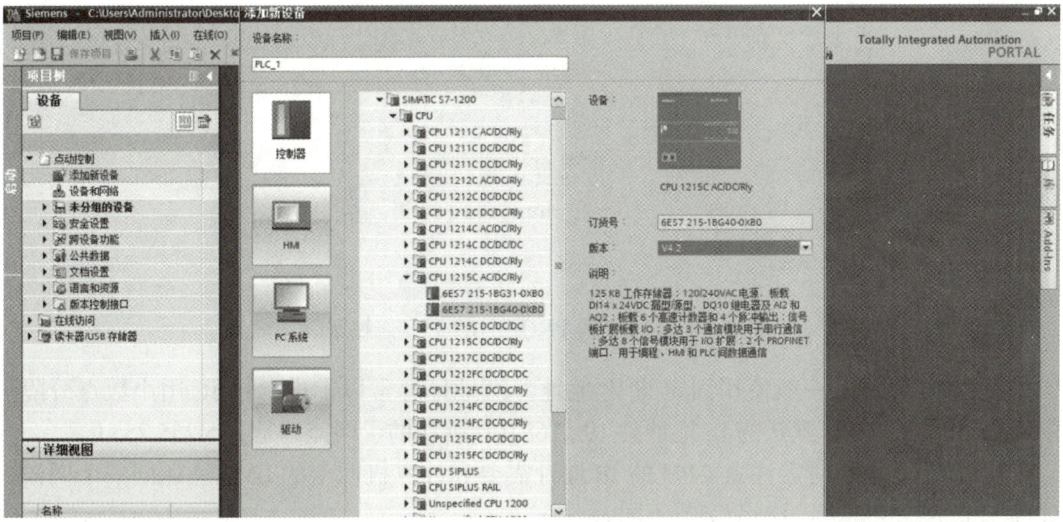

图 1-5-9　添加新设备

2）定义设备属性

要完成硬件配置，除了选择 PLC 的 CPU 类型外，还需要添加和定义网络、其他扩展模块等重要信息。在设备视图中单击 CPU 模块，就会出现 CPU 属性设置窗口，如图 1-5-10 所示。

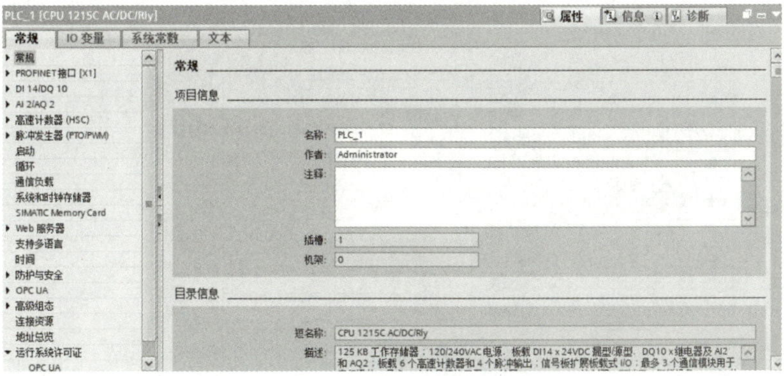

图 1-5-10　CPU 属性设置窗口

在 PROFINET 网络中，为了使信息可以在以太网中快速、准确地传输，连接到以太网的每台设备必须有唯一的 IP（Internet Protocol，网际协议）地址。组态 CPU 时没有组态 IP 地址，因此需要对其 PROFINET 接口的 IP 地址和其他参数进行设置。

图 1-5-11 所示为 CPU 的 PROFINET 接口属性窗口，在该窗口中可进行 PROFINET 接口参数（如 IP 地址和子网掩码）设置。

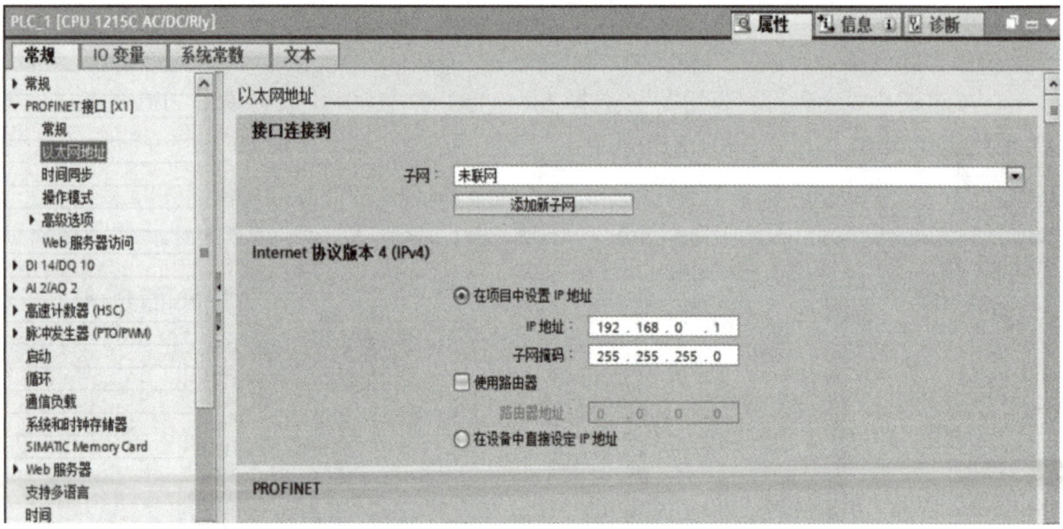

图 1-5-11　CPU 的 PROFINET 接口属性窗口

在控制系统中，一般使用固定的 IP 地址。IP 地址通常以十进制数示，用小数点分隔。S7-1200 PLC 的 CPU 默认的 IP 地址是 192.168.0.1，默认的子网掩码是 255.255.255.0。

在设置 IP 地址时需注意 CPU 的 IP 地址需要和计算机网卡的 IP 地址在同一个网段，即前三个字节相同，最后一个字节不同。

此外，西门子 S7-1200 PLC 提供了自由寻址功能，如图 1-5-12 所示。它可以对输入、输出地址进行起始地址的自由选择，如 0~1 023 均可以。

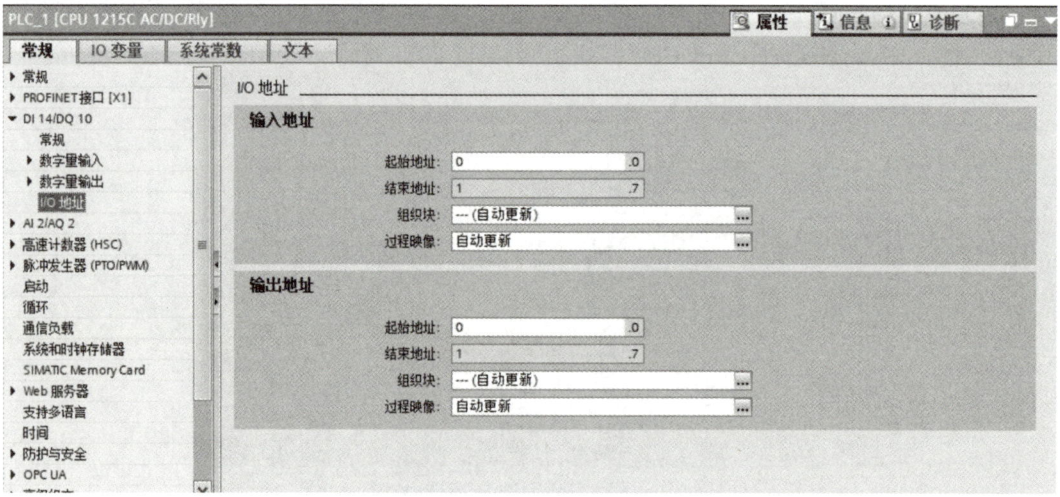

图 1-5-12　I/O 地址选择窗口

3）硬件组态编译和下载

硬件组态完成后，单击图 1-5-13 所示工具栏中的“编译”图标，对项目进行编译。如果硬件组态有错误，编译后在设备视图下方的巡视窗口中将会出现具体的错误信息，必须改正组态中所有的错误信息后才能下载。

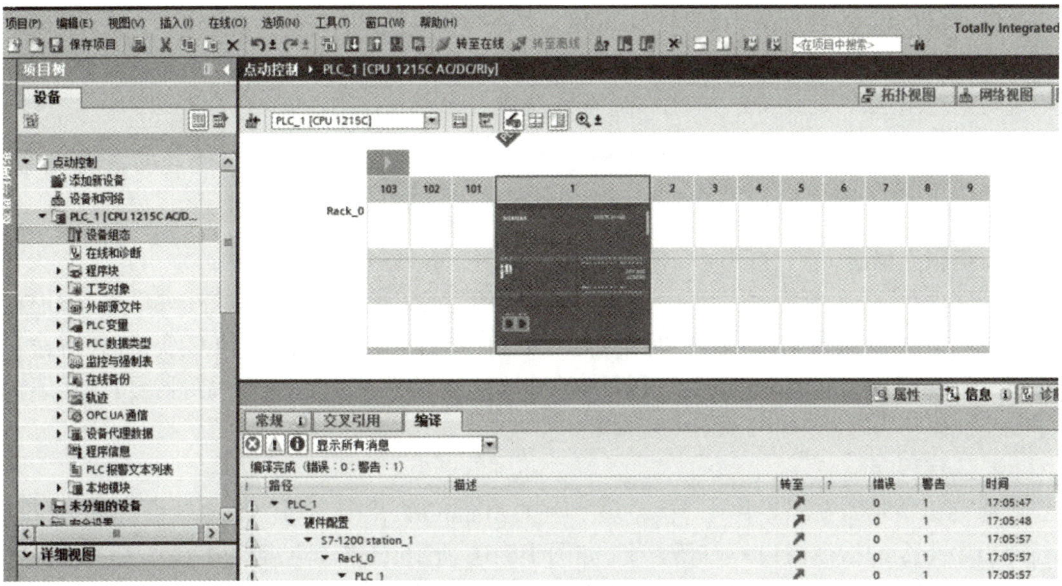

图 1-5-13　硬件组态编译窗口

在项目树中单击“PLC_1”，然后单击“下载”按钮，弹出图 1-5-14 所示的“扩展下载到设备”对话框。“PG/PC 接口的类型”选择 PN/IE，PG/PC 接口为实际的连接以太网的网卡名称。“接口/子网的连接”这一项选择两者都可以。之后点击“开始搜索”按钮，在找到 PLC_1 后，单击“下载”按钮。

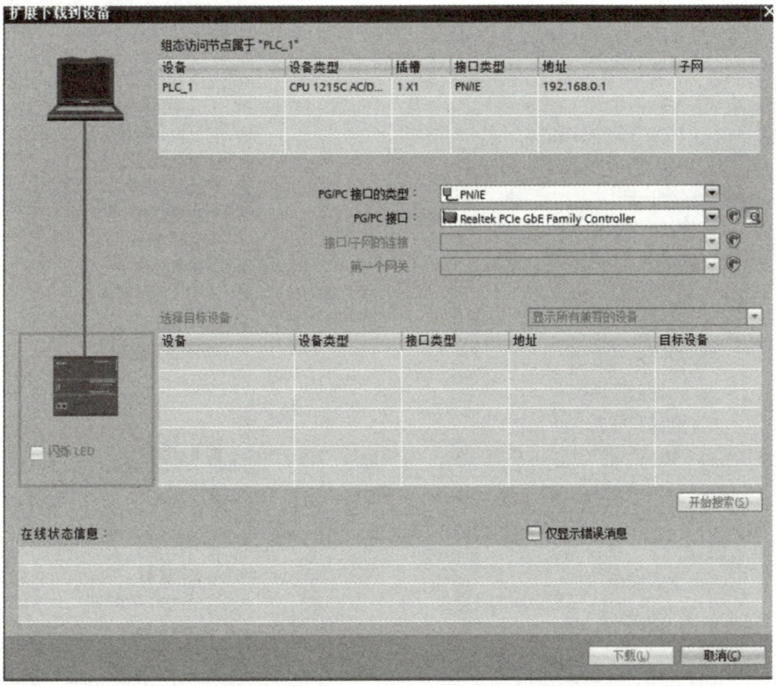

图 1-5-14　“扩展下载到设备”对话框

在下载过程中，根据要求选择停止 PLC，下载后再启动 PLC。

下载完成后，若项目树中各个设备都显示绿色，则说明硬件组态成功；若不能正常运行，则说明组态错误，可使用 CPU 的在线诊断工具进行诊断与排错。

注意：若固件版本不同，则可能发生下载失败的情况。可通过在线访问检查固件版本。

3. 编辑变量表

打开项目树，在项目树中单击图 1-5-15 所示的“PLC 变量”→“默认变量表”或“添加新变量表”，就可以创建 PLC 变量（即 I/O 地址的符号名称）。用户创建 PLC 变量后，博途软件将变量存储在变量表中。项目中的所有编辑器（如程序编辑器、设备编辑器、可视化编辑器及监视表格编辑器）均可访问该变量表。

4. 编写程序

编写程序时需在项目树中“程序块”下的“Main[OB1]”中书写。博途软件提供了包含各种程序指令的指令窗口——任务卡，如图 1-5-16 所示，任务卡包括基本指令、扩展指令、工艺、通信等。这些指令按功能分组，如常规、位逻辑运算、定时器操作等。如果用户要创建程序，则只需将指令从任务卡中拖动到程序段即可。

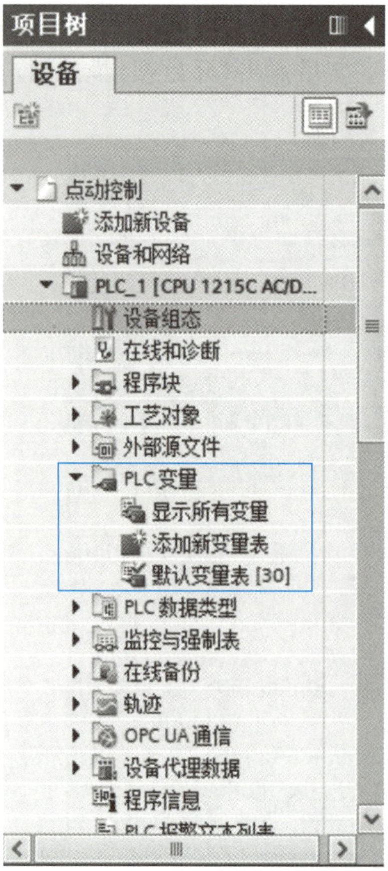

图 1-5-15　项目树中的“PLC 变量”选项

图 1-5-16　博途任务卡

在工作区选择完具体的指令后，必须输入具体的变量名，最基本的方法是双击第一个常开触点上方的默认地址<??.? >，直接输入固定地址变量 I0.1，这时就会出现图 1-5-17 所示的“停止按钮”注释。

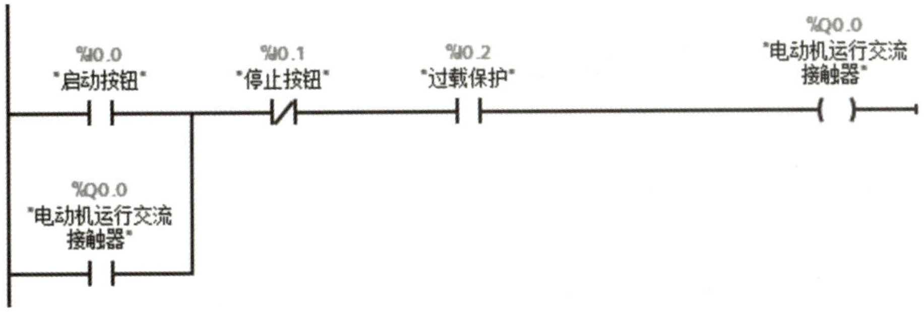

图 1-5-17　梯形图输入

5. 编译和下载程序

程序编写完成后，需要编译。单击工具栏中的“编译”图标或选择菜单命令“编辑”→“编译”，对项目进行编译。如果程序有错误，编译后在编辑器下方的巡视窗口中将会出现具体的错误信息，必须改正程序中所有的错误信息才能下载。程序编写完成并编译后，在项目树中选中“PLC_1”，单击工具栏中的“下载到设备”图标（或选择菜单命令“在线”→“下载到设备”），打开“扩展下载到设备”对话框，执行下载操作。

完成程序下载后，将 CPU 切换到 RUN 模式，此时，RUN/STOP 指示灯变为绿色。

注意：如果没有编译程序，在下载之前博途软件将会自动对程序进行编译。

6. 调试和监控程序

将设备组态和梯形图程序编译后下载到 CPU 中，启动 CPU，将 CPU 切换到 RUN 模式。在进行系统调试时，首先进行程序调试，即进入监视状态，观察程序的运行状态。

微课　程序状态监控与调试

在菜单栏中选择“在线”→“转至在线”命令，或者单击工具栏中的“转至在线”图标 转至在线，PLC 即可转为在线预览状态，如图 1-5-18 所示。当 PLC 转为在线预览状态后，项目树中根节点就会呈现黄色，项目树中其他节点由不同的颜色进行标识。节点标识为绿色的和图标表示正常，否则必须进行诊断或重新下载。

在进行系统调试时，首先在监视状态下进行程序功能的调试，然后进行系统空载调试，最后连接电动机进行带载调试。

任务实施

结合电动机连续运行的梯形图，输入程序观察现象，并练习博途软件的使用。

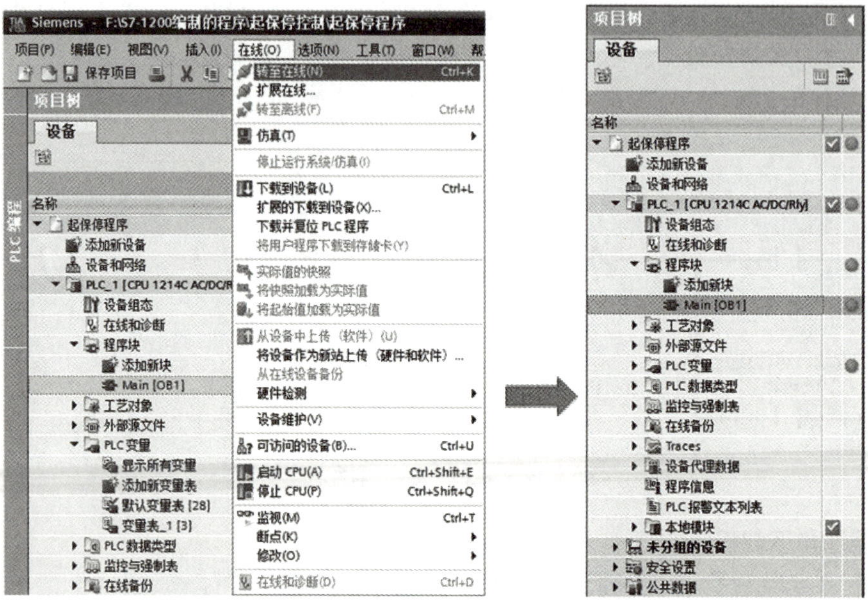

图 1-5-18　选择“转至在线”命令进入在线预览状态

1. 设备与器材

（略）

2. 内容与步骤

（1）用博途软件进行设备组态，并编辑变量表。

（2）输入程序。

（3）调试运行。

（4）监控程序。

3. 任务考核

（见“任务 1.5 考核标准”码课）

任务 1.5 考核标准

练习题

（见“任务 1.5 练习题”码课）

任务 1.5 练习题

任务 1.6　了解梯形图的编程规则

任务描述

通过本任务的学习，学生能够了解 PLC 的编程语言和程序设计方法，能够用移植法编写简单控制的梯形图程序，并能根据梯形图的编程规则对梯形图进行改画。

任务目标

1. 知识目标

（1）说出 PLC 的编程语言及其特点。

（2）说出梯形图的编程方法，初步总结用移植法编写梯形图程序的步骤。

（3）总结梯形图的编程规则。

2. 能力目标

（1）能正确说出 PLC 的各种编程语言的特点。

（2）能利用移植法编写简单控制的梯形图程序。

（3）能根据编程规则对梯形图进行改画。

3. 素养目标

逐步培养学生遵循编程规则的意识以及严谨认真的职业素养。

任务准备

1.6.1　PLC 的编程语言

IEC 公布了 PLC 常用的五种编程语言：梯形图（LAD）、指令表（IL）、顺序功能图（SFC）、功能块图（FBD）及结构化控制语言（SCL）。S7-1200 PLC 使用的编程语言是梯形图、结构化控制语言和功能块图三种。

1. 梯形图

梯形图是 PLC 中最常见的图形化编程语言，它是最接近继电器、线圈等电气元件实体的符号编程方法，其信号流向清楚、简单。

图 1-6-1（a）所示是继电-接触器控制电路，图 1-6-1（b）所示是 PLC 梯形图。两图都有“线圈通电，触点动作；线圈断电，触点复位”的特点。可将左右两根竖线（母线）看作电源线，假设在左右母线间存在着电流，该电流只能从左向右流动，层次改变只能先上后下。因此，梯形图的扫描顺序是从左到右，先上后下。

实际上梯形图左右两端的母线是不接任何电源的，梯形图中流过的电流也不是真实的物理电流，而是假想电流（又可称为概念电流或能流）。

2. 结构化控制语言

结构化控制语言是一种基于 PASCAL 的高级编程语言。SCL 遵循的是 PLC 编程语言国际标准 IEC 1131-3。SCL 除了包括 PLC 的典型元素（例如输入/输出、定时器或存储器位）外，还包括高级编程语言中的表达式、赋值语句和运算符。SCL 在复杂编程方面有着优越性，支持跨平台移植，同时可自编辑库函数而不使用某种 PLC 的独有函数。SCL 提供了简便的指令进行程序控制。SCL 尤其适用于下列领域：数据管理、过程优化、配方管理、数学计算、统计任务。

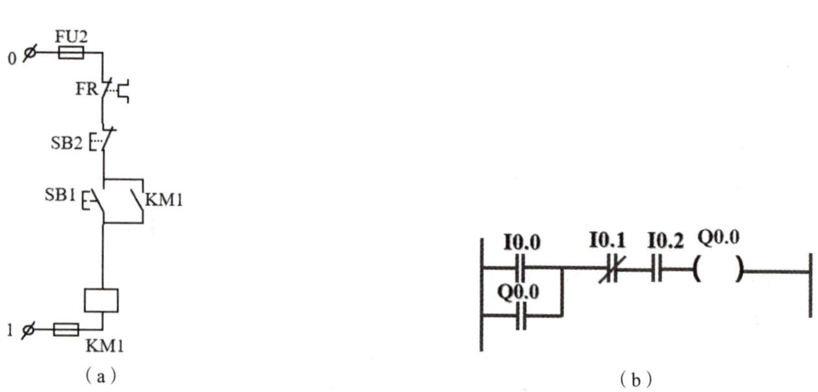

图 1-6-1　继电-接触器控制电路和 PLC 梯形图比较

（a）继电-接触器控制电路　（b）PLC 梯形图

SCL 程序的执行顺序基本与梯形图一致。REGION 和 END_REGION 对程序段进行功能性区域划分，不同的语句用分号（；）加以区分；注释符号“//”后的当前行内容为注释语句，不影响程序执行，多行注释以“/*”开始，以“*/”结束，可实现跨行注释。

图 1-6-2 是电动机连续运行控制的梯形图，其对应的 SCL 程序如图 1-6-3 所示。

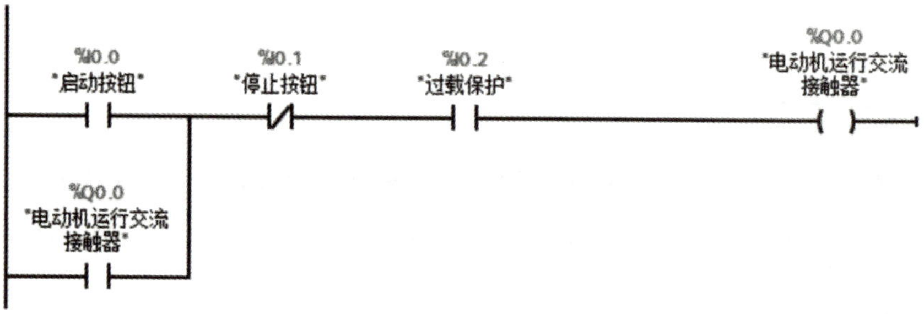

图 1-6-2　电动机连续运行控制的梯形图

```
IF "启动按钮" OR "电动机运行交流接触器" THEN
      "电动机运行交流接触器" := 1;//启动
END_IF;
IF "停止按钮" =1 OR "过载保护"=0 THEN
      "电动机运行交流接触器" := 0; //停止
END_IF;
```

图 1-6-3　电动机连续运行控制的 SCL 程序

3. 功能块图

功能块图也是一种图形化编程语言。功能块图使用类似于数字电路的图形逻辑符号来表示控制逻辑，国内较少使用功能块图语言。

图 1-6-4 所示是图 1-6-2 中电动机连续运行控制梯形图对应的功能块图。

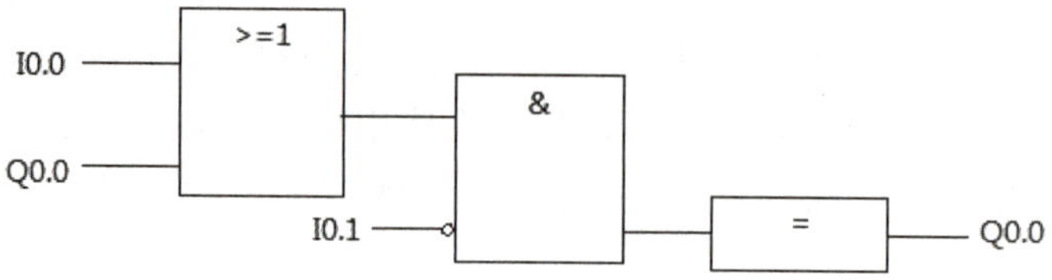

图 1-6-4　电动机连续运行控制的功能块图

1.6.2 PLC 程序设计方法

PLC 程序设计是指用户编写程序的设计过程，即以指令为基础，结合被控对象工艺过程的控制要求和现场信号，利用 PLC 软元件进行编程。

一般应用程序设计可分为继电-接触器控制电路移植法、经验设计法、顺序功能图设计法等，本项目主要对前两种方法进行分析，顺序功能图设计法将在项目 4 中进行详细论述。

1. 继电-接触器控制电路移植法

用 PLC 改造继电-接触器控制系统时，因为原有的继电-接触器控制系统经过长期使用和考验，已被证明能够实现系统要求的控制功能，而且继电-接触器控制电路图与梯形图在表示方法和分析方法上有很多相似之处，所以可以将继电-接触器控制电路图直接转换成具有相同功能的 PLC 外部接线图和梯形图。这种设计方法一般不需要改造控制面板及其元器件，因此可以减少硬件改造的费用和工作量。初学者可以用此法切入梯形图，但一旦入了门，则必须完全摆脱继电控制电路图的思维方式。

继电-接触器控制电路移植法的步骤如下。

（1）了解和熟悉被控设备的工艺过程和机械动作情况，根据继电-接触器控制电路图分析和掌握控制系统的工作过程。

（2）确定继电-接触器控制电路的输入信号和输出负载以及它们对应的梯形图中的输入继电器、输出继电器元件，画出 PLC 外部接线图。

（3）确定继电-接触器控制电路图中的中间继电器、时间继电器对应的梯形图中的位寄存器和定时器的元件号。

（4）根据上述对应关系，参照继电-接触器控制电路图画出 PLC 对应的控制梯形图。

2. 经验设计法

经验设计法就是依据设计者的经验进行设计的方法。采用经验设计法设计程序时，将生产机械的运动分成各自独立的简单运动，分别设计这些简单运动的控制程序，再根据各自独立的简单运动设计必要的连锁和保护环节。这种设计方法要求设计者掌握大量的控制系统实例和典型的控制程序；设计程序时，还需要经过反复修改和完善，才能符合控制要求。这种设计方法没有规律可以遵循，具有很强的试探性和随意性，最后的结果因人而异，不是唯一的。经验设计法一般用于较简单的控制系统程序。

经验设计法的步骤如下。

（1）准确了解控制要求，合理分配控制系统中的 I/O 信号地址，并列写 I/O 地址分配表。

（2）对于控制要求比较简单的输出信号，可直接写出它们的控制条件，然后依据启保停电路的编程方法完成相应输出信号的编程；对于控制条件复杂的输出信号，可借助位寄存器 M 来编程。

（3）对于比较复杂的控制，要正确分析控制要求，确定各输出信号的关键控制点。在以时间为主的控制中，关键点为引起输出信号状态改变的时间点（时间原则）；在以位置为主的控制中，关键点为引起输出信号状态改变的位置点（位置原则）。

（4）确定了关键点后，用启保停电路或常用基本电路的编程方法，画出各输出信号的梯形图。

(5)在完成关键点梯形图的基础上,针对系统的控制要求,画出其他输出信号的梯形图。

(6)检查梯形图程序,完善互锁条件、保护条件,补充遗漏,进行程序优化。

由于 PLC 组成的控制系统复杂程度不同,梯形图程序设计的难易程度也不同,因此以上步骤并不是唯一和必需的,可以灵活运用。

1.6.3 PLC 程序设计时热继电器的处理

在 PLC 程序设计中,处理热继电器是一项关键任务。热继电器是一种过载保护装置,当电动机或其他设备过热时,它会断开电路,防止设备损坏。

热继电器在实际接线的时候常采用常闭触点的形式。其一,这保持了传统热继电器使用常闭触点的习惯;其二,热继电器的触点容易出现接触不良的现象,采用常闭触点可以防止出现这样的现象——热继电器动作了,但是其常开触点接触不良未动作,造成设备不能过载保护停机。

注意:要分清楚热继电器的物理常开触点、常闭触点与梯形图里的常开触点、常闭触点的区别。

1.6.4 梯形图编程的基本规则

虽然 PLC 是从传统的继电器控制系统演化而来的,梯形图与继电器电气原理图在结构形式、元件符号及逻辑控制功能等方面也类似,但是它们也有许多不同之处——梯形图有自己的编程规则。

(1)PLC 过程映像输入/输出等软元件的触点在梯形图编程时可多次重复使用。

(2)在编程时触点可以串联也可以并联使用,但不能放在梯形图逻辑行的最后。

(3)梯形图按自上而下、从左向右的顺序排列。

(4)在 S7-1200 PLC 的梯形图编程中,线圈和指令盒可以直接与左母线相连,当然也可通过系统存储器字节中的 M1.2 连接。

(5)应尽量避免双线圈输出。在同一梯形图程序中,同一地址的线圈使用两次及两次以上称为双线圈输出,如图 1-6-5 所示。双线圈输出容易引起误动作或逻辑混乱,因此一定要慎重。

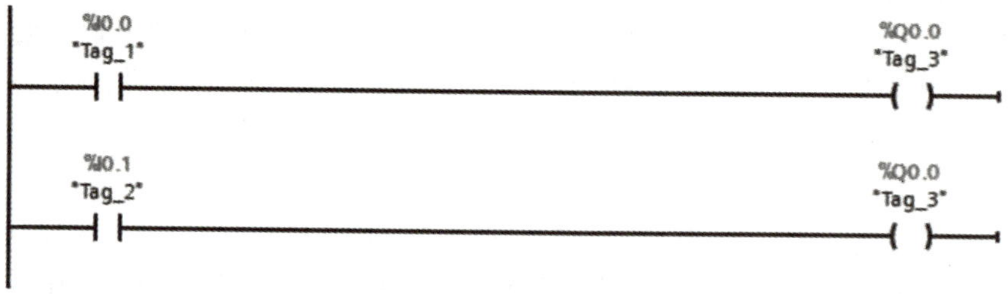

图 1-6-5 双线圈输出示例

(6)在梯形图中,不允许出现 PLC 所驱动的负载(如接触器线圈、电磁阀线圈和指示灯等),只能出现相应的 PLC 过程映像输出的线圈。

（7）在几个串联电路并联时，应将触点多的串联电路放在上方，归纳为“上重下轻”原则；在几个并联电路串联时，应将触点多的并联电路放在左侧，单个触点放在右侧，归纳为“左重右轻”原则。

（8）在梯形图中，除了输入映像存储器 I 没有线圈只有触点外，其他存储器既有线圈又有触点。

任务实施

利用移植法绘制电动机连续运行控制的梯形图，并根据编程规则对电动机连续运行控制的梯形图进行改画。

1. 设备与器材

（略）

2. 内容与步骤

1）I/O 地址分配表和 PLC 外部接线图

电动机连续运行控制的 I/O 地址分配表以及 PLC 外部接线图与任务 1.2 中相同，此处不再给出。

2）创建工程项目

打开博途软件，在博途视图中选择“创建新项目”，输入项目名称“电动机连续运行控制”，选择项目保存路径，然后单击“创建”按钮完成项目的创建，之后进行项目硬件组态。

3）编辑 PLC 变量表

在本任务中使用了四个变量，分别为“启动按钮”“停止按钮”“过载保护”“电动机运行交流接触器”，如图 1-6-6 所示。需要注意的是，这里采用的默认数据类型为 Bool（布尔）型。

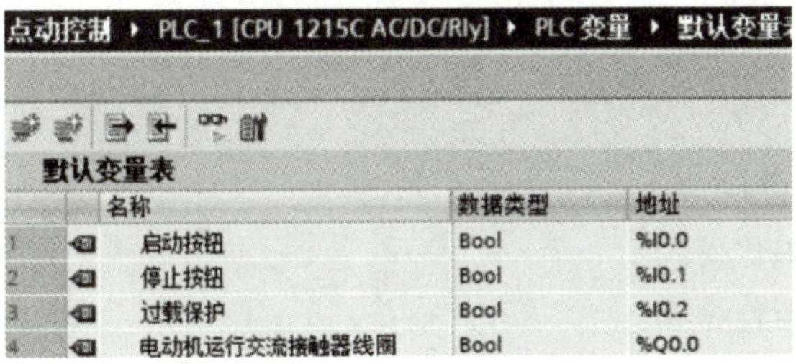
点动控制 ▸ PLC_1 [CPU 1215C AC/DC/Rly] ▸ PLC 变量 ▸ 默认变量表

默认变量表

	名称	数据类型	地址
1	启动按钮	Bool	%I0.0
2	停止按钮	Bool	%I0.1
3	过载保护	Bool	%I0.2
4	电动机运行交流接触器线圈	Bool	%Q0.0

图 1-6-6　PLC 变量表

4）编写程序

电动机连续运行控制的梯形图如图 1-6-7 所示。

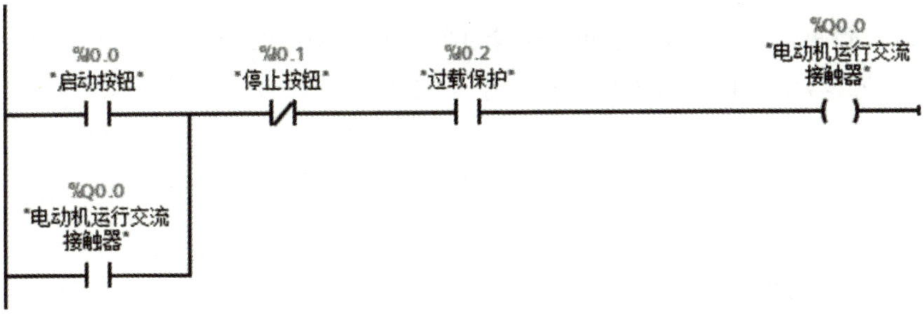

微课　电动机单向连续运行程序设计

图 1-6-7　电动机连续运行控制的梯形图

5）调试程序

程序调试的具体步骤已经在任务 1.5 中详细说明，此处不再赘述。

在监视状态下按下按钮，观察 Q0.0 的动作状态是否与控制要求一致（按下启动按钮，Q0.0 得电，在运行过程中，按下停止按钮或者过载保护，Q0.0 失电，运行过程结束），否则检查程序，直到 Q0.0 的动作符合控制要求。

经过验证发现，用移植法编制的梯形图和改画后的梯形图均可实现电动机连续运行控制。

3. 任务考核

（见“任务 1.6 考核标准”码课）

任务 1.6 考核标准

练习题

（见“任务 1.6 练习题”码课）

任务 1.6 练习题

任务 1.7　了解 PLC 的工作原理

任务描述

通过本任务的学习，学生能够了解 PLC 的工作模式并掌握 PLC 的工作原理。

任务目标

1. 知识目标

（1）说出 PLC 的工作模式。

（2）总结 PLC 的工作原理。

2. 能力目标

（1）能说出 PLC 的工作模式并说明各工作模式的特点。

（2）能描述 PLC 的工作原理。

3. 素养目标

在学习 PLC 的工作原理时，鼓励学生积极探索、勇于提问，对 PLC 内部的工作机制和运行规律进行深入研究，培养其科学探究精神和好奇心，激发其对自动化控制技术的学习兴趣和热情。

任务准备

1.7.1　S7-1200 PLC 的工作模式

S7-1200 PLC 有三种工作模式，即停止（STOP）模式、启动（STARTUP）模式和运行（RUN）模式。

在停止（STOP）模式下，CPU 处理所有通信请求（如果有的话）并执行自诊断，但不执行用户程序，过程映像也不会自动更新。只有在 CPU 处于停止模式时，才能下载程序。

在启动（STARTUP）模式下，执行一次启动组织块（如果存在的话）。

在运行（RUN）模式下，重复执行扫描周期，即重复执行程序循环组织块 OB1。中断事件可能会在程序循环阶段的任何点发生并处理。处于运行模式时，无法下载任何项目。

S7-1200 PLC 的 CPU 模块上没有切换工作模式的选择开关，只能用博途软件“在线”菜单下的“启动 CPU”“停止 CPU”命令或工具栏中的“启动 CPU”图标、“停止 CPU”图标来更改当前 CPU 的工作模式。也可以在程序中包含退出程序（STP）指令，以使 CPU 切换到 STOP 模式，这样就可根据程序逻辑停止程序的执行。

1.7.2　PLC 的工作原理

如图 1-7-1 所示，PLC 执行程序的过程分为三个阶段，即输入采样阶段、程序执行阶段、输出刷新阶段。

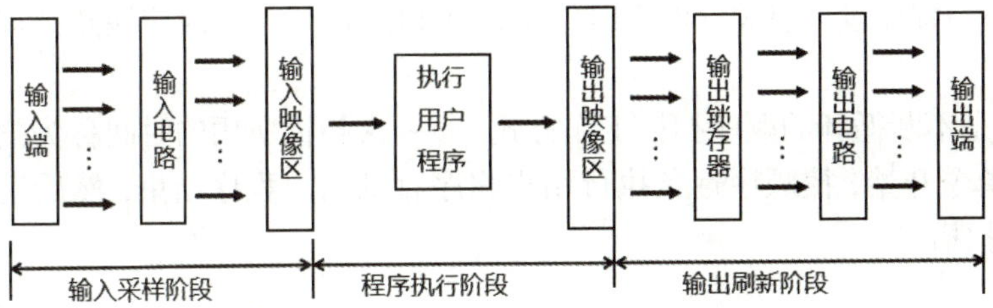

图 1-7-1　PLC 执行程序的过程

微课　PLC 的工作方式

1）输入采样阶段

在输入采样阶段，PLC 以扫描工作方式按顺序对所有输入端的输入状态进行采样，并将各输入状态存入输入映像区的相应单元内，此时输入映像区被刷新。输入采样结束后，进入程序执行和输出刷新阶段，在这两个阶段，即使输入状态发生变化，输入映像区的内容也不会改变，输入状态的变化只有在下一个扫描周期的输入采样阶段才能被采样到。

2）程序执行阶段

在程序执行阶段，PLC 对程序按顺序进行扫描执行。若程序用梯形图表示，PLC 将按照从左到右、从上至下的顺序逐点扫描，并分别从输入映像区和输出映像区中读出输入、输出的状态(0 或 1),对用户程序进行运算或处理,再将运算或处理的结果存入输出映像区。输出映像区的内容会随程序执行过程而变化。

3)输出刷新阶段

当所有程序执行完毕后,进入输出刷新阶段。在这一阶段,PLC 将输出映像区中所有输出继电器的状态(接通/断开)转存到输出锁存器中,并通过一定方式输出,驱动外部负载。

因此,在一个扫描周期内,PLC 只在输入采样阶段对输入状态进行采样。当 PLC 进入程序执行阶段后输入端将被封锁,直到进入下一个扫描周期的输入采样阶段才对输入状态进行重新采样。这种方式称为集中采样,即在一个扫描周期内,集中一段时间对输入状态进行采样。

在用户程序中如果对输出结果多次赋值,则最后一次有效。在一个扫描周期内,只在输出刷新阶段才将输出状态从输出锁存器中输出,对输出接口进行刷新,在其他阶段输出状态一直保存在输出锁存器中,这种方式称为集中输出。

对于小型 PLC,其 I/O 点数较少,用户程序较短,一般采用集中采样、集中输出的工作方式,虽然在一定程度上降低了系统的响应速度,但可以使 PLC 工作时大多数时间与外部输入/输出设备隔离,从根本上提高了系统的抗干扰能力,增强了系统的可靠性。

而对于大中型 PLC,其 I/O 点数较多,控制功能强,用户程序较长,为提高系统的响应速度,可以采用定期采样、定期输出方式,或中断输入、输出方式以及采用智能 I/O 接口等多种方式。由上述分析可知,从 PLC 输入端的输入信号发生变化到 PLC 输出端对该输入变化做出反应,需要一段时间,这种现象称为 PLC 输入/输出响应滞后,对一般的工业控制,这种滞后是完全允许的。需要注意的是,这种响应滞后不仅源于 PLC 的扫描工作方式,而且归因于 PLC 输入接口的滤波环节导致的信号延迟、输出接口中驱动元件的动作时间带来的输出延迟,此外还与程序设计有关。滞后时间是设计 PLC 应用系统时应注意把握的一个参数。

PLC 的工作方式是不断循环的顺序扫描工作方式,每一次扫描所用的时间称为扫描周期。CPU 从第一条指令开始,按顺序逐条执行用户程序直到用户程序结束,然后返回第一条指令开始新一轮扫描。

任务实施

PLC 工作原理动画

观看 PLC 工作原理动画,并根据电动机连续运行控制的梯形图说明 PLC 的工作原理。

1. 设备与器材

(略)

2. 内容与步骤

结合电动机连续运行控制的梯形图说明 PLC 是如何工作的。

3. 任务考核

（见“任务 1.7 考核标准”码课）

练习题

（见“任务 1.7 练习题”码课）

任务 1.7 考核标准

任务 1.7 练习题

项目 2

三相交流异步电动机 PLC 控制系统的设计、安装与调试

项目导读

电动机的应用非常广泛，几乎涵盖人类活动的方方面面，包括工业建设、农业生产以及日常生活。鉴于 PLC 拥有更加灵活的指令，更加清晰、直观的逻辑关系，对电动机的控制已经由以前单一的继电-接触器控制系统转为以 PLC 控制为主的控制系统，发达国家已将 PLC 作为工业控制的标准设备。

本项目以 S7-1200 PLC 为控制器，通过三相交流异步电动机常见控制系统的设计、安装与调试来学习 S7-1200 PLC 的相关指令。通过本项目的学习，学生能够熟练使用编程软件，使用位逻辑指令、定时器指令、计数器指令等来编程并达到应用的目标，同时能够根据控制要求完成可编程控制系统的安装与调试。

项目描述

本项目通过九个基础任务和一个综合任务学习 S7-1200 PLC 的位逻辑指令、定时器指令、计数器指令，进行常见控制系统的设计、安装与调试，并对常见的一般难度的软硬件故障进行检测与排除。

项目目标

1. 知识目标

（1）总结编程元件 I、Q、M 的功能及使用方法。

（2）总结触点指令、线圈指令及置位输出指令、复位输出指令等位逻辑指令的编程及应用。

（3）说出各种定时器及计数器的功能并能熟练应用。

（4）总结 PLC 控制系统安装、调试、故障诊断的一般步骤。

2. 能力目标

（1）能合理分配 I/O 地址，绘制外部接线图，并完成输入/输出的接线。

（2）能使用博途软件组态硬件设备，能根据任务要求编制梯形图，能建立软件和 PLC 的通信，能下载、修改程序。

（3）能进行程序的仿真、监控、在线调试。

（4）能根据故障现象对一般难度的故障进行分析及排查。

3. 素养目标

（1）通过基本指令的学习及编程应用，培养学生脚踏实地、勤于思考的学习精神。

（2）在任务实施的过程中，要求学生严格遵照接线工艺的要求并遵循行业标准规范，树立正确的工作态度，逐步培养学生的职业道德，提升学生的质量意识。

（3）在任务实施的过程中，培养学生遵守安全用电规范、爱岗敬业、团结协作的职业素养。

（4）培养学生追求完美、精益求精的工匠精神。

（5）在遵照接线工艺的要求和遵循行业标准规范的基础上，鼓励学生提出改进意见，探索更高效、更安全的工作方法，培养学生的创新精神和独立思考能力。

任务 2.1　搅拌机控制系统的设计、安装与调试

任务描述

搅拌机在工厂的应用非常广泛，如在食品加工工厂，搅拌机用于混合面粉、糖、水和其他成分来制作面团、酱料和甜点。在化工行业，搅拌机用于混合化学物质，制造涂料、胶黏剂和清洁剂。在制药工厂，搅拌机用于混合药物成分，确保药品的均质性和稳定性。在建筑材料生产中，搅拌机用于混合水泥、砂子和水，制造混凝土。此外，在塑料和橡胶工业，搅拌机用于混合树脂和添加剂，生产各种塑料和橡胶制品。

搅拌机在按下正向启动按钮后，控制电动机启动，带动搅拌桶顺时针旋转，搅拌一定时间后，按下停止按钮，搅拌桶停止旋转。在按下反向启动按钮后，控制电动机再次启动，带动搅拌桶逆时针旋转，搅拌一定时间后，按下停止按钮，搅拌桶停止旋转，并通过卸料机构将搅拌好的物料排出。整个过程由 PLC 系统精确控制，确保搅拌质量和效率。

搅拌机的顺时针和逆时针旋转运动，本质上是电动机的正反转控制。通过本任务的学习，学生能够正确应用所学内容完成电动机正反转控制系统的设计、安装与调试。

某搅拌机由三相交流异步电动机驱动，具体要求如下：按下正向启动按钮，电动机正转；按下反向启动按钮，电动机反转；在任何时候按下停止按钮，电动机立刻停止。

任务目标

1. 知识目标

(1)总结位逻辑指令——触点和线圈指令的使用方法。

(2)总结用移植法编写继电-接触器控制电路的 PLC 程序的方法。

(3)总结 PLC 外部接线图的绘制方法。

(4)说出 PLC 互锁控制的意义以及设计要点。

(5)初步总结 PLC 控制电动机正反转控制系统安装、调试的方法。

(6)说出 PLC 控制系统软硬联调的方法。

2. 能力目标

(1)能根据继电-接触器控制电路图利用移植法编写搅拌机的程序。

(2)能根据任务描述绘制主电路并设计出 I/O 地址分配表。

(3)能根据 I/O 地址分配表绘制 PLC 外部接线图。

(4)能根据 PLC 外部接线图进行 PLC 控制系统的安装与检测。

(5)能使用博途软件对 PLC 控制系统进行程序监控与调试。

(6)能说出 PLC 控制系统软硬联调的方法,并在教师的引导下对搅拌机控制系统进行软硬联调。

3. 素养目标

(1)在任务实施的过程中,要求学生严格遵照接线工艺的要求并遵循行业标准规范,树立正确的工作态度,逐步培养学生的职业道德,提升学生的质量意识。

(2)在任务实施的过程中,学生小组分工明确,相互协作完成任务,增强学生的协作精神,同时逐步培养学生遵守安全用电规范的意识。

任务准备

2.1.1 数制

1. 二进制数

1)数码

1 位二进制数只能取 0 和 1 这两个不同的值,可以表示开关量的两种不同状态。如果该位为 1,则梯形图中对应的位编程元件的线圈通电,常开触点接通,常闭触点断开,称该编程元件为“TRUE”或“1”状态。反之,如果该位为 0,则称该编程元件为“FALSE”或“0”状态。二进制位的数据类型为 Bool(布尔)型。

2)位权

可用多位二进制数表示大于 1 的数字。从右往左的第 n 位(最低位为第 0 位)的权值为 2^n。2#1100 对应的十进制数为 $1\times2^3+1\times2^2+0\times2^1+0\times2^0=8+4=12$。

2. 十六进制数

1)数码

十六进制数用于简化二进制数的表示方法,16 个数为 0、1、2、3、4、5、6、7、8、9 和 A、B、C、D、E、F,其中 A 表示十六进制的 10,B 表示 11,C 表示 12,D 表示 13,E 表示 14,F 表示 15。

2)位权

4 位二进制数可以用 1 位十六进制数表示,例如 2#0001 0011 1010 1111 可以转换为 16#13AF 或 13AFH。

十六进制数“逢 16 进 1”,从右往左的第 *n*(*n* 从 0 开始)位的权值为 16^n。16#2F 对应的十进制数为 $2\times16^1+15\times16^0=47$。

2.1.2　S7-1200 PLC 的存储器

S7-1200 PLC 提供了用于存储用户程序、数据和组态的存储器，如装载存储器、工作存储器及系统存储器。

1. 装载存储器

装载存储器用于非易失性地存储用户程序、数据和组态。项目被下载到 CPU 后，先存储在装载存储器中。每个 CPU 都具有内部装载存储器。内部装载存储器的大小取决于所使用的 CPU。内部装载存储器可以用外部存储卡替代。如果未插入外部存储卡，CPU 将使用内部装载存储器；如果插入了外部存储卡，CPU 将使用该存储卡作为装载存储器。但是可使用的外部存储卡的容量不能超过内部装载存储器的容量，即便插入的外部存储卡有更多空闲空间。该非易失性存储器能够在断电后继续保存数据。

2. 工作存储器

工作存储器是易失性存储器，用于在执行用户程序时存储用户项目的某些内容。CPU 会将一些项目内容从装载存储器复制到工作存储器中。该易失性存储器存储的数据将在断电后丢失，而在恢复供电时由 CPU 从装载存储器恢复。

3. 系统存储器

系统存储器是 CPU 为用户程序提供的存储器组件，被划分为若干个地址区域，见表 2-1-1。使用指令在相应的地址区域内对数据直接进行寻址。系统存储器用于存放用户程序的数据操作，例如输入/输出映像存储器、位存储器、临时存储器、数据块等。

表 2-1-1　系统存储器的存储区

存储器名称	描述	强制	保持
输入映像存储器(I)	在扫描周期开始时从物理输入点复制	无	否
输出映像存储器(Q)	在扫描周期开始时复制到物理输出点	无	否
物理输入点(I_:P)	立即读取 CPU、SB 和 SM 上的物理输入点	有	否
物理输出点(Q_:P)	立即写入 CPU、SB 和 SM 上的物理输出点	有	否
位存储器(M)	用于存储用户程序的中间运算结果或标志位	无	是(可选)

续表

存储器名称	描述	强制	保持
临时存储器(L)	存储块的临时数据，这些数据仅在该块的本地范围内有效	无	否
数据块(DB)	数据存储器，同时也是FB(函数块)的参数存储器	无	是(可选)

输入映像存储器(I)和输出映像存储器(Q)在任务1.4中已经说明，此处不再赘述。

1)物理输入点(I_:P)

通过在地址后面添加“: P”，可以立即读取CPU、SB或SM的数字量和模拟量输入。使用“I_: P”访问与使用“I”访问的区别是前者直接从被访问点而非输入映像存储器获得数据。“I_: P”访问称为“立即读”访问，因为数据是直接从源而非副本获取的，这里的副本是指在上次更新过程映像输入时建立的副本。

因为物理输入点直接从与其连接的现场设备接收值，所以不允许对这些点进行写访问，即与可读、可写的“I”访问不同的是，“I_:P”访问为只读访问。

“I_: P”访问仅限于单个CPU、SB或SM所支持的输入点或输入字节(向上取整到最接近的字节)。例如，如果“2 DI/2 DQ SB”的输入被配置为从I4.0开始，则可按“I4.0: P”和“I4.1:P”的形式或者按“IB4:P”的形式访问输入点。“I4.2:P”~“I4.7:P”的访问形式不会被拒绝，但没有任何意义，因为这些点未被使用。但“IW4: P”和“ID4: P”的访问形式不被允许，因为它们超出了与该SB相关的字节偏移量。

使用“I_:P”访问不会影响存储在输入映像存储器中的相应值。

2)物理输出点(Q_:P)

通过在地址后面添加“: P”，可以立即写入CPU、SB或SM的数字量和模拟量输出。使用“Q_:P”访问与使用“Q”访问的区别是前者除了将数据写入输出映像存储器外，还直接将数据写入被访问点(写入两个位置)。“Q_: P”访问有时称为“立即写”访问，因为数据被直接发送到目标点，而目标点不必等待过程映像输出的下一次更新。

因为物理输出点直接控制与其连接的现场设备，所以不允许对这些点进行读访问，即与可读、可写的“Q”访问不同的是，“Q_:P”访问为只写访问。

“Q_: P”访问也仅限于单个CPU、SB或SM所支持的输出点或输出字节(向上取整到最接近的字节)。例如，如果“2 DI/ 2 DQ SB”的输出被配置为从Q4.0开始，则可按“Q4.0: P”和“Q4.1:P”的形式或者按“QB4:P”的形式访问输出点。“Q4.2:P”~“Q4.7:P”的访问形式不会被拒绝，但没有任何意义，因为这些点未被使用。但“QW4:P”和“QD4:P”的访问形式不被允许，因为它们超出了与该SB相关的字节偏移量。

使用“Q_:P”访问既影响物理输出，也影响存储在输出映像存储器中的相应值。

3)位存储器

位存储器的标识符为M，它是针对控制继电器及数据的位存储区(M存储器)，用于存储操作的中间状态或其他控制信息。M存储器允许读访问和写访问。

4)临时存储器

临时存储器用于存储代码块被处理时使用的临时数据。CPU根据需要分配临时存储器。启动代码块[对于组织块(OB)]或调用代码块[对于函数(FC)或函数块(FB)]时,CPU 将为代码块分配临时存储器并将存储单元初始化为 0。

临时存储器与 M 存储器类似,两者的主要区别是 M 存储器在“全局”范围内有效,而临时存储器在“局部”范围内有效。

5)数据块

数据块(DB)用于存储各种类型的数据,包括操作的中间状态、FB 的其他控制信息参数,以及许多指令(如定时器和计数器)所需的数据结构。可以按位(例如 DB1. DBX3.5)、字节(DBB)、字(DBW)或双字(DBD)访问数据块。在访问数据块中的数据时,应指明数据块的名称,如 DB1.DBW10。读/写数据块允许读访问和写访问。只读数据块只允许读访问。

数据块关闭后,或有关代码的执行开始或结束后,数据块中存放的数据不会丢失。数据块有以下两种类型。

(1)全局数据块:存储的数据可以被所有的代码块访问。

(2)背景数据块:存储的数据供指定的 FB 使用,其结构取决于 FB 的界面区的参数。

2.1.3　S7-1200 PLC 的寻址

西门子 PLC 的寻址方式有直接寻址和间接寻址两种,本节主要介绍直接寻址方式。

直接寻址可分为绝对地址寻址和符号寻址。

绝对地址寻址是指按照位、字节、字和双字对存储单元进行寻址。

位数据的数据类型为 Bool(布尔)型,即 1 位二进制数。位存储单元由字节地址和位地址组成,地址的表达方式为“字节. 位”,如 I3.2,其中的区域标识符“I”表示输入(Input),字节地址为 3,位地址为 2,这种存取方式称为“字节. 位”寻址方式。

8 位二进制数组成 1 个字节(Byte),其中第 0 位为最低位(LSB),第 7 位为最高位(MSB)。比如 IB3(B 是 Byte 的缩写)由 I3.0~I3.7 这 8 位组成, MB100 由 M100.0~M100.7 组成。

相邻的 2 个字节组成 1 个字(Word),其中第 0 位为最低位,第 15 位为最高位。比如 MW100 表示由字节 MB100、MB101 组成的字, MW100 中的 M 为区域标识符, W 表示字(Word)。其中 MB100 为高有效字节, MB101 为低有效字节, 100 为起始字节的地址。字节、字示意图如图 2-1-1 所示。

图 2-1-1　字节、字示意图

2 个字组成 1 个双字(Double Word, DW),其中第 0 位为最低位,第 31 位为最高位。

比如 MD100 的编号最小的字节 MB100 为 MD100 的最高有效字节，编号最大的字节 MB103 为 MD100 的最低有效字节。用组成双字的编号最小的字节 MB100 的编号作为双字 MD100 的编号，如图 2-1-2 所示。

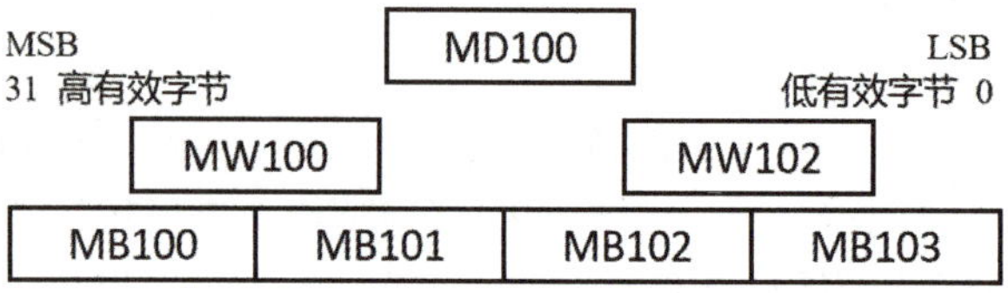

图 2-1-2 双字示意图

注意：在使用绝对地址寻址方式时，绝对地址前面的“%”符号是编程软件自动添加的，无须用户输入。

符号寻址是指给绝对地址分配符号名，并用符号名找到对应变量。如将 Q0.0 命名为“电动机运行交流接触器”，那么在程序中就能够直接使用“电动机运行交流接触器”。

2.1.4 位逻辑指令——触点和线圈指令

位逻辑指令用于二进制数的逻辑运算，位逻辑运算的结果简称 RLO。S7-1200 PLC 的位逻辑指令主要包括触点和线圈指令。

1. 常开触点与常闭触点

常开触点-| |-：在赋的位值为 1 时，常开触点将闭合（ON）；在赋的位值为 0 时，常开触点将断开（OFF）。

常闭触点-|/|-：在赋的位值为 0 时，常闭触点将闭合（ON）；在赋的位值为 1 时，常闭触点将断开（OFF）。

2. 取反触点

取反触点-|NOT|-：该触点用来转换能流流入的逻辑状态。如果没有能流流入取反触点，则有能流流出；如果有能流流入取反触点，则没有能流流出，如图 2-1-3 所示。

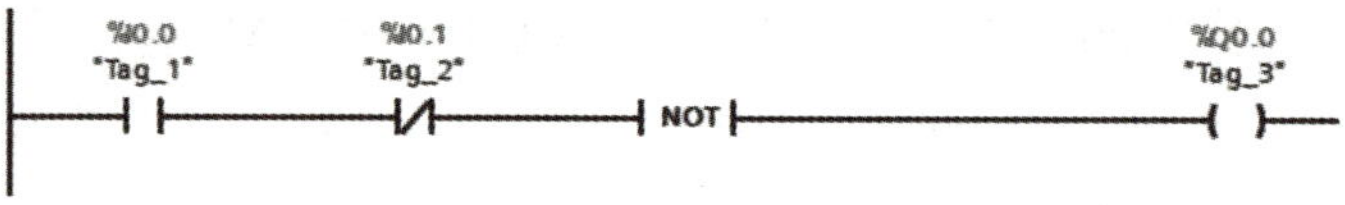

图 2-1-3 取反触点

3. 线圈输出与取反线圈输出指令

线圈输出（ ）：线圈将输入的 RLO 的信号状态写入指定的地址，线圈通电时写入 1，断电时写入 0。

取反线圈输出（ / ）：如果有能流流过取反线圈，则该线圈的输出为“0”状态，其常开触点断开；反之，该线圈的输出为“1”状态，其常开触点闭合。

线圈输出和取反线圈输出指令如图 2-1-4 所示。

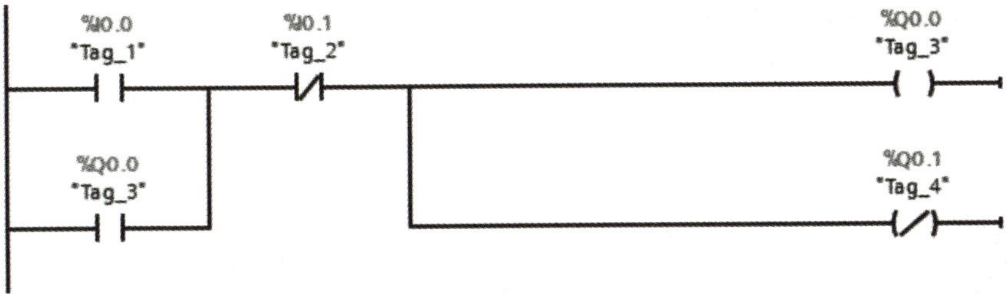

图 2-1-4　线圈输出和取反线圈输出指令

如果有能流经过图 2-1-4 中的 Q0.1 的取反线圈，则 Q0.1 的输出为“0”状态，其常开触点断开；反之，Q0.1 的输出为“1”状态，其常开触点闭合。

注意：

（1）线圈输出与取反线圈输出指令可以放在梯形图的任意位置，变量类型为 Bool 型。

（2）线圈输出指令既可以多个串联使用，也可以多个并联使用。建议初学者将输出线圈单独或并联使用并且放在每个电路的最后，即梯形图的最右侧。

任务实施

某搅拌机由三相交流异步电动机驱动，具体要求如下：按下正向启动按钮，电动机正转；按下反向启动按钮，电动机反转；在任何时候按下停止按钮，电动机立刻停止。

1. 设备与器材

（略）

2. 内容与步骤

1）列写 I/O 地址分配表

根据 PLC 输入和输出点的分配原则以及本任务的控制要求，列写本任务的 I/O 地址分配表，如表 2-1-2 所示。

技于指间
精益求精

表 2-1-2　I/O 地址分配表

信号类型	描述	数据类型	I/O 地址
DI	SB1 正转启动按钮	Bool	I0.0
	SB2 反转启动按钮	Bool	I0.1
	SB3 停止按钮	Bool	I0.2
	FR 过载保护	Bool	I0.3
DQ	KM1 电动机正转运行交流接触器线圈	Bool	Q0.0
	KM2 电动机反转运行交流接触器线圈	Bool	Q0.1

2)绘制主电路和PLC外部接线图并进行硬件接线

画出搅拌机(即电动机正反转)控制系统的主电路和PLC外部接线图,如图2-1-5所示。

微课　搅拌机的程序设计

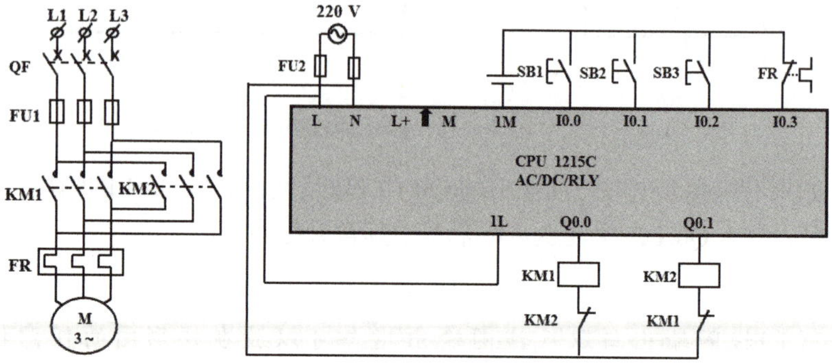

图2-1-5　主电路和PLC外部接线图

3)程序编写

采用触点和线圈指令编写搅拌机控制系统的梯形图,如图2-1-6所示。

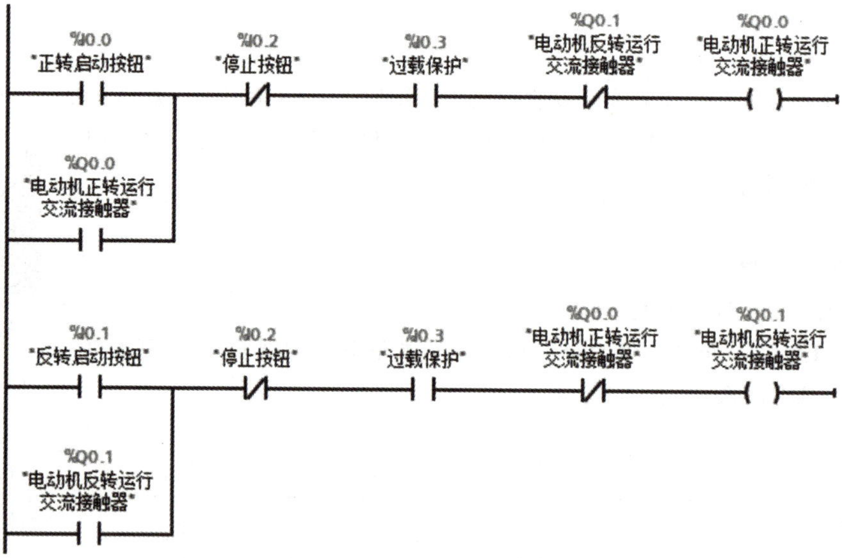

图2-1-6　搅拌机控制系统的梯形图

4)博途软件编程

打开博途软件,在博途视图中创建名称为"搅拌机控制系统"的工程项目,并进行项目硬件组态、变量表建立及程序输入。本任务的变量表如图2-1-7所示。

5)搅拌机控制系统的软件调试

在监视状态下按下按钮,观察Q0.0、Q0.1的动作状态是否与控制要求一致。如不一致,则需要检查程序,直到Q0.0、Q0.1的动作符合控制要求。具体观察内容如下。

按下正转启动按钮时,Q0.0得电,在Q0.0运行过程中,直接按下反转启动按钮,Q0.0失电，Q0.1 得电；在 Q0.1 运行过程中，按下停止按钮或者过载保护，Q0.1 失电，运行过程结束。

	名称	数据类型	地址
1	正转启动按钮	Bool	%I0.0
2	反转启动按钮	Bool	%I0.1
3	停止按钮	Bool	%I0.2
4	过载保护	Bool	%I0.3
5	电动机正转运行交流接触器线圈	Bool	%Q0.0
6	电动机反转运行交流接触器线圈	Bool	%Q0.1

图 2-1-7　PLC 变量表

按下反转启动按钮时，Q0.1 得电，在 Q0.1 运行过程中，直接按下正转启动按钮，Q0.1 失电，Q0.0 得电；在 Q0.0 运行过程中，按下停止按钮或者过载保护，Q0.0 失电，运行过程结束。

6）搅拌机控制系统的软硬联调

在进行系统软硬联调时，首先进行系统空载调试，空载调试无误后再连接电动机进行带载调试。

在系统空载调试中，观察交流接触器能否按控制要求动作，如不符合要求，则需要检查电路接线，直至交流接触器能按控制要求动作。具体观察内容如下。

按下正转启动按钮时，KM1 得电，在 KM1 运行过程中，直接按下反转启动按钮，KM1 失电，KM2 得电；在 KM2 运行过程中，按下过载保护 FR 或停止按钮 SB3，KM2 失电，运行过程结束。

按下反转启动按钮时，KM2 得电，在 KM2 运行过程中，直接按下正转启动按钮，KM2 失电，KM1 得电；在 KM1 运行过程中，按下过载保护 FR 或停止按钮 SB3，KM1 失电，运行过程结束。

最后连接电动机（按星形连接）进行带载调试。

任务考核

（见“任务 2.1 考核标准”码课）

任务 2.1 考核标准

任务拓展

用 PLC 来实现三人抢答控制，具体要求如下：有一位主持人与三位选手，初始时，所有指示灯熄灭；当主持人按下开始抢答按钮后，抢答指示灯点亮，开始抢答。

若有一位选手按下抢答按钮，该选手的抢答指示灯点亮，同时其余选手的抢答按钮（后按下的）则无效。

当主持人按下复位按钮后，所有指示灯熄灭，进行下一轮抢答。

练习题

（见“任务 2.1 练习题”码课）

任务 2.1 练习题

任务 2.2　仿洗衣机“标准洗”控制系统的设计、安装与调试

任务描述

在工业上，电动机正反转通常用于自动化设备、加工机床、包装机、输送设备等。例如：在造纸厂中，碎纸机的电动机通过正反转来驱动刀片旋转，以实现碎纸；在自来水厂中，正反转控制电路可以实现给水泵、排水泵的正反向运转，从而满足不同的给水和排水需要。在家电行业中，电动机正反转通常用于吸尘器、洗衣机、风扇和空调等家电。

本任务以洗衣机“标准洗”的控制方式为例实现电动机正反转控制。具体要求如下：按下启动按钮后，洗衣机顺时针转 1 min，为了防止被洗的衣物打结，1 min 后自动改成逆时针转，1 min 后再改成顺时针转，如此循环。直到定时 50 min 结束或者按下停止按钮，洗衣机才会停止工作。洗衣机的“标准洗”控制也可以通过 PLC 实现，本任务就来学习仿洗衣机“标准洗”控制系统的设计、安装与调试。

通过本任务的学习，学生能够正确使用 TON（接通延时定时器）指令，结合所学的 PLC 型号完成仿洗衣机“标准洗”控制系统的设计、安装与调试。

任务目标

1. 知识目标

（1）总结 TON 指令的功能。

（2）说出经验设计法编程的方法。

（3）说出 PLC 控制系统安装、调试和故障诊断的一般步骤。

2. 能力目标

（1）能合理分配 I/O 地址，绘制 PLC 外部接线图，并完成硬件电路的接线。

（2）能在教师的引导下根据任务要求利用经验设计法编制仿洗衣机“标准洗”控制的梯形图。

（3）能使用博途软件对 PLC 控制系统进行程序监控与调试。

（4）能进一步熟悉 PLC 控制电动机正反转控制系统安装、调试的方法。

（5）能在教师的引导下根据故障现象对仿洗衣机“标准洗”控制系统中的故障进行分析及排查。

（6）能说出 PLC 控制系统软硬联调的方法，并在教师的引导下对仿洗衣机“标准洗”控制系统进行软硬联调。

3. 素养目标

（1）在任务实施的过程中，要求学生严格遵照接线工艺的要求并遵循行业标准规范，树立正确的工作态度，逐步培养学生的职业道德，提升学生的质量意识。

（2）在任务实施的过程中，学生小组分工明确，相互协作完成任务，增强学生的协作精

神，同时逐步培养学生遵守安全用电规范的意识。

任务准备

2.2.1　定时器

S7-1200 PLC 只支持 IEC 定时器。IEC 定时器集成在 CPU 的操作系统中，有以下四种：脉冲定时器（TP）、接通延时定时器（TON）、关断延时定时器（TOF）和保持型接通延时定时器（TONR）。

IEC 定时器属于函数块，在调用时需要知道配套的背景数据块，因为定时器指令的数据保存在背景数据块中。定时器指令没有编号，在对定时器使用复位指令时，可以用背景数据块的编号或名称来指定需要复位的定时器，如果没有必要，则可以不用复位指令。

当在梯形图中输入定时器指令时，打开右边的指令窗口，将“定时器操作”文件夹中的定时器指令拖放到梯形图中合适的位置，即会弹出“调用选项”对话框，如图 2-2-1 所示。定时器会自动分配背景数据块，背景数据块的名称和编号可以采用默认设置，也可以手动自行设置。单击“确定”按钮，会自动生成背景数据块。生成的背景数据块如图 2-2-2 所示。

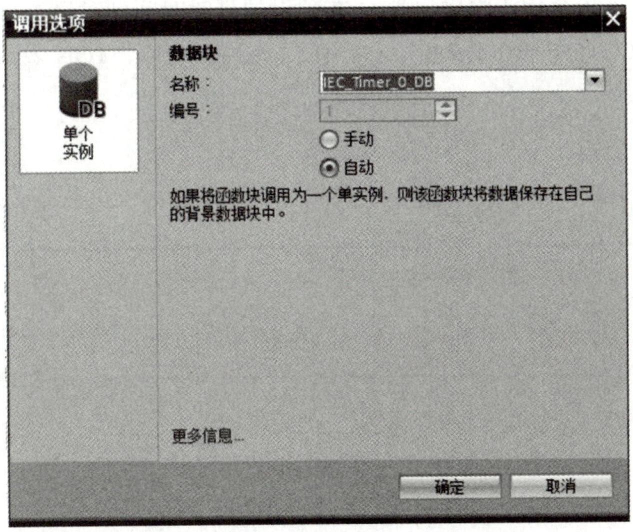

图 2-2-1　定时器“调用选项”对话框

下面以 TON 指令为例说明定时器各个端子的功能。如图 2-2-3 所示，TON 有四个端子。IN 为定时器的输入端，PT（Preset Time）为预设时间值（又称为设定值），ET（Elapsed Time）为定时器的当前时间值（又称为当前值），Q 为定时器的输出端，可以不给 ET 和 Q 指定地址。ET 和 PT 的数据类型都为 32 位的 Time 型，单位为 ms，最长定时时间为 T#24 d_20 h_31 m_23 s_647 ms。图 2-2-3 中 DB1 是定时器的背景数据块，IEC_Timer_0_DB 是背景数据块的符号地址，其他定时器的背景数据块类似，后面不再赘述。

IEC_Timer_0_DB

	名称	数据类型	起始值
1	▼ Static		
2	■ PT	Time	T#0ms
3	■ ET	Time	T#0ms
4	■ IN	Bool	false
5	■ Q	Bool	false

图 2-2-2　定时器的背景数据块

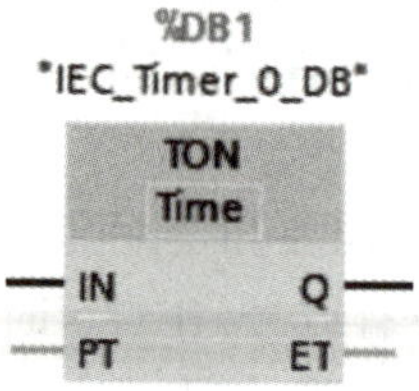

图 2-2-3　TON

2.2.2　接通延时定时器（TON）指令

接通延时定时器指令用于将输出端 Q 在预设的延时时间到时设置为 ON。接通延时定时器的工作原理及时序图如图 2-2-4 所示。在图 2-2-4（a）中，TON 表示接通延时定时器，DB1 为其背景数据块。

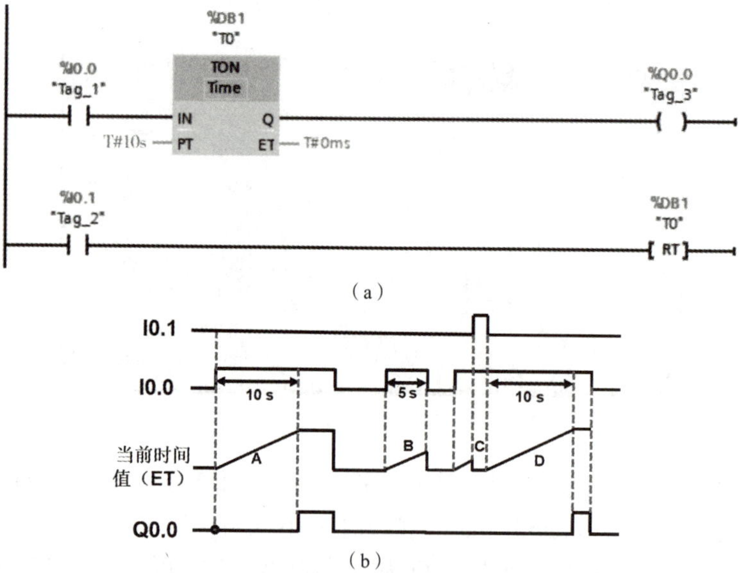

图 2-2-4　接通延时定时器的工作原理及时序图

（a）工作原理　（b）时序图

当定时器的输入端 IN 状态由“0”变为“1”时，定时器开始计时，当定时时间等于设定值 PT 时，定时器停止计时并保持当前值 ET 不变，如图 2-2-4（b）中 A 段波形所示。

当定时时间等于设定值 PT，且定时器的输入端 IN 状态一直为“1”时，定时器的输出端 Q 状态为“1”；如果定时时间未达到设定值 PT，输入端 IN 状态又变为“0”，则当前值 ET 被清零，如图 2-2-4（b）中 B 段波形所示。

当 I0.1 状态变为“1”时，定时器复位线圈（RT）得电，定时器复位，当前值被清零，输出端 Q 状态变为“0”，如图 2-2-4（b）中 C 段波形所示。如果此时输入端 IN 状态为“1”，则定时器重新定时，如图 2-2-4（b）中 D 段波形所示。

定时器复位线圈（RT）指令可将 IEC 定时器复位为“0”状态。用定时器的背景数据块的编号或名称来指定需要复位的定时器。执行后定时器的当前值为 0，其他定时器也一样可以采用 RT 指令来进行复位。

注意：

（1）接通延时定时器指令在定时期间，输入端 IN 需要一直有效，一旦 IN 信号断开，定时器立刻清零。

（2）接通延时定时器指令可以放在程序中间或结尾，其他定时器一样。

接通延时定时器的应用如图 2-2-5 所示。

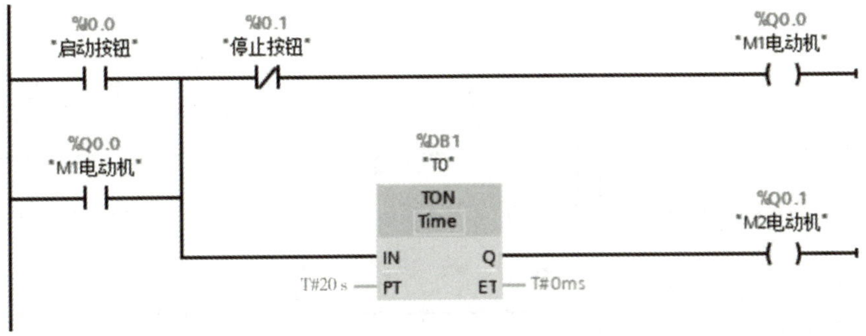

图 2-2-5　接通延时定时器的应用

按下启动按钮 SB1（I0.0），三相异步电动机 M1 直接启动并运行，20 s 后三相异步电动机 M2 直接启动并运行，在运行过程中若按下停止按钮 SB2（I0.1），M1、M2 立即停止运行。

当按下启动按钮 SB1 时，Q0.0 得电并自锁，即电动机 M1 启动并运行，同时接通延时定时器 T0 开始计时，当定时时间达到 20 s 时，其输出端 Q 状态为“1”，将 Q0.1 接通，即电动机 M2 启动并运行。当按下停止按钮 SB2 时，Q0.0 状态为“0”，即电动机 M1 停止，同时接通延时定时器 T0 的 IN 端断开，当前值被清零，Q0.1 状态为“0”，即电动机 M2 停止。

任务实施

仿洗衣机“标准洗”控制系统的具体要求如下：按下启动按钮后，电动机正转运行，10 s 之后自动改成反转运行，10 s 后再改成正转运行，如此循环；直到按下停止按钮，电动机停止。

1. 设备与器材

（略）

2. 内容与步骤

1）列写 I/O 地址分配表

根据 PLC 输入和输出点的分配原则以及本任务的控制要求，列写本任务的 I/O 地址分配表，如表 2-2-1 所示。

表 2-2-1　I/O 地址分配表

信号类型	描述	数据类型	I/O 地址
DI	SB1 启动按钮	Bool	I0.0
	SB2 停止按钮	Bool	I0.1
	FR 过载保护	Bool	I0.2
DQ	KM1 电动机正转运行交流接触器线圈	Bool	Q0.0
	KM2 电动机反转运行交流接触器线圈	Bool	Q0.1

2）绘制主电路和 PLC 外部接线图并进行硬件接线

仿洗衣机“标准洗”控制系统的主电路和 PLC 外部接线图如图 2-2-6 所示。

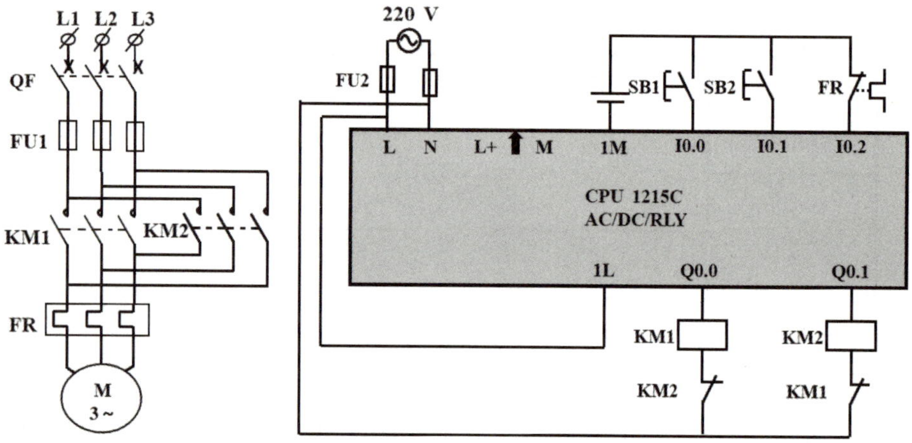

图 2-2-6　主电路和 PLC 外部接线图

仿洗衣机“标准洗”控制系统

3）程序编写

采用触点、线圈、定时器指令编写梯形图程序。（见“仿洗衣机‘标准洗’控制系统”码课）

4）博途软件编程

打开博途软件，在博途视图中创建名称为“仿洗衣机‘标准洗’控制系统”的工程项目，并进行项目硬件组态、变量表建立及程序输入。本任务的变量表如图 2-2-7 所示。

		名称	数据类型	地址
1		启动按钮	Bool	%I0.0
2		停止按钮	Bool	%I0.1
3		过载保护	Bool	%I0.2
4		电动机正转运行交流接触器线圈	Bool	%Q0.0
5		电动机反转运行交流接触器线圈	Bool	%Q0.1

图 2-2-7 PLC 变量表

5）仿洗衣机“标准洗”控制系统的软件调试

在监视状态下按下按钮，观察 Q0.0、Q0.1 的动作状态是否与控制要求一致。如不一致，则需要检查程序，直到 Q0.0、Q0.1 的动作符合控制要求。

6）仿洗衣机“标准洗”控制系统的软硬联调

在进行系统软硬联调时，首先进行系统空载调试，空载调试无误后再连接电动机进行带载调试。

在系统空载调试中，观察交流接触器能否按控制要求动作，如不符合要求，则需要检查电路接线，直至交流接触器能按控制要求动作。

空载调试无误后，连接电动机（按星形连接）进行带载调试。

任务考核

（见“任务 2.2 考核标准”码课）

任务 2.2 考核标准

任务拓展

用 PLC 来实现三人抢答控制，具体要求如下：有一位主持人与三位选手，初始时，所有指示灯熄灭；当主持人按下开始抢答按钮后，抢答指示灯点亮，开始抢答。

若 5 s 内无人抢答，则抢答指示灯熄灭，说明此题无人抢答，题目自动作废。

若 5 s 内有一位选手按下抢答按钮，该选手的抢答指示灯点亮，同时其余选手的抢答按钮（后按下的）则无效。

当主持人按下复位按钮后，所有指示灯熄灭，进行下一轮抢答。

练习题

（见“任务 2.2 练习题”码课）

任务 2.2 练习题

任务 2.3　仿洗衣机"轻柔洗"控制系统的设计、安装与调试

任务描述

洗衣机在洗涤时除了有"标准洗",还有"轻柔洗","轻柔洗"的具体要求如下:按下启动按钮后,洗衣机顺时针转 1 min 后停止,30 s 后自动改成逆时针转,逆时针转 1 min 后再停止, 30 s 后自动改成顺时针转,如此循环。直到定时 20 min 结束或者按下停止按钮,洗衣机才会停止工作。洗衣机的"轻柔洗"控制也可以通过 PLC 实现,本任务就来学习仿洗衣机"轻柔洗"控制系统的设计、安装与调试。

通过本任务的学习,学生能够正确使用 TP、TOF、TONR 指令以及边沿检测指令,结合所学的 PLC 型号完成仿洗衣机"轻柔洗"控制系统的设计、安装与调试。

任务目标

1. 知识目标

(1)总结 TP、TOF、TONR 指令以及边沿检测指令的功能。

(2)说出经验设计法编程的方法。

(3)说出 PLC 控制系统安装、调试和故障诊断的一般步骤。

2. 能力目标

(1)能根据任务描述列写 I/O 地址分配表,绘制主电路和 PLC 外部接线图。

(2)能在教师的引导下根据任务要求利用 TP、TOF 指令以及边沿检测指令实现仿洗衣机"轻柔洗"控制系统的设计。

(3)能使用博途软件对 PLC 控制系统进行程序监控与调试。

(4)能说出 PLC 控制系统软硬联调的方法,并在教师的引导下对仿洗衣机"轻柔洗"控制系统进行软硬联调。

(5)能在教师的引导下根据故障现象对仿洗衣机"轻柔洗"控制系统中的故障进行分析及排查。

3. 素养目标

(1)在任务实施的过程中,要求学生遵守安全用电规范,提升学生的安全意识。

(2)在任务实施的过程中,培养学生勤于思考的学习精神以及团结协作精神。

任务准备

2.3.1　脉冲定时器(TP)指令

脉冲定时器的指令名称为"生成脉冲",用于将输出端 Q 置位为设定值 PT 所表示的时

长。脉冲定时器的工作原理及时序图如图 2-3-1 所示。在图 2-3-1(a)中，TP 表示脉冲定时器,DB3 为其背景数据块。

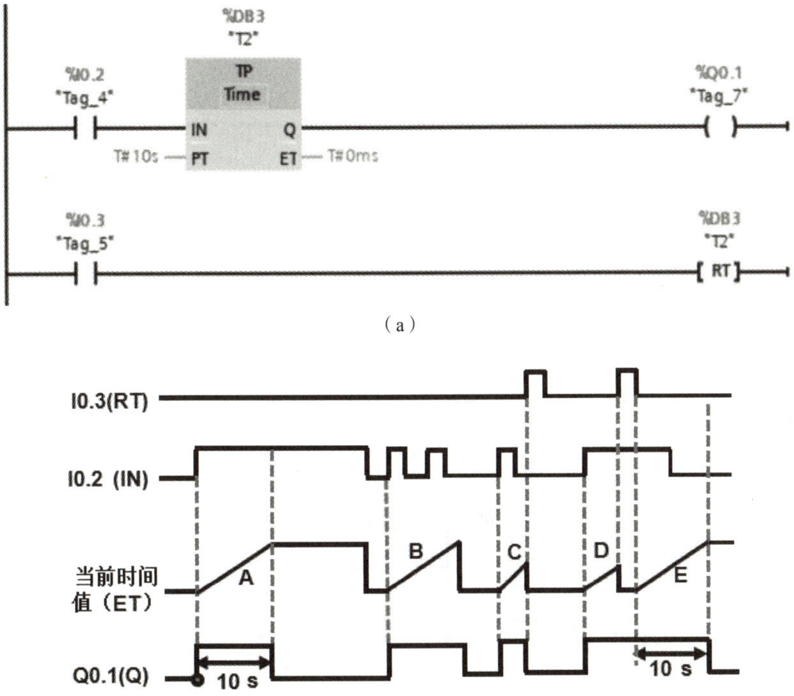

(a)

(b)

图 2-3-1　脉冲定时器的工作原理及时序图

(a)工作原理　(b)时序图

当脉冲定时器的输入端 IN 状态由“0”变为“1”时,定时器开始计时,此时定时器的输出端 Q 置位为 1,开始输出脉冲。当定时时间等于设定值 PT 时,定时器的输出端 Q 状态变为“0”,如图 2-3-1(b)中 A 段、B 段波形所示。

当 I0.3 状态变为“1”时,定时器复位线圈(RT)得电,定时器复位,当前值被清零,输出端 Q 状态变为“0”,如图 2-3-1(b)中 C 段、D 段波形所示。如果此时输入端 IN 状态为“1”,则定时器重新定时,如图 2-3-1(b)中 E 段波形所示。

注意：

(1)脉冲定时器 IN 端信号由“0”变为“1”时即可开始计时,因此脉冲定时器输入端 IN 信号是上升沿有效信号。

(2)如果脉冲定时器 IN 端的脉冲宽度小于设定值 PT,在脉冲输出期间,即使 IN 端输入出现下降沿或上升沿,也不会影响脉冲的输出。

2.3.2　关断延时定时器(TOF)指令

关断延时定时器指令用于将输出端 Q 的复位动作延时设定值 PT 所表示的时长。关断延时定时器的工作原理及时序图如图 2-3-2 所示。在图 2-3-2（a）中，TOF 表示关断延时定时器，DB2 为其背景数据块。

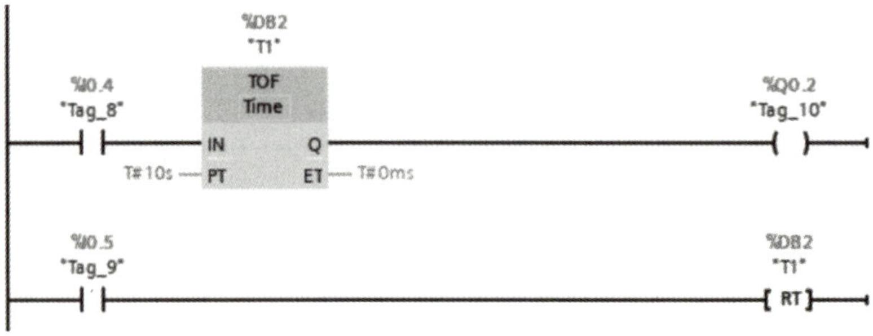

（a）

微课　TOF 的使用

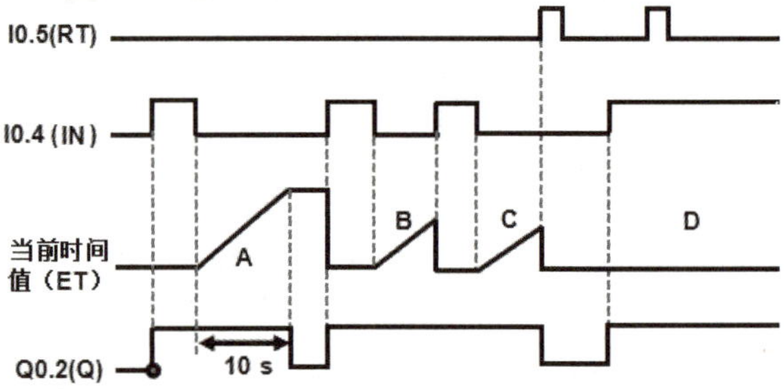

（b）

图 2-3-2　关断延时定时器的工作原理及时序图

（a）工作原理　（b）时序图

当关断延时定时器的输入端 IN 接通时，定时器的输出端 Q 状态为“1”，当前值被清零。当输入端 IN 状态由“1”变为“0”时，定时器开始计时。当定时时间等于设定值 PT 时，当前值 ET 停止计时并保持不变，如图 2-3-2（b）中 A 段波形所示。

当定时时间达到设定值时，定时器的输出端 Q 状态为“0”。如果定时时间未达到设定值，输入端 IN 状态又变为“1”，则当前值被清零，同时保持输出为“1”的状态，如图 2-3-2（b）中 B 段波形所示。

当 I0.5 状态变为“1”时，定时器复位线圈 RT 得电，定时器复位，当前值被清零，输出端 Q 状态变为“0”，如图 2-3-2（b）中 C 段波形所示。当 I0.5 状态为“1”，但输入端 IN 状态一直为“1”时，复位信号不起作用，如图 2-3-2（b）中 D 段波形所示。

注意：关断延时定时器的 IN 端信号由“1”变为“0”时才开始计时，因此关断延时定时器的 IN 端信号是下降沿有效信号。因此在 IN 端信号一直接通时，定时器不计时，且复位信号不起作用。

2.3.3　保持型接通延时定时器（TONR）指令

微课　TON 与 TONR 的使用

保持型接通延时定时器指令用于将输出端 Q 在预设的延时时间到时置位为 1。保持型接通延时定时器的工作原理及时序图如图 2-3-3 所示。在图 2-3-3(a)中，TONR 表示保持型接通延时定时器，DB4 为其背景数据块。

当保持型接通延时定时器的输入端 IN 状态由“0”变为“1”时，定时器开始计时。当输入端 IN 状态变为“0”时，定时器停止计时并保持当前值 ET 不变，如图 2-3-3(b)中 A 段波形所示。

当定时器的输入端 IN 状态再次变为“1”时，定时器继续累加计时，如图 2-3-3(b)中 B 段波形所示。直到定时器的当前值 ET 等于设定值 PT 时，定时器的当前值不再变化，同时定时器的输出端 Q 状态变为“1”，如图 2-3-3(b)中 C 段波形所示。

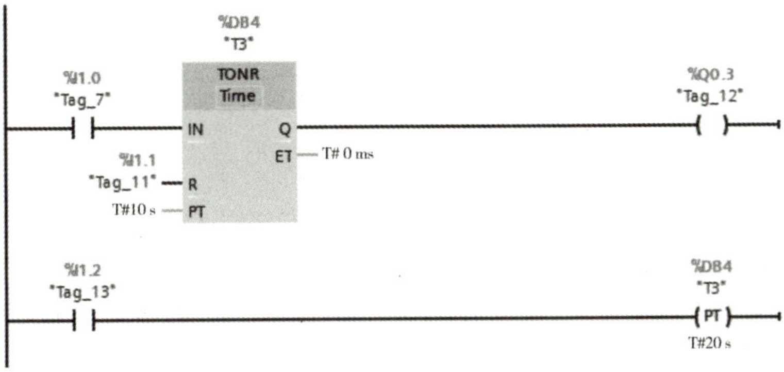

(a)

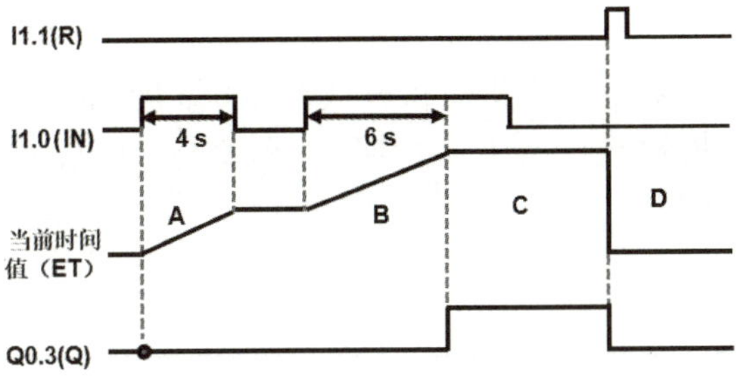

(b)

图 2-3-3　保持型接通延时定时器的工作原理及时序图

(a)工作原理　(b)时序图

当保持型接通延时定时器的复位信号 I1.1 为“1”时，定时器复位，当前值被清零，输出端 Q 状态变为“0”。如图 2-3-3(b)中 D 段波形所示。

图 2-3-3(a)中 PT 线圈为加载持续时间指令。当 I1.2 接通时，将 PT 线圈下面的指定时间写入定时器 T3 的背景数据块 DB4 的静态变量 PT 中，再将 PT 作为保持型接通延时定时器新的设定值进行定时。用 I1.1 复位时，保持型接通延时定时器的设定值也被清零。

2.3.4 边沿检测指令

1. 边沿检测触点指令

边沿检测触点指令包括 P(上升沿)触点指令和 N(下降沿)触点指令。P 触点指令的名称是“扫描操作信号的上升沿”,是指当触点地址位的值从 0 跳转到 1 时,该触点接通一个扫描周期。N 触点指令的名称是“扫描操作信号的下降沿”,是指当触点地址位的值从 1 跳转到 0 时,该触点接通一个扫描周期。边沿检测触点指令的应用如图 2-3-4 所示。

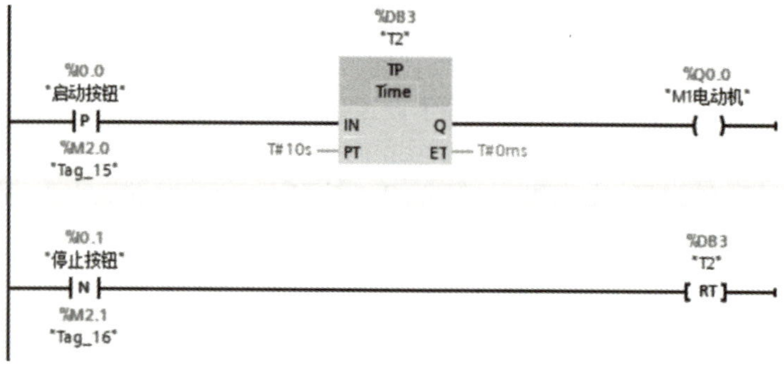

图 2-3-4　边沿检测触点指令的应用

当触点地址位 I0.0 由 0 变为 1 时,触点接通一个扫描周期,其状态位 M2.0 为 1,启动脉冲定时器,同时 Q0.0 得电。10 s 后定时时间到,Q0.0 失电,脉冲定时器的当前值被清零。

当触点地址位 I0.1 由 1 变为 0 时,其状态位 M2.1 为 1,定时器复位线圈 RT 得电,定时器复位,当前值被清零。

注意:边沿检测触点指令可以放置在程序段中除分支结尾外的任何位置。

2. 边沿检测线圈指令

边沿检测线圈指令包括 P 线圈指令和 N 线圈指令。P 线圈指令是指当进入线圈的能流检测到上升沿时,该线圈接通一个扫描周期。N 线圈指令则与之相反。边沿检测线圈指令的应用如图 2-3-5 所示。

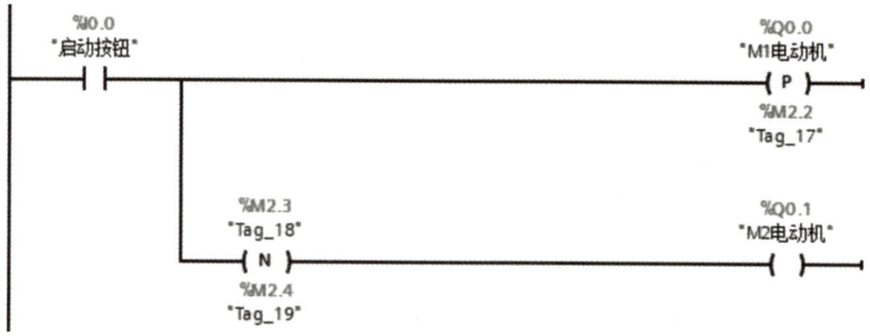

图 2-3-5　边沿检测线圈指令的应用

当 I0.0 变为 1 时,状态位 M2.2、M2.4 变为 1,I0.0 接通,Q0.0、Q0.1 接通;当 I0.0 变为 0 时,状态位 M2.2、M2.4 变为 0,Q0.0、Q0.1 都不接通。

注意:边沿检测线圈指令可以放置在程序段中任何位置。

3. TRIG(边沿检测)指令

TRIG 指令包括 P_TRIG 指令和 N_TRIG 指令。P_TRIG 指令用于检测单个触点或 RLO 的上升沿,N_TRIG 指令用于检测单个触点或 RLO 的下降沿,即当在输入端 CLK 检测到上升沿或下降沿时,输出端接通一个扫描周期。TRIG 指令的应用如图 2-3-6 所示。

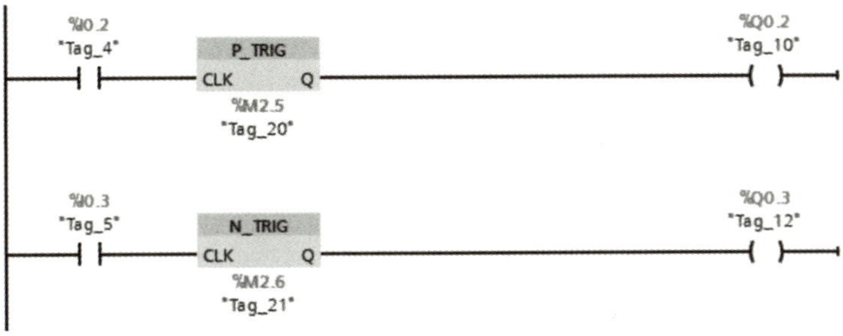

图 2-3-6 TRIG 指令的应用

当 I0.2 由 0 变为 1 时,状态位 M2.5 变为 1, Q0.2 接通一个扫描周期。当 I0.3 由 1 变为 0 时,状态位 M2.6 变为 1, Q0.3 接通一个扫描周期,此时 N_TRIG 指令的功能与 N 触点指令相同。

注意:P_TRIG 指令和 N_TRIG 指令不能放在程序段的开始和结束处。

4. 带背景数据块的 TRIG 指令

R_TRIG 是检测信号上升沿指令, F_TRIG 是检测信号下降沿指令。它们是函数块,在调用时会自动生成背景数据块。这两条指令都是将输入端 CLK 的当前状态与背景数据块中保存的上一个扫描周期 CLK 状态的边沿存储位进行比较,如果指令检测到 CLK 的上升沿或下降沿,将会通过 Q 端输出一个扫描周期的脉冲。R_TRIG 和 F_TRIG 指令的应用如图 2-3-7 所示。

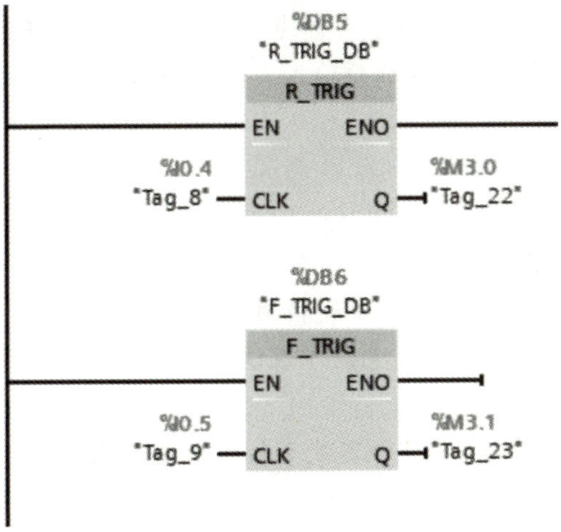

图 2-3-7 R_TRIG 和 F_TRIG 指令的应用

当R_TRIG指令的输入端CLK I0.4由0变为1时，输出M3.0接通一个扫描周期，同时背景数据块中保存了上一次扫描循环CLK端信号的状态。当F_TRIG指令的输入端CLK I0.5由1变为0时，输出M3.1接通一个扫描周期，同时背景数据块中保存了上一次扫描循环CLK端信号的状态。

注意：带背景数据块的TRIG指令可以放置在程序段中任何位置。

任务实施

仿洗衣机“轻柔洗”控制系统的具体要求如下：按下启动按钮后，洗衣机顺时针转10 s后停止，2 s后自动改成逆时针转，逆时针转10 s后再停止，2 s后自动改成顺时针转，如此循环。直到按下停止按钮，电动机才会停止。

1. 设备与器材

（略）

2. 内容与步骤

1）列写I/O地址分配表

根据PLC输入和输出点的分配原则以及本任务的控制要求，列写本任务的I/O地址分配表。由于本任务的I/O地址分配表与任务2.2完全相同，此处不再给出。

2）绘制主电路和PLC外部接线图并进行硬件接线

仿洗衣机“轻柔洗”控制系统的主电路和PLC外部接线图与任务2.2完全相同，此处不再给出。

3）程序编写

采用边沿检测指令、线圈指令、TP指令、TOF指令编写梯形图程序。（见“仿洗衣机‘轻柔洗’控制系统程序设计”微课）

微课　仿洗衣机“轻柔洗”控制系统程序设计

4）博途软件编程

打开博途软件，在博途视图中创建名称为“仿洗衣机‘轻柔洗’控制系统”的工程项目，并进行项目硬件组态、变量表建立及程序输入。本任务的PLC变量表与任务2.2完全相同，此处不再给出。

5）仿洗衣机“轻柔洗”控制系统的软件调试

在监视状态下按下按钮，观察Q0.0、Q0.1的动作状态是否与控制要求一致。如不一致，则需要检查程序，直到Q0.0、Q0.1的动作符合控制要求。

6）仿洗衣机“轻柔洗”控制系统的软硬联调

在进行系统软硬联调时，首先进行系统空载调试，空载调试无误后再连接电动机进行带载调试。

在系统空载调试中，观察交流接触器能否按控制要求动作，如不符合要求，则需要检查电路接线，直至交流接触器能按控制要求动作。

空载调试无误后，连接电动机（按星形连接）进行带载调试。

任务考核

（见“任务 2.3 考核标准”码课）

任务 2.3 考核标准

任务拓展

使用三种定时器（TP、TON、TOF）指令，设计卫生间冲水控制程序。控制要求如下：使用者进入卫生间 3 s 后，电磁阀冲水 4 s；当使用者离开卫生间后，电磁阀冲水 5 s。

练习题

（见“任务 2.3 练习题”码课）

任务 2.3 练习题

任务 2.4　运料小车控制系统的设计、安装与调试

任务描述

在工厂中，天车一般指桥式起重机，它是一种用于物料搬运的起重设备。其主要功能是在车间上空进行物料搬运，将物料从一个地方移动到另一个地方。本任务以天车为载体，利用 PLC 实现物料的搬运和往返。

用 PLC 实现运料小车自动往返控制的具体要求如下：小车的前进和后退由电动机拖动，在初始状态时小车停最左侧，此时左限位开关 SQ1 为 ON，按下启动按钮 SB1 后，小车开始装料，5 s 后小车右行，到达右限位开关 SQ2 处，小车停止右行开始卸料，3 s 后小车左行，左行至左限位开关 SQ1，小车停止左行再次装料，5 s 后小车右行，如此往复。按下停止按钮 SB2，小车需在当前周期的操作结束后停止在初始状态。

通过本任务的学习，学生能够掌握多地控制的实现方法和限位开关的接线方法，同时结合所学的 PLC 型号完成运料小车控制系统的设计、安装和调试。

任务目标

1. 知识目标

（1）说明多地控制的含义以及行程开关的使用方法。

（2）总结多地控制的实现方法。

（3）总结置位与复位指令、RS 与 SR 触发器指令的使用方法。

（4）进一步撰写 PLC 控制系统安装、调试和故障诊断的一般步骤。

2. 能力目标

（1）能根据任务描述列写I/O地址分配表，绘制主电路和PLC外部接线图。

（2）能在教师的引导下根据任务要求利用经验设计法实现运料小车控制系统的设计。

（3）能进行限位开关的接线。

（4）能使用博途软件对PLC控制系统进行程序监控与调试。

（5）能说出PLC控制系统软硬联调的方法，并在教师的引导下对运料小车控制系统进行软硬联调。

（6）能根据故障现象对运料小车控制系统中的一般故障进行分析和排查。

3. 素养目标

（1）在任务实施的过程中，要求学生遵守安全用电规范，提升学生的安全意识。

（2）在任务实施的过程中，培养学生勤于思考的学习精神以及团结协作精神。

任务准备

2.4.1 多地控制

多地控制是指能够在不同的地点对电动机的动作进行控制。一些大型机床设备为了操作方便，经常采用多地控制方式。通常把启动按钮的动合触点并联在一起，实现多地启动控制；而把停止按钮的动断触点串联在一起，实现多地停止控制。

2.4.2 置位与复位相关指令

1. 置位与复位指令

S（Set，置位输出）指令用于将指定的位操作数置位（即变为1并保持）。

R（Reset，复位输出）指令用于将指定的位操作数复位（即变为0并保持）。

置位与复位指令最主要的特点是具有记忆和保持功能，是对单个位进行置位和复位的指令。在使用时，这两个指令要搭配着用。如图2-4-1所示，若I0.0=1，则Q0.0变为1并保持；若I0.1=1，则Q0.0变为0并保持。

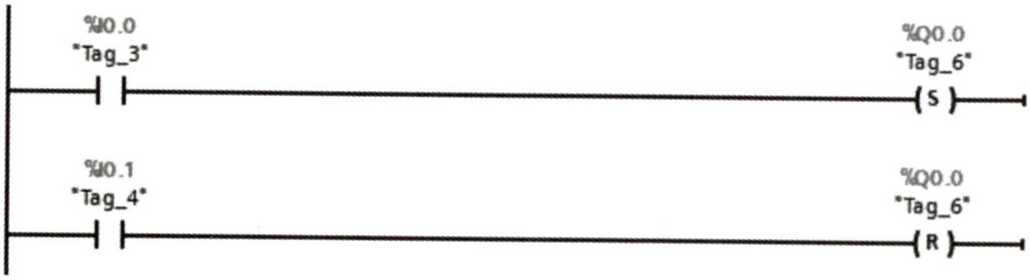

图2-4-1 置位与复位指令

2. 置位位域与复位位域指令

置位位域（SET_BF）指令用于将从指定的地址开始若干个连续地址置位并保持。

复位位域（RESET_BF）指令用于将从指定的地址开始若干个连续地址复位。

在指令上面输入需要置位或复位的起始地址，下面输入需要置位或复位的个数，最多可设置 65 535 个。如图 2-4-2 所示，若 I0.0 接通，则从 Q0.0 开始的 5 个连续位（Q0.0~Q0.4）置位为 1；若 I0.1 接通，则从 Q0.0 开始的 5 个连续位（Q0.0~Q0.4）复位为 0。

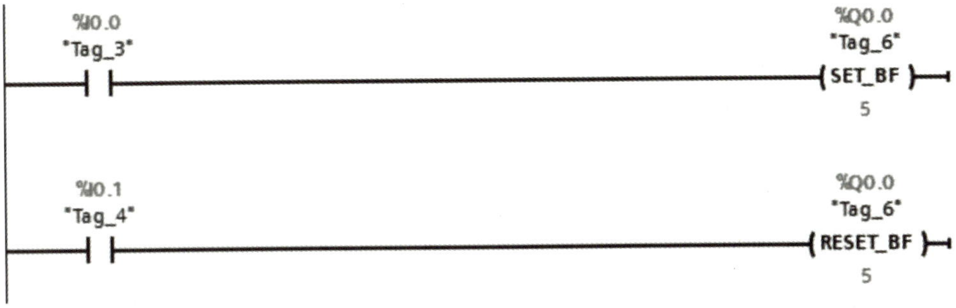

图 2-4-2　置位位域与复位位域指令

2.4.3　置位/复位（SR）触发器与复位/置位（RS）触发器指令

置位/复位（SR）触发器又称为复位优先触发器，复位/置位（RS）触发器又称为置位优先触发器。这两个触发器都是根据输入端的逻辑运算结果（RLO）对存储器进行置位和复位的。若两个输入端信号的逻辑结果全为 1，则 SR 触发器复位端指令优先，复位为 0；RS 触发器置位端指令优先，置位为 1。SR 触发器和 RS 触发器的真值表如表 2-4-1 所示。

表 2-4-1　SR 触发器和 RS 触发器的真值表

置位/复位（SR）触发器			复位/置位（RS）触发器		
S	R1	输出位	R	S1	输出位
0	0	保持之前状态	0	0	保持之前状态
0	1	0	0	1	1
1	0	1	1	0	0
1	1	1	1	1	1

RS 与 SR 触发器指令的应用如图 2-4-3 所示。触发器上的 M2.0 和 M2.2 为标志位。R、S 输入端首先对标志位进行置位和复位，然后将标志位的状态送到输出端。

当 I0.0=1，I0.1=0 时，SR 触发器的标志位 M2.0 接通，即为 1，再将标志位的状态送到输出端，因此 Q0.0=M2.0=1。当 I0.0=0，I0.1=1 时，RS 触发器的标志位 M2.2 接通，即为 1，再将标志位的状态送到输出端，因此 Q0.1=M2.2=1。

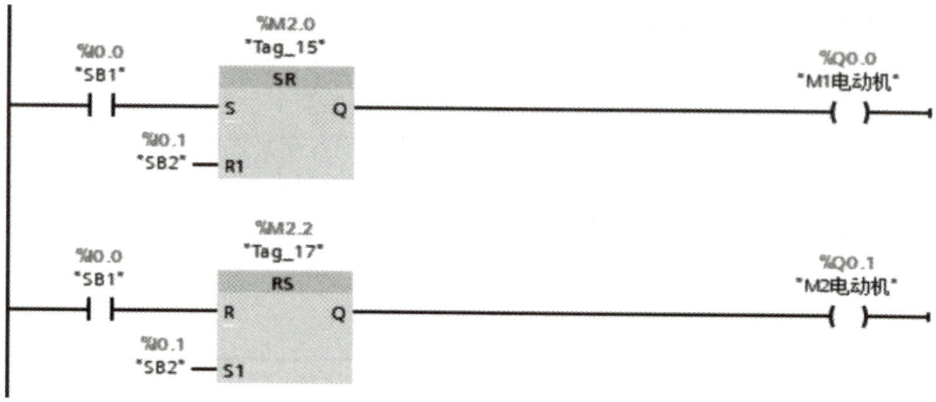

图 2-4-3　RS 与 SR 触发器指令的应用

任务实施

1. 设备与器材

（略）

2. 内容与步骤

1）列写 I/O 地址分配表

根据 PLC 输入和输出点的分配原则以及本任务的控制要求，列写本任务的 I/O 地址分配表，如表 2-4-2 所示。

表 2-4-2　I/O 地址分配表

信号类型	描述	数据类型	I/O 地址
DI	SB1 启动按钮	Bool	I0.0
	SB2 停止按钮	Bool	I0.1
	SQ1 左限位开关	Bool	I0.2
	SQ2 右限位开关	Bool	I0.3
	FR 过载保护	Bool	I0.4
DQ	KM1 小车左行交流接触器线圈	Bool	Q0.0
	KM2 小车右行交流接触器线圈	Bool	Q0.1

微课　运料小车 PLC 控制系统的程序设计

2）绘制主电路和 PLC 外部接线图并进行硬件接线

运料小车控制系统的主电路和 PLC 外部接线图如图 2-4-4 所示。

3）程序编写

用复位优先触发器 SR 指令编制运料小车控制的梯形图。（见“运料小车 PLC 控制系统的程序设计”微课）

4）博途软件编程

打开博途软件，在博途视图中创建名称为“运料小车控制系统”的工程项目，并进行项目硬件组态、变量表建立及程序输入。本任务的 PLC 变量表如图 2-4-5 所示。

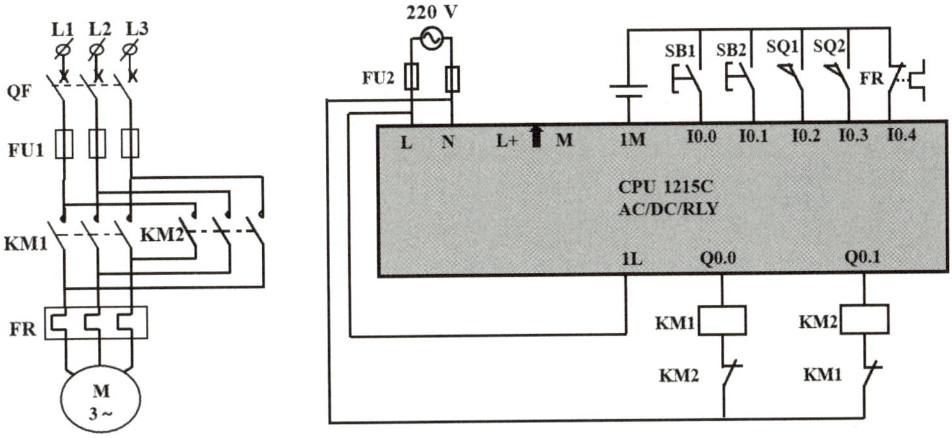

图 2-4-4　主电路和 PLC 外部接线图

	名称	数据类型	地址
1	启动按钮	Bool	%I0.0
2	停止按钮	Bool	%I0.1
3	左限位开关	Bool	%I0.2
4	右限位开关	Bool	%I0.3
5	过载保护	Bool	%I0.4
6	小车左行交流接触器线圈	Bool	%Q0.0
7	小车右行交流接触器线圈	Bool	%Q0.1

图 2-4-5　PLC 变量表

5）运料小车控制系统的软件调试

在监视状态下按下按钮，观察 Q0.0、Q0.1 的动作状态是否与控制要求一致。如不一致，则需要检查程序，直到 Q0.0、Q0.1 的动作符合控制要求。

6）运料小车控制系统的软硬联调

在进行系统软硬联调时，首先进行系统空载调试，空载调试无误后再连接电动机进行带载调试。

在系统空载调试中，观察交流接触器和电磁阀能否按控制要求动作，如不符合要求，则需要检查电路接线，直至交流接触器和电磁阀能按控制要求动作。

空载调试无误后，连接电动机（按星形连接）进行带载调试。

任务考核

（见“任务 2.4 考核标准”码课）

任务 2.4 考核标准

任务拓展

用 PLC 实现运料小车自动往返控制，具体要求如下。小车的前进和后退由电动机拖动，在初始状态时小车停在中间，按下右行启动按钮，小车右行，到达右限位开关 SQ2 处，小车停止右行，延时 3 s 后自动左行，到达左限位开关 SQ1 处，小车停止左行，延时 3 s 后自动右行，如此往复。按下停止按钮，小车停止运行。按下左行启动按钮，小车左行，到达左限位开关 SQ1 处，小车停止左行，延时 3 s 后自动右行，到达右限位开关 SQ2 处，小车停止右行，延时 3 s 后自动左行，如此往复。按下停止按钮，小车停止。编制梯形图。

练习题

（见“任务 2.4 练习题”码课）

任务 2.4
练习题

任务 2.5　三级皮带传输机控制系统的设计、安装与调试

任务描述

某三级皮带传输机由三相交流异步电动机 M1、M2、M3 驱动。具体要求如下。启动时，按下启动按钮 SB1，M1 启动；M1 启动后按下启动按钮 SB2，M2 才能启动；M2 启动后按下启动按钮 SB3，M3 才能启动。停止时，按下停止按钮 SB4，M3 停止；M3 停止后按下停止按钮 SB5，M2 方可停止；M2 停止后按下停止按钮 SB6，M1 方可停止。有一台电动机过载时，三台电动机都停止。

通过本任务的学习，学生能够掌握顺序控制的实现方法，同时结合所学的 PLC 型号完成三级皮带传输机控制系统的设计、安装和调试。

任务目标

1. 知识目标

（1）说明顺序启动控制的含义。

（2）总结互锁控制实现顺序启动逆序停止控制的方法。

（3）熟练撰写 PLC 控制系统安装、调试和故障诊断的一般步骤。

2. 能力目标

（1）能根据任务描述画出三级皮带传输机系统的主电路。

（2）能根据任务要求合理分配 I/O 地址，绘制 PLC 外部接线图，并根据接线图进行 PLC 控制系统的安装与检测。

（3）能根据任务要求利用相关指令实现三级皮带传输机控制系统的设计。

（4）能熟练使用博途软件对三级皮带传输机控制系统进行软件调试及软硬联调。

（5）能根据故障现象对一般难度的故障进行分析及排查。

3. 素养目标

（1）在任务实施的过程中，要求学生遵守安全用电规范，提升学生的安全意识。

（2）在任务实施的过程中，培养学生勤于思考的学习精神以及团结协作精神。

任务准备

2.5.1　三台电动机顺序启动同时停止控制的实现

有三台电动机，启动时，第一台电动机先启动，第一台电动机启动后，第二台电动机才能启动，第二台电动机启动后，第三台电动机才能启动；停止时，三台电动机同时停止。有一台电动机过载时，三台电动机都停止。

由控制要求可知，系统有 7 个输入信号（M1 启动按钮 SB1，M2 启动按钮 SB2，M3 启动按钮 SB3，M1、M2、M3 共同的停止按钮 SB4，M1 过载保护 FR1，M2 过载保护 FR2，M3 过载保护 FR3）和 3 个输出信号（M1 电动机交流接触器线圈 KM1，M2 电动机交流接触器线圈 KM2，M3 电动机交流接触器线圈 KM3）。

根据以上任务分析，其 I/O 地址分配表如表 2-5-1 所示。

表 2-5-1　I/O 地址分配表

信号类型	描述	数据类型	I/O 地址
DI	SB1 M1 启动按钮	Bool	I0.0
	SB2 M2 启动按钮	Bool	I0.1
	SB3 M3 启动按钮	Bool	I0.2
	SB4 M1、M2、M3 停止按钮	Bool	I0.3
	FR1 M1 过载保护	Bool	I0.4
	FR2 M2 过载保护	Bool	I0.5
	FR3 M3 过载保护	Bool	I0.6
DQ	KM1 M1 电动机交流接触器线圈	Bool	Q0.0
	KM2 M2 电动机交流接触器线圈	Bool	Q0.1
	KM3 M3 电动机交流接触器线圈	Bool	Q0.2

其主电路和 PLC 外部接线图如图 2-5-1 所示。

三台电动机顺序启动同时停止控制的梯形图见“三台电动机顺序启动同时停止控制的梯形图”码课。

本任务中三台电动机中有一台电动机过载，所有电动机都停止，因此可以将 FR1、FR2、FR3 热继电器的常闭触点串联后接在 PLC 输入点，则其 PLC 外部接线图如图 2-5-2 所示。

三台电动机顺序启动同时停止控制的梯形图

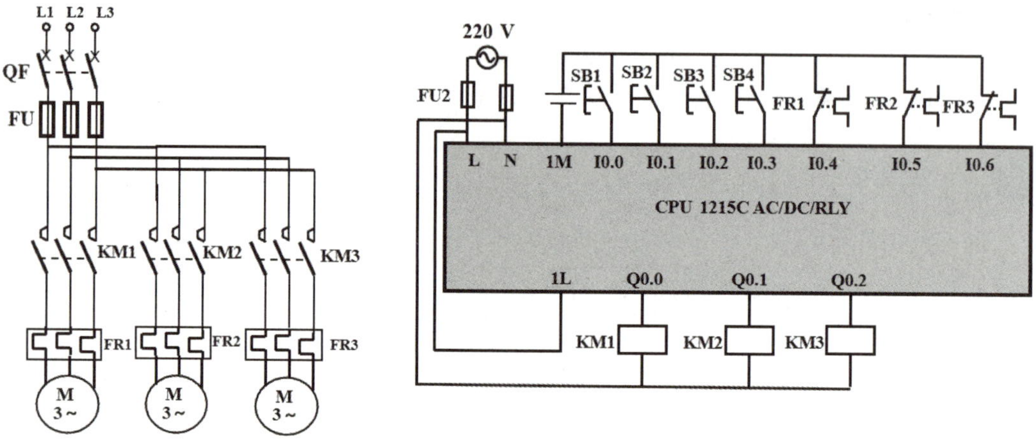

图 2-5-1　主电路和 PLC 外部接线图

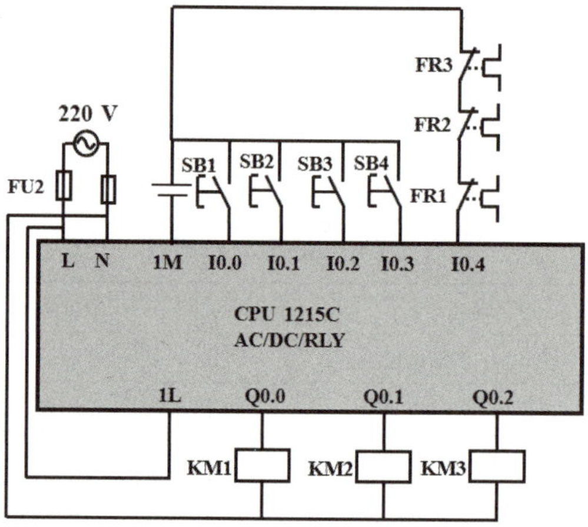

图 2-5-2　FR1、FR2、FR3 热继电器的常闭触点串联后的 PLC 外部接线图

将 FR1、FR2、FR3 热继电器的常闭触点串联后，只占用了一个 PLC 输入点，请绘制出三台电动机顺序启动同时停止控制的梯形图。

2.5.2　三台电动机顺序启动独立停止控制的实现

若三台电动机能够顺序启动，但是停止时需要独立停止，该如何实现呢？具体要求如下：有三台电动机，启动时，第一台电动机先启动，第一台电动机启动后，第二台电动机才能启动，第二台电动机启动后，第三台电动机才能启动；停止时，三台电动机均可独立停止。某台电动机过载时，该台电动机停止，其他电动机正常工作。

三台电动机顺序启动独立停止控制的 I/O 地址分配表如表 2-5-2 所示，PLC 外部接线图如图 2-5-3 所示。

表 2-5-2　I/O 地址分配表

信号类型	描述	数据类型	I/O 地址
DI	SB1 M1 启动按钮	Bool	I0.0
	SB2 M2 启动按钮	Bool	I0.1
	SB3 M3 启动按钮	Bool	I0.2
	SB4 M1 停止按钮	Bool	I0.3
	SB5 M2 停止按钮	Bool	I0.4
	SB6 M3 停止按钮	Bool	I0.5
	FR1 M1 过载保护	Bool	I0.6
	FR2 M2 过载保护	Bool	I0.7
	FR3 M3 过载保护	Bool	I1.0
DQ	KM1 M1 电动机交流接触器线圈	Bool	Q0.0
	KM2 M2 电动机交流接触器线圈	Bool	Q0.1
	KM3 M3 电动机交流接触器线圈	Bool	Q0.2

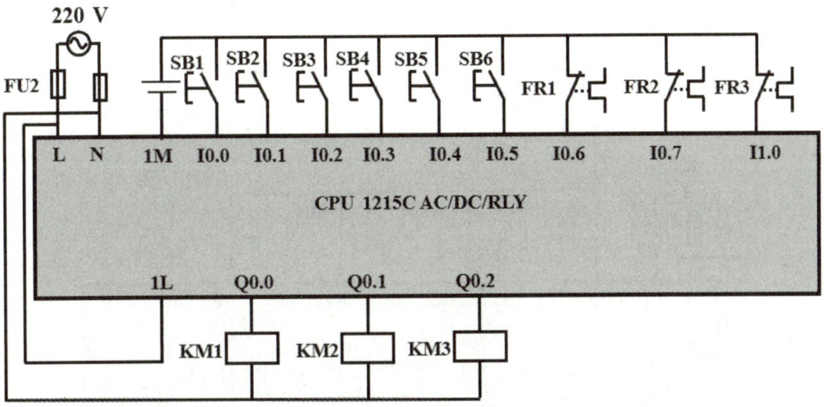

图 2-5-3　三台电动机顺序启动独立停止控制的 PLC 外部接线图

三台电动机顺序启动独立停止控制的梯形图见“三台电动机顺序启动独立停止控制的梯形图”码课。

三台电动机顺序启动独立停止控制的梯形图

2.5.3　三台电动机顺序启动顺序停止控制的实现

若三台电动机能够顺序启动，停止时需要顺序停止，该如何实现呢？具体要求如下：有三台电动机，启动时，第一台电动机先启动，第一台电动机启动后，第二台电动机才能启动，第二台电动机启动后，第三台电动机才能启动；停止时，第一台电动机首先停止，第一台电动机停止后，第二台电动机方能停止，第二台电动机停止后，第三台电动机才能停止。按下急停按钮，三台电动机都停止。若某台电动机过载，所有电动机都停止。

三台电动机顺序启动顺序停止控制的 I/O 地址分配表如表 2-5-3 所示，PLC 外部接线图如图 2-5-4 所示。

表 2-5-3　I/O 地址分配表

信号类型	描述	数据类型	I/O 地址
DI	SB1 M1 启动按钮	Bool	I0.0
	SB2 M2 启动按钮	Bool	I0.1
	SB3 M3 启动按钮	Bool	I0.2
	SB4 M1 停止按钮	Bool	I0.3
	SB5 M2 停止按钮	Bool	I0.4
	SB6 M3 停止按钮	Bool	I0.5
	SB7 急停按钮	Bool	I0.6
	FR M1、M2、M3 过载保护	Bool	I0.7
DQ	KM1 M1 电动机交流接触器线圈	Bool	Q0.0
	KM2 M2 电动机交流接触器线圈	Bool	Q0.1
	KM3 M3 电动机交流接触器线圈	Bool	Q0.2

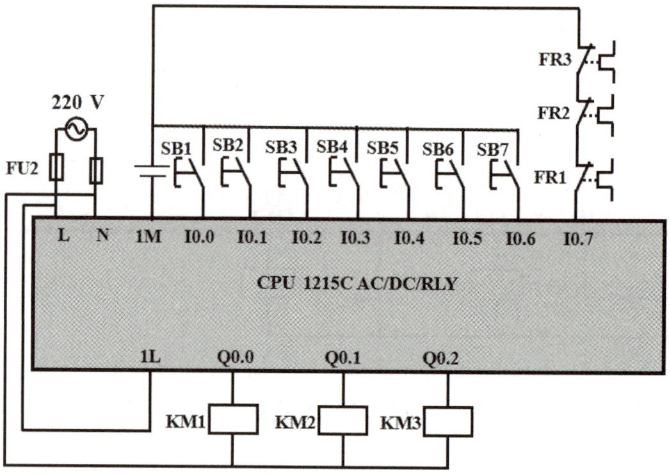

图 2-5-4　三台电动机顺序启动顺序停止控制的 PLC 外部接线图

三台电动机顺序启动顺序停止控制的梯形图见“三台电动机顺序启动顺序停止控制的梯形图”码课。

三台电动机顺序启动顺序停止控制的梯形图

任务实施

1. 设备与器材

（略）

2. 内容与步骤

1）列写 I/O 地址分配表

根据 PLC 输入和输出点的分配原则以及本任务的控制要求，列写本任务的 I/O 地址分配表。由于三级皮带传输机控制系统的 I/O 地址分配表与表 2-5-3 完全相同，此处不再给出。

2）绘制主电路和 PLC 外部接线图并进行硬件接线

三级皮带传输机控制系统的主电路和图 2-5-1 所示主电路完全相同，其 PLC 外部接线图与图 2-5-4 完全相同，此处不再给出。

3）程序编写

三级皮带传输机控制的梯形图见“三台电动机顺序控制程序设计”微课。

微课　三台电动机顺序控制程序设计

4）博途软件编程

打开博途软件，在博途视图中创建名称为“三级皮带传输机控制系统”的工程项目，并进行项目硬件组态、变量表建立及程序输入。本任务的 PLC 变量表如图 2-5-5 所示。

	名称	数据类型	地址
1	M1启动按钮	Bool	%I0.0
2	M2启动按钮	Bool	%I0.1
3	M3启动按钮	Bool	%I0.2
4	M1停止按钮	Bool	%I0.3
5	M2停止按钮	Bool	%I0.4
6	M3停止按钮	Bool	%I0.5
7	急停按钮	Bool	%I0.6
8	M1、M2、M3过载保护	Bool	%I0.7
9	M1电动机交流接触器线圈	Bool	%Q0.0
10	M2电动机交流接触器线圈	Bool	%Q0.1
11	M3电动机交流接触器线圈	Bool	%Q0.2

图 2-5-5　PLC 变量表

5）三级皮带传输机控制系统的软件调试

在监视状态下按下按钮，观察 Q0.0、Q0.1、Q0.2 的动作状态是否与控制要求一致。如不一致，则需要检查程序，直到 Q0.0、Q0.1、Q0.2 的动作符合控制要求。

6）三级皮带传输机控制系统的软硬联调

在进行系统软硬联调时，首先进行系统空载调试，空载调试无误后再连接电动机进行带载调试。

在系统空载调试中，观察交流接触器能否按控制要求动作，如不符合要求，则需要检查电路接线，直至交流接触器能按控制要求动作。

空载调试无误后，连接电动机（按星形连接）进行带载调试。

任务考核

（见“任务 2.5 考核标准”码课）

任务 2.5 考核标准

任务拓展

报警控制中，按一次按钮，引风机启动，警示灯快速闪烁，5 s 后鼓风机启动；再按一次按钮，引风机停止，运行灯点亮。根据控制要求编写 PLC 程序并进行调试。

任务 2.5
练习题

练习题

（见“任务 2.5 练习题”码课）

任务 2.6　三级皮带传输机控制系统的设计、安装与调试（定时器实现）

任务描述

图 2-6-1 所示的某三级皮带传输机由三相交流异步电动机 M1、M2、M3 驱动。

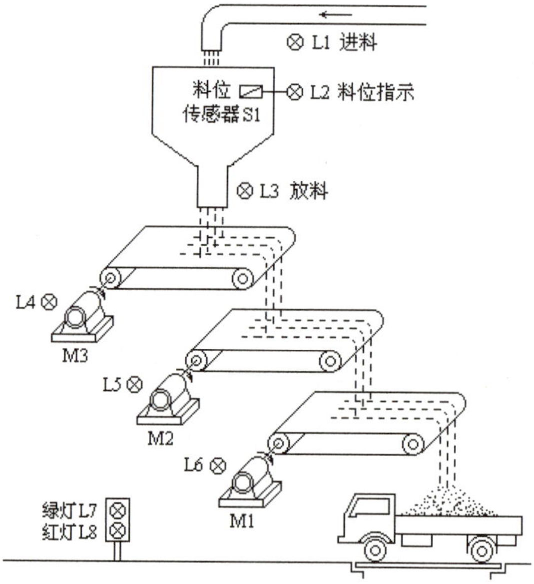

图 2-6-1　某三级皮带传输机工作示意图

具体要求如下。按下启动按钮 SB1，电动机 M1 启动，同时传输机的绿色指示灯以 1 Hz 的频率闪烁；M1 启动 5 s 后电动机 M2 自行启动；M2 启动 5 s 后电动机 M3 自行启动，此时绿色指示灯常亮。停止时，按下停止按钮 SB2，电动机 M3 立刻停止，同时绿色指示灯再次以 1 Hz 的频率闪烁，10 s 后电动机 M2 停止运行，再过 10 s 后电动机 M1 停止运行，同时传输机的绿色指示灯熄灭。按下急停按钮，所有电动机都停止。当其中某台电动机发生过载时，电动机编号在其后面的立刻停止，在其前面的逆序停止，如 M2 发生过载时，M2 和 M3 立刻停止，M1 逆序停止。

通过本任务的学习，学生能够掌握定时器实现顺序控制的实现方法，同时结合所学的 PLC 型号完成三级皮带传输机控制系统的设计、安装与调试。

任务目标

1. 知识目标

（1）说明位存储器 M 的使用方法。

（2）总结用定时器实现闪烁电路的方法。

（3）进一步总结定时器指令的使用方法。

（4）说明常见故障的可能原因，并进行故障分析。

2. 能力目标

（1）能根据任务要求合理分配 I/O 地址，绘制 PLC 外部接线图，并完成硬件接线。

（2）能根据任务要求利用 TON 型定时器指令实现三级皮带传输机控制系统的设计。

（3）能根据 PLC 控制系统软硬联调的方法，独立对三级皮带传输机控制系统进行软硬联调。

（4）能说出常见故障现象的可能原因，且对一般难度的故障进行分析及排查。

3. 素养目标

（1）在任务实施的过程中，要求学生遵守安全用电规范，提升学生的安全意识。

（2）在任务实施的过程中，培养学生勤于思考的学习精神以及团结协作精神。

任务准备

2.6.1　占空比可调的振荡电路

利用两个 TON 型定时器可实现占空比可调的振荡电路，如图 2-6-2 所示。采用两个 TON 型定时器产生连续脉冲信号，脉冲周期为 5 s，占空比为 3：2（接通时间：断开时间）。接通时间为 3 s，由定时器 T0 确定；断开时间为 2 s，由定时器 T1 设定，用 Q0.0 作为连续脉冲输出端。

占空比可调的振荡电路的波形图如图 2-6-3 所示。

> 注意：占空比可调的振荡电路中输出波形的导通时间由定时器 T0 的设定值决定，周期由定时器 T1 的设定值决定。

此外，占空比可调的振荡电路也可以利用两个 TP 型定时器产生连续脉冲信号，如图 2-6-4 所示。

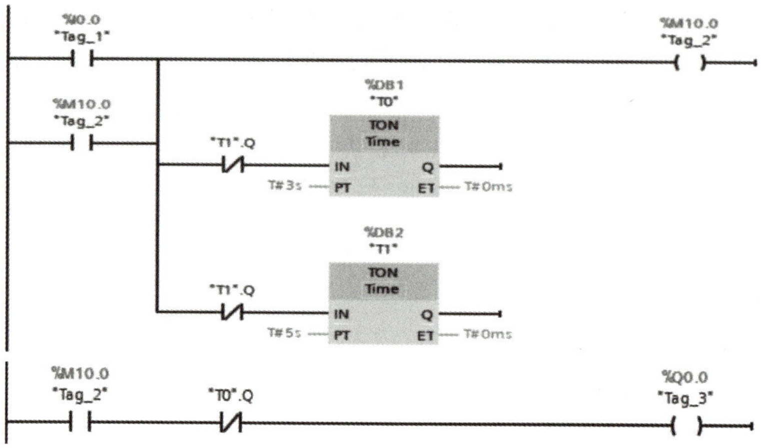

图 2-6-2　利用两个 TON 型定时器实现占空比可调振荡电路的控制程序

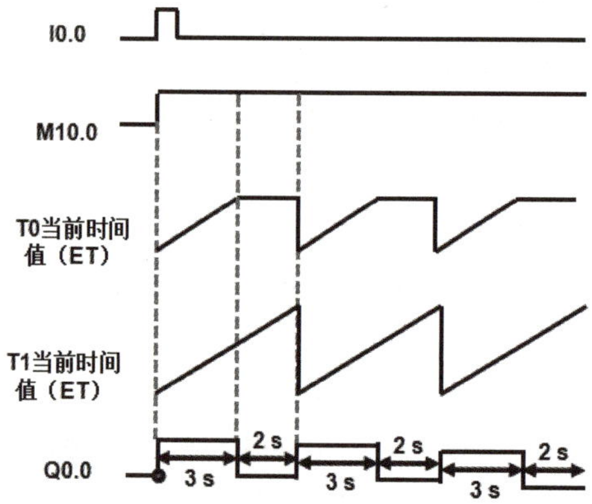

图 2-6-3　占空比可调的振荡电路的波形图

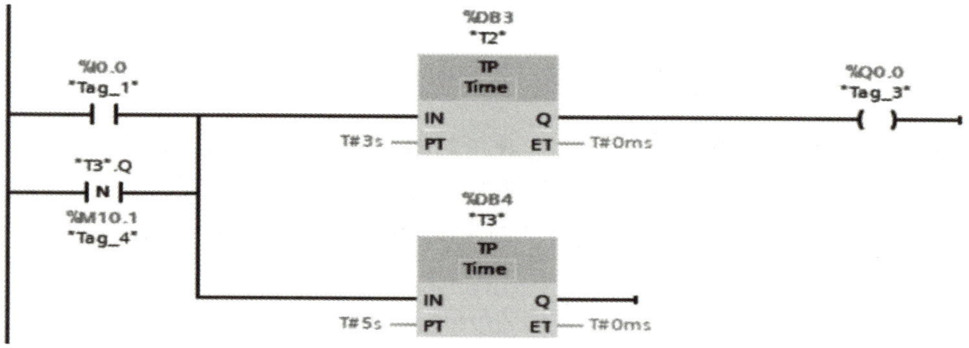

图 2-6-4　利用两个 TP 型定时器实现占空比可调振荡电路的控制程序

2.6.2　系统和时钟存储器

S7-1200 除了使用 TON 等定时器指令之外，还有一种系统和时钟存储器（用于用户固定的时间控制，比如每次 PLC 上电后只出现一次信号，始终为 ON 或 OFF 信号，出现定时周期为 0.5 s 或 1 s 的脉冲信号等）。

系统和时钟存储器字节的设置如下。

双击项目树中某个 PLC 文件夹中的“设备组态”。打开该 PLC 的设备视图，双击 PLC 或者选择 PLC，选择右键快捷菜单中的“属性”命令，打开下方巡视窗口，在巡视窗口中选择“属性”→“常规”→“系统和时钟存储器”，如图 2-6-5 所示，勾选复选框，分别启用系统存储器字节（默认地址为 MB1）和时钟存储器字节（默认地址为 MB0），设置系统存储器字节和时钟存储器字节的地址。

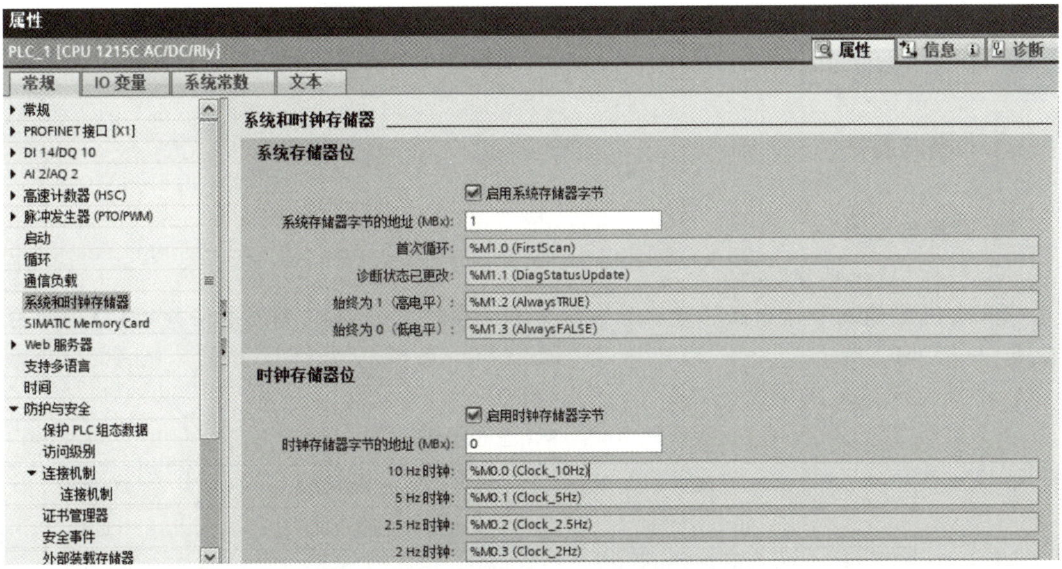

图 2-6-5　系统和时钟存储器字节设置界面

使用默认地址 MB1 作为系统存储器字节，该字节 M1.0~M1.3 的意义如下。

M1.0（首次循环）：仅在刚进入 RUN 模式的首次扫描时为“1”状态，以后为“0”状态。

M1.1（诊断状态已更改）：诊断状态发生变化。

M1.2（始终为“1”状态）：总是为“TRUE”状态，其常开触点总是闭合。

M1.3（始终为“0”状态）：总是为“FALSE”状态，其常闭触点总是闭合。

使用默认地址 MB0 作为时钟存储器。时钟存储器字节的各位在一个周期内为“FALSE”（或“0”）和“TRUE”（或“1”）状态的时间各为 50%，时钟存储器字节各位的周期和频率如表 2-6-1 所示。CPU 在循环扫描开始时初始化这些位。

表 2-6-1　时钟存储器字节各位的周期和频率

位	0	1	2	3	4	5	6	7
周期/s	0.1	0.2	0.4	0.5	0.8	1	1.6	2
频率/Hz	10	5	2.5	2	1.25	1	0.625	0.5

例如 M0.7 的时钟脉冲周期为 2 s，可以用它的触点来控制指示灯，指示灯将以 0.5 Hz 的频率闪动，即亮 1 s，灭 1 s。

因为系统存储器和时钟存储器不是保留型存储器，用户程序或通信可能改写这些存储单元，破坏其中的数据。指定了系统存储器和时钟存储器字节后，这两个字节不能再做其他用途，否则将会使用户程序运行出错，甚至造成设备损坏或人身伤害。

注意：建议使用默认的系统存储器字节和时钟存储器字节的地址 MB1 和 MB0。

任务实施

1. 设备与器材

（略）

2. 内容与步骤

1）列写 I/O 地址分配表

根据 PLC 输入和输出点的分配原则以及本任务的控制要求，列写本任务的 I/O 地址分配表，如表 2-6-2 所示。

表 2-6-2　I/O 地址分配表

信号类型	描述	数据类型	I/O 地址
DI	SB1 启动按钮	Bool	I0.0
	SB2 停止按钮	Bool	I0.1
	SB3 急停按钮	Bool	I0.2
	FR1 M1 电动机过载保护	Bool	I0.3
	FR2 M2 电动机过载保护	Bool	I0.4
	FR3 M3 电动机过载保护	Bool	I0.5
DQ	KM1 M1 电动机交流接触器线圈	Bool	Q0.0
	KM2 M2 电动机交流接触器线圈	Bool	Q0.1
	KM3 M3 电动机交流接触器线圈	Bool	Q0.2
	HL1 传输机绿色指示灯	Bool	Q0.3

2）绘制主电路和 PLC 外部接线图并进行硬件接线

三级皮带传输机控制系统（定时器实现）的主电路和 PLC 外部接线图如图 2-6-6 所示。

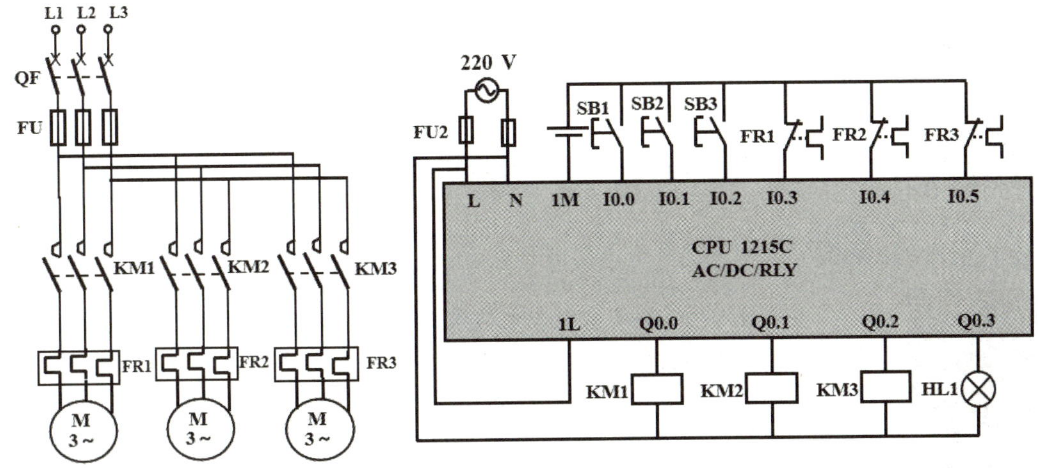

图 2-6-6　主电路和 PLC 外部接线图

3）程序编写

三级皮带传输机控制系统（定时器实现）的梯形图见“三级皮带传输机控制系统（定时器实现）的程序设计”微课。

微课　三级皮带传输机控制系统（定时器实现）的程序设计

4）博途软件编程

打开博途软件，在博途视图中创建名称为“三级皮带传输机控制系统（定时器实现）”的工程项目，并进行项目硬件组态、变量表建立及程序输入。本任务的 PLC 变量表如图 2-6-7 所示。

	名称	数据类型	地址
1	启动按钮	Bool	%I0.0
2	停止按钮	Bool	%I0.1
3	急停按钮	Bool	%I0.2
4	M1过载保护	Bool	%I0.3
5	M2过载保护	Bool	%I0.4
6	M3过载保护	Bool	%I0.5
7	M1电动机交流接触器线圈	Bool	%Q0.0
8	M2电动机交流接触器线圈	Bool	%Q0.1
9	M3电动机交流接触器线圈	Bool	%Q0.2
10	传输机绿色指示灯	Bool	%Q0.3

图 2-6-7　PLC 变量表

5）三级皮带传输机控制系统（定时器实现）的软件调试

在监视状态下按下按钮，观察 Q0.0、Q0.1、Q0.2、Q0.3 的动作状态是否与控制要求一致。如不一致，则需要检查程序，直到 Q0.0、Q0.1、Q0.2、Q0.3 的动作符合控制要求。

6）三级皮带传输机控制系统（定时器实现）的软硬联调

在进行系统软硬联调时，首先进行系统空载调试，空载调试无误后再连接电动机进行带载调试。

在系统空载调试中，观察交流接触器和指示灯能否按控制要求动作，如不符合要求，则需要检查电路接线，直至交流接触器和指示灯能按控制要求动作。

任务 2.6 考核标准

任务考核

（见“任务 2.6 考核标准”码课）

任务拓展

在本任务中，如果有电动机发生过载，要求绿色指示灯立刻熄灭，红色指示灯立刻点亮，怎么修改程序呢？

任务 2.6 练习题

练习题

（见“任务 2.6 练习题”码课）

任务 2.7　大型粉料机控制系统的设计、安装与调试

任务描述

工厂中用的电动机 80%都是三相笼形异步电动机，这种电动机结构简单、维护方便，但全压启动时启动电流很大，达到电动机额定电流的 3~7 倍。故对于功率大于 10 kW 的电动机，其启动应采用降压启动方式，其中 Y-△降压启动是常用的方法之一。

Y-△降压启动的优点是可以减小电动机启动时的电流冲击，降低电网负荷及对供电设备的危害，制造成本低，使用寿命长，但缺点是启动力矩是全压启动的 1/3。

Y-△降压控制柜是用于控制和启动三相感应电动机的电气控制系统，通常用于启动功率较大的电动机，具有过载保护、短路保护、缺相保护以及漏电保护等多种保护功能及齐全的状态显示，并具备单泵及多泵控制工作模式、多种主备泵切换方式和各类启动方式。

某大型粉料机采用 Y-△降压启动控制系统，其具体要求如下：按下启动按钮 SB1，电动机星形启动，4 s 后自动切换为三角形运行；按下停止按钮，电动机停止运行。此外，系统还必须具有必要的短路保护、过载保护等功能。

通过本任务的学习，学生能够掌握 Y-△降压启动控制的原理及使用定时器实现 Y-△降压启动的方法，从而结合所学的 PLC 型号完成大型粉料机控制系统的设计、安装与调试。

任务目标

1. 知识目标

（1）说明使用定时器实现降压启动的方法。

（2）解释 Y-△降压启动控制系统中各元件的功能。

（3）总结 Y-△降压启动控制系统中常见故障的可能原因，并进行故障分析。

2. 能力目标

（1）能准确绘制出 Y-△降压启动的主电路。

（2）能合理分配 I/O 地址，绘制 PLC 外部接线图，并完成硬件接线。

（3）能根据任务要求利用定时器指令实现大型粉料机 PLC 控制程序的编写。

（4）能使用博途软件进行组态、通信，程序下载及修改，仿真、监控、软件调试及软硬联调。

（5）能在教师的引导下对 Y-△降压启动控制线路的常见故障进行分析并排除一般难度的故障。

3. 素养目标

（1）在任务实施的过程中，要求学生遵守安全用电规范，提升学生的安全意识。

（2）在任务实施的过程中，需要进行电动机相序的调整，在相序调整中要求学生思路清晰，操作严谨，出现问题能独立思考，同时增强学生的团结协作精神。

任务准备

2.7.1 降压启动的目的

所谓降压启动，就是在电动机启动时降低加在电动机定子绕组上的电压，当电动机转起来以后，再将加在定子绕组上的电压恢复到正常值。由于电流与电压成正比关系，所以降低启动时的电压能减小启动电流。

常见的降压启动方式有转子串电阻降压启动、电抗降压启动、Y-△降压启动、延边三角形启动、软启动及自耦变压器降压启动。

采用 Y-△降压启动方式时，启动电流和启动转矩较小，所以它一般适用于正常运行为三角形接法、容量较小的电动机做空载或轻载启动，也可频繁启动。对大功率的电动机必须使用降压启动的方式，同时鼠笼形电动机的功率超过变压器额定功率的 10% 时就要采用降压启动方式。

注意：只有鼠笼形电动机才采用降压启动方式。

2.7.2 电动机星形连接和三角形连接

三相异步电动机定子绕组通常有星形（Y）连接和三角形（△）连接两种连接方法。三角形连接就是三相绕组依次首尾相连构成一个闭合回路，如图 2-7-1（a）所示，在首尾连接点上引出 3 根线，分别连接三相电源；星形连接就是把三相绕组的 3 个首端或 3 个尾端连接在一起，形成一个星点，另外的 3 个尾端或 3 个首端接电源，如图 2-7-1（b）所示。在实际电动机上，按照规定，6 条引出线的首尾分别为 U1、V1、W1、U2、V2、W2，两种连接方式如图 2-7-1（c）、（d）所示。

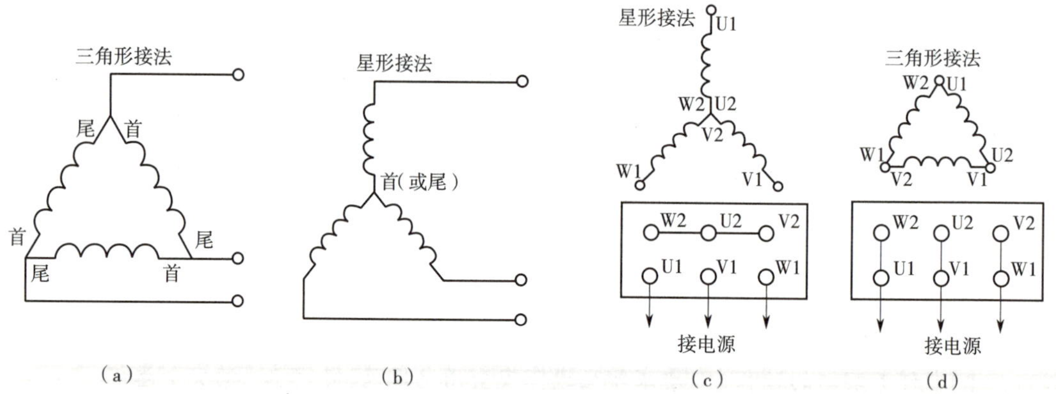

图 2-7-1　星形连接和三角形连接

（a）三角形连接　（b）星形连接　（c）电动机星形连接　（d）电动机三角形连接

任务实施

1. 设备与器材

（略）

2. 内容与步骤

1）列写 I/O 地址分配表

根据 PLC 输入和输出点的分配原则以及本任务的控制要求，列写本任务的 I/O 地址分配表，如表 2-7-1 所示。

表 2-7-1　I/O 地址分配表

信号类型	描述	数据类型	I/O 地址
DI	SB1 启动按钮	Bool	I0.0
	SB2 停止按钮	Bool	I0.1
	FR 过载保护	Bool	I0.2
DQ	KM1 电动机主交流接触器线圈	Bool	Q0.0
	KM2 电动机星形连接交流接触器线圈	Bool	Q0.1
	KM3 电动机三角形连接交流接触器线圈	Bool	Q0.2

2）绘制主电路和 PLC 外部接线图并进行硬件接线

大型粉料机（即 Y- △降压启动控制系统）的主电路和 PLC 外部接线图如图 2-7-2 所示。

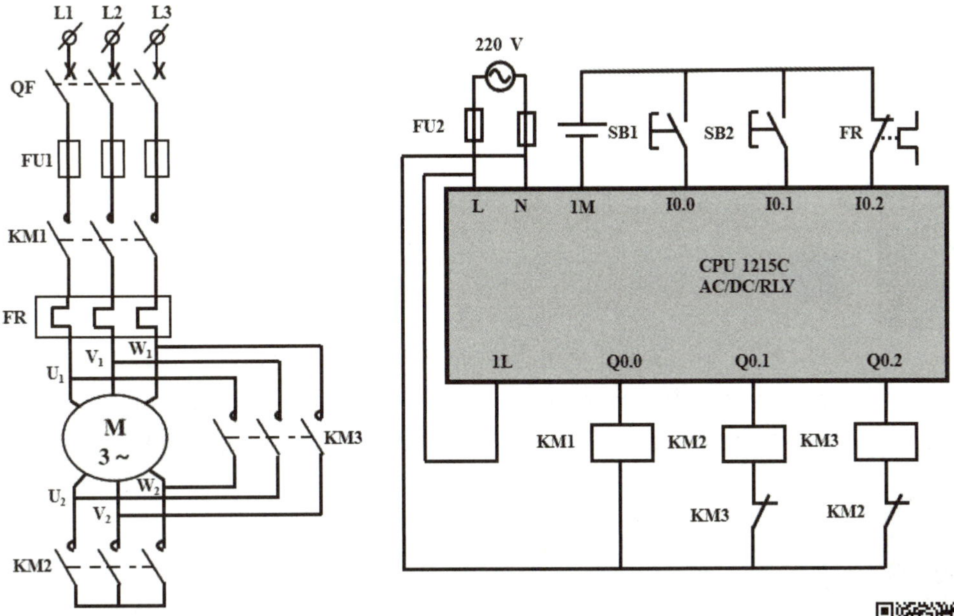

图 2-7-2　主电路和 PLC 外部接线图

3)程序编写

大型粉料机(即 Y-△降压启动控制系统)的梯形图见“大型粉料机(即 Y-△降压启动控制系统)的梯形图编写”微课。

微课　大型粉料机(即 Y-△降压启动控制系统)的梯形图编写

4)博途软件编程

打开博途软件,在博途视图中创建名称为“大型粉料机控制系统”的工程项目,并进行项目硬件组态、变量表建立及程序输入。本任务的 PLC 变量表如图 2-7-3 所示。

	名称	数据类型	地址
1	启动按钮	Bool	%I0.0
2	停止按钮	Bool	%I0.1
3	过载保护	Bool	%I0.2
4	主交流接触器线圈	Bool	%Q0.0
5	星形连接交流接触器线圈	Bool	%Q0.1
6	三角形连接交流接触器线圈	Bool	%Q0.2

图 2-7-3　PLC 变量表

5)大型粉料机控制系统的软件调试

在监视状态下按下启动按钮 SB1,观察 Q0.0、Q0.1、Q0.2 的动作状态是否与控制要求一致。如不一致,则需要检查程序,直到 Q0.0、Q0.1、Q0.2 的动作符合控制要求。

6)大型粉料机控制系统的软硬联调

在进行系统软硬联调时,首先进行系统空载调试,空载调试无误后再连接电动机进行带载调试。

在系统空载调试中,观察交流接触器能否按控制要求动作,如不符合要求,则需要检查电路接线,直至交流接触器能按控制要求动作。

空载调试无误后,连接电动机(按星形连接)进行带载调试。

任务考核

任务 2.7 考核标准

(见“任务 2.7 考核标准”码课)

任务拓展

现有两台三相异步电动机,按下按钮 SB1,电动机 A 先以星形连接方式启动,A 运行 10 s 后电动机 B 才以星形连接方式启动,B 运行 10 s 后自动转换为三角形连接,运行 15 s 后 A 自动切换为三角形连接。根据控制要求编制 PLC 控制程序并进行调试。

练习题

任务 2.7 练习题

(见“任务 2.7 练习题”码课)

任务 2.8　大型可逆传输带控制系统的设计、安装与调试

任务描述

前一个任务介绍了大型电动机的 Y- △启动控制,但在实际生产中有一些空载、轻载启动的大型设备不仅要求 Y- △启动,还要求能正反两个方向运行,此时就需要 Y- △启动正反转运行控制。

Y- △启动正反转运行控制的优点是:能够有效减小启动电流对电网的冲击,延长电动机的使用寿命;同时,通过正反转控制,可以满足各种复杂工况下的运行需求,提高生产效率。

在机械制造、化工、纺织、食品加工等行业中, Y- △启动正反转运行控制电路广泛应用于各种需要三相异步电动机启动和运行控制的场合。通过精确的控制和调节, Y- △启动正反转运行控制电路可以使设备更加高效、稳定地运行,从而提高整个生产线的自动化水平和生产效率。

此外,随着科技的不断发展, Y- △启动正反转运行控制电路也在不断升级和改进。例如,一些先进的控制系统采用了智能控制算法,可以根据电动机的负载情况和运行需求自动调整启动和运行参数,从而实现更加精准的控制和节能效果。同时,一些新型的保护元件和传感器也被应用到电路中,提高了电路的安全性和可靠性。

综上所述, Y- △启动正反转运行控制作为一种经典的电动机启动和控制方式,具有简

单可靠、安全稳定、应用广泛等优点。在未来的发展中，随着技术的不断进步和创新，它将继续发挥着重要的作用，为各种机械设备的运行提供有力的支持和保障。

本任务要求设计一个三相异步电动机的 Y- △降压启动正反转控制器，若按下正转启动按钮，电动机正转星形启动，10 s 后电动机切换为正转三角形正常运行，在整个过程中，按下反转按钮不起作用；若按下反转启动按钮，电动机反转星形启动，10 s 后电动机切换为反转三角形正常运行，在整个过程中，按下正转按钮不起作用。任何时刻按下停止按钮，电动机立即停止。此外，系统还必须具有必要的短路保护、过载保护等功能。

通过本任务的学习，学生能够掌握 Y- △启动正反转控制的原理及实现的方法，同时结合所学的 PLC 型号完成大型可逆传输带控制系统的设计、安装与调试。

任务目标

1. 知识目标

（1）熟练掌握定时器的使用方法。

（2）解释正反转 Y- △降压启动的工作原理。

（3）总结正反转 Y- △降压启动 PLC 控制系统中常见故障的可能原因，并进行故障分析。

2. 能力目标

（1）能准确绘制出正反转 Y- △降压启动的主电路。

（2）能合理分配 I/O 地址，绘制 PLC 外部接线图，并完成硬件接线。

（3）能根据任务要求实现大型可逆传输带 PLC 控制程序的编写。

（4）能根据 PLC 系统软硬联调的方法，独立对大型可逆传输带控制系统进行软硬联调。

（5）能对大型可逆传输带控制系统的常见故障进行分析并排除一般难度的故障。

3. 素养目标

（1）在进行主电路连接时需要认真确定各交流接触器的接线及调整相序，要求学生思路清晰，操作严谨，且调试过程中出现问题能独立思考，同时增强学生的团结协作精神。

（2）在任务实施的过程中，要求学生遵守安全用电规范，提升学生的安全意识。

任务准备

2.8.1　Y- △启动正反转运行控制电路

Y- △启动正反转运行控制电路是一种常见的电动机启动方式，主要用于三相异步电动机的启动和运行控制。这种方式能满足设备两个方向运行的需求，电动机在启动时也可以减小启动电流，从而降低对电网的冲击，并在运行过程中实现正反转切换。

Y- △启动正反转运行控制的主电路如图 2-8-1 所示。图中 KM1 是电动机正转交流接触器线圈，KM2 是电动机反转交流接触器线圈，KM3 是电动机星形连接交流接触器线圈，

KM4 是电动机三角形连接交流接触器线圈，同时具有短路保护 FU 和过载保护 FR。

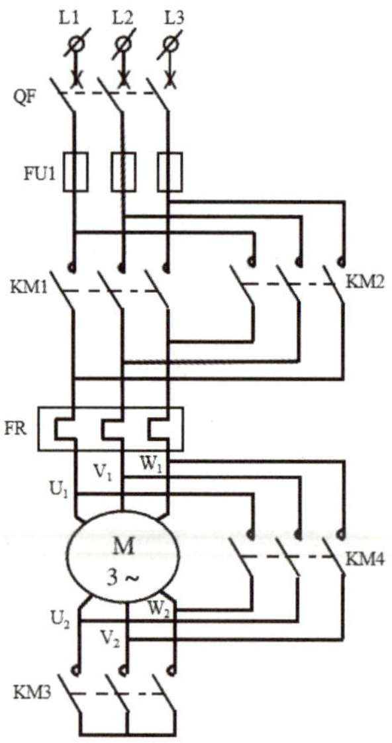

图 2-8-1　Y- △启动正反转运行控制的主电路

任务实施

1. 设备与器材

（略）

2. 内容与步骤

1）列写 I/O 地址分配表

根据 PLC 输入和输出点的分配原则以及本任务的控制要求，列写本任务的 I/O 地址分配表，如表 2-8-1 所示。

表 2-8-1　I/O 地址分配表

信号类型	描述	数据类型	I/O 地址
DI	SB1 正转启动按钮	Bool	I0.0
	SB2 反转启动按钮	Bool	I0.1
	SB3 停止按钮	Bool	I0.2
	FR 过载保护	Bool	I0.3
DQ	KM1 电动机正转交流接触器线圈	Bool	Q0.0
	KM2 电动机反转交流接触器线圈	Bool	Q0.1
	KM3 电动机星形连接交流接触器线圈	Bool	Q0.2
	KM4 电动机三角形连接交流接触器线圈	Bool	Q0.3

2）绘制 PLC 外部接线图并进行硬件接线

大型可逆传输带控制（即 Y- △启动正反转运行控制）的 PLC 外部接线图如图 2-8-2 所示。

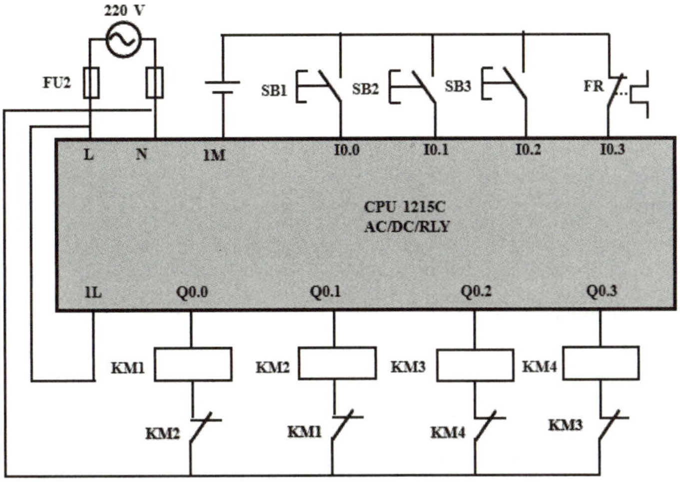

图 2-8-2　大型可逆传输带控制的 PLC 外部接线图

微课　大型可逆传输带控制的程序设计

3）程序编写

大型可逆传输带控制的梯形图见“大型可逆传输带控制的程序设计”微课。

4）博途软件编程

打开博途软件，在博途视图中创建名称为“大型可逆传输带控制系统”的工程项目，并进行项目硬件组态、变量表建立及程序输入。本任务的 PLC 变量表如图 2-8-3 所示。

	名称	数据类型	地址
1	正转启动按钮	Bool	%I0.0
2	反转启动按钮	Bool	%I0.1
3	停止按钮	Bool	%I0.2
4	过载保护	Bool	%I0.3
5	正转交流接触器线圈	Bool	%Q0.0
6	反转交流接触器线圈	Bool	%Q0.1
7	星形连接交流接触器线圈	Bool	%Q0.2
8	三角形连接交流接触器线圈	Bool	%Q0.3

图 2-8-3　PLC 变量表

5）大型可逆传输带控制系统的软件调试

在监视状态下按下按钮，观察 Q0.0、Q0.1、Q0.2、Q0.3 的动作状态是否与控制要求一致。如不一致，则需要检查程序，直到 Q0.0、Q0.1、Q0.2、Q0.3 的动作符合控制要求。

6）大型可逆传输带控制系统的软硬联调

在进行系统软硬联调时，首先进行系统空载调试，空载调试无误后再连接电动机进行带载调试。

在系统空载调试中，观察交流接触器能否按控制要求动作，如不符合要求，则需要检查电路接线，直至交流接触器能按控制要求动作。

空载调试无误后，连接电动机（按星形连接）进行带载调试。

任务考核

任务 2.8 考核标准

（见“任务 2.8 考核标准”码课）

任务拓展

用脉冲定时器实现三相交流异步电动机 Y- △降压启动正反转控制，绘制出梯形图。

练习题

任务 2.8 练习题

（见“任务 2.8 练习题”码课）

任务 2.9　定时限启动次数传输带控制系统的设计、安装与调试

任务描述

在工程机电设备安装施工完成之后，通常要对电动机及其所带的机械进行单机启动调试。

机电调试最坏的情况之一是烧毁电动机，在电气线路或机械发生故障的情况下试机时，稍不小心就会造成电动机烧坏，所以充分了解电动机启动次数及间隔时间的规定以及电动机相关知识是十分必要的。

电动机启动时，启动电流大，发热量大，允许启动的次数是以发热不至于影响电动机绝缘寿命和使用年限为原则确定的。连续多次合闸启动，常使电动机过热超温，甚至烧坏电动机，必须禁止。对启动次数的一般要求如下：对于 200 kW 以下电动机（全部 380 V 电动机，220 V 直流电动机），时间间隔为 0.5 h；对于 200~500 kW 电动机（包括凝结泵、凝升泵、前置泵、岸边补水泵、炉循环泵、皮带机），时间间隔为 1 h；对于 500 kW 以上电动机（包括电泵、碎煤机、磨煤机、送风机、一次风机、吸风机、循环泵、热网循环泵），时间间隔为 2 h。

本任务以大型鼠笼式电动机为例，具体要求如下：按下启动按钮，传输带星形启动，2 s 后三角形运行，运行 10 s 后停止，5 s 内再次按下启动按钮，不能启动传输带，5 s 后才能再次启动传输带。且启动两次后须间隔 15 s 才能再次启动传输带。任何时候按下停止按钮，均可停止传输带。此外，系统还必须具有必要的短路保护、过载保护等功能。

通过本任务的学习，学生能够掌握计数器指令的功能和使用方法，同时结合所学的 PLC 型号完成定时限启动次数传输带控制系统的设计、安装与调试。

任务目标

1. 知识目标

(1)说明加计数器的工作原理。

(2)总结加计数器的使用方法。

2. 能力目标

(1)能合理分配 I/O 地址,绘制 PLC 外部接线图,并完成硬件接线。

(2)能根据任务要求实现定时限启动次数传输带控制程序的编写。

(3)能根据 PLC 控制系统软硬联调的方法,独立对定时限启动次数传输带控制系统进行软硬联调。

(4)能对定时限启动次数传输带控制系统的常见故障进行分析并排除一般难度的故障。

3. 素养目标

(1)在进行主电路连接时需要认真确定各交流接触器的接线及调整相序,要求学生思路清晰,操作严谨,且调试过程中出现问题能独立思考,同时增强学生的团结协作精神。

(2)在任务实施的过程中,要求学生遵守安全用电规范,提升学生的安全意识。

任务准备

2.9.1　S7-1200 的计数器

S7-1200 PLC 提供三种计数器:加计数器(CTU)、减计数器(CTD)和加减计数器(CTUD)。它们属于软计数器,最大计数速率受到其所在 OB 执行速率的限制。如果需要速度更快的计数器,可以使用内置的高速计数器。

与定时器类似,使用 S7-1200 的计数器时,每个计数器都需要使用一个存储在数据块中的结构来保存计数器数据。在程序编辑器中放置计数器即可分配该数据块,可以采用默认设置,也可以手动自行设置。

使用计数器时需要设置计数器的数据类型,计数值的数据范围取决于所选的数据类型。如果计数值是无符号整数,则可以减计数到零或加计数到范围限值。如果计数值是有符号整数,则可以减计数到负整数限值或加计数到正整数限值。支持的数据类型包括短整数(SInt)、整数(Int)、双整数(DInt)、无符号短整数(USInt)、无符号整数(UInt)、无符号双整数(UDInt)。

本任务只介绍加计数器,减计数器和加减计数器在后续任务中进行介绍。

2.9.2 加计数器(CTU)

加计数器的工作原理如图 2-9-1(a)所示,图 2-9-1(b)为其时序图。DB1 为该计数器的背景数据块。

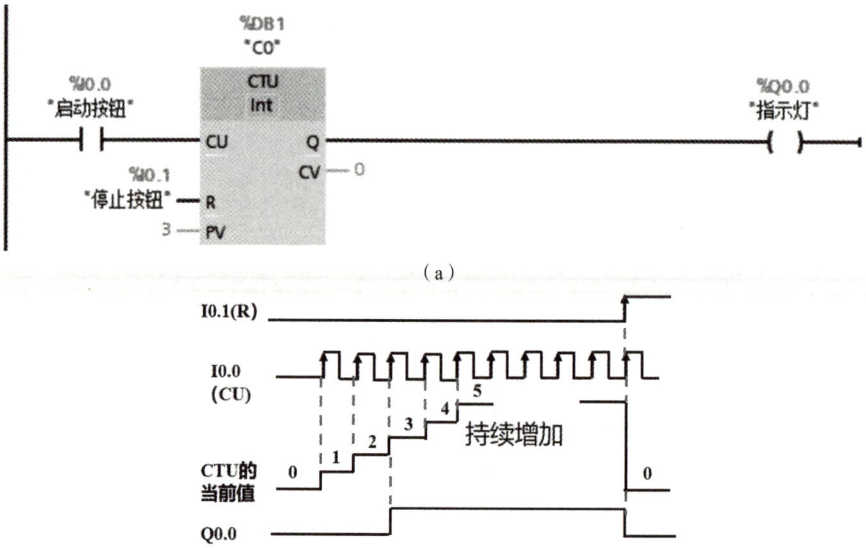

(b)

图 2-9-1 加计数器的工作原理及时序图

(a)工作原理 (b)时序图

在图 2-9-1(a)中, CTU 表示加计数器,图中计数器数据类型是整数,计数信号 CU(Count Up)为 I0.0,复位信号 R(RESET)为 I0.1,预设值 PV(Preset Value)为 3,其工作原理如下。

当复位端 R 的复位输入 I0.1 为"0"状态,接在输入端 CU 的加计数脉冲由 0 变为 1 时(即输入端出现上升沿),计数值 CV 加 1,直到达到预设值 PV,计数器的输出端 Q 置 1。

当计数器当前值达到预设值后,计数输入端 CU 每输入一个脉冲上升沿,计数器当前值 CV 加 1,直到达到指定数据类型的上限值(+32 767),计数器停止计数,即 CV 值不再增加。

当计数器的复位端子 R 输入 I0.1 为"1"状态时,计数器复位,输出端 Q 变为"0"状态,CV 值被清零。

任务实施

1. 设备与器材

(略)

2. 内容与步骤

1)列写 I/O 地址分配表

根据 PLC 输入和输出点的分配原则以及本任务的控制要求,列写本任务的 I/O 地址分配表，如表 2-9-1 所示。

表 2-9-1　I/O 地址分配表

信号类型	描述	数据类型	I/O 地址
DI	SB1 启动按钮	Bool	I0.0
	SB2 停止按钮	Bool	I0.1
	FR 过载保护	Bool	I0.2
DQ	KM1 定子电源交流接触器线圈	Bool	Q0.0
	KM2 星形连接交流接触器线圈	Bool	Q0.1
	KM3 三角形连接交流接触器线圈	Bool	Q0.2

2）绘制主电路和 PLC 外部接线图并进行硬件接线

定时限启动次数传输带控制的主电路和 PLC 外部接线图与任务 2.7 的图 2-7-2 完全相同，此处不再给出。

3）程序编写

定时限启动次数传输带控制的梯形图见“定时限启动次数传输带控制的程序设计”微课。

微课　定时限启动次数传输带控制的程序设计

4）博途软件编程

打开博途软件，在博途视图中创建名称为“定时限启动次数传输带控制系统”的工程项目，并进行项目硬件组态、变量表建立及程序输入。本任务的 PLC 变量表如图 2-9-2 所示。

	名称	数据类型	地址
1	启动按钮	Bool	%I0.0
2	停止按钮	Bool	%I0.1
3	过载保护	Bool	%I0.2
4	定子电源交流接触器	Bool	%Q0.0
5	星形连接交流接触器	Bool	%Q0.1
6	三角形连接交流接触器	Bool	%Q0.2

图 2-9-2　PLC 变量表

5）定时限启动次数传输带控制系统的软件调试

在监视状态下按下按钮，观察 Q0.0、Q0.1、Q0.2 的动作状态是否与控制要求一致。如不一致，则需要检查程序，直到 Q0.0、Q0.1、Q0.2 的动作符合控制要求。

6）定时限启动次数传输带控制系统的软硬联调

在进行系统软硬联调时，首先进行系统空载调试，空载调试无误后再连接电动机进行带载调试。

在系统空载调试中，观察交流接触器能否按控制要求动作，如不符合要求，则需要检查电路接线，直至交流接触器能按控制要求动作。

空载调试无误后，连接电动机（按星形连接）进行带载调试。

任务考核

（见“任务2.9考核标准”码课）

任务2.9考核标准

任务拓展

在本任务中，既使用了通电延时定时器（TON），也利用了关断延时定时器（TOF），请问只使用通电延时定时器能否实现定时限启动次数传输带控制？如果能，请编写梯形图程序。

练习题

（见“任务2.9练习题”码课）

任务2.9练习题

任务2.10　炉排电动机控制系统的设计、安装与调试

任务描述

炉排电动机是一种特殊类型的电动机，主要应用于锅炉炉排系统中，用于控制炉排的运转速度。其特点是具有双速调节功能，可以根据实际需要进行调整。

锅炉炉排双速电动机的历史可以追溯到20世纪初期。当时，锅炉炉排系统还处于起步阶段，电动机的应用相对较少。随着科技的不断进步和锅炉炉排系统的不断完善，锅炉炉排双速电动机的应用也越来越广泛。目前，其已经成为锅炉炉排系统中不可或缺的重要组成部分。

锅炉炉排双速电动机主要应用于锅炉炉排系统中，用于控制炉排的运转速度。其在煤炭、石油、化工等行业中广泛应用，是这些行业中不可或缺的重要设备。

本任务以锅炉炉排电动机为载体进行PLC控制系统的设计，具体要求如下。当开关=0时进入调试模式，按下按钮SB1，双速电动机低速运行，松开SB1，双速电动机停止运行，按下按钮SB2，双速电动机高速点动运行。当开关=1时进入运行模式，按下按钮SB1，电动机低速运行，运行5 s后切换为高速运行，按下停止按钮SB2，电动机立即停止。此外，系统还必须有相应的过载保护。

通过本任务的学习，学生能够掌握双速电动机主电路的连接方式，以及用PLC实现的方法，同时结合所学的PLC型号完成炉排电动机控制系统的设计、安装与调试。

任务目标

1. 知识目标

（1）熟悉双速电动机的连接方法。

（2）明确双速电动机控制系统的组成和工作原理。

（3）熟悉双速电动机控制系统中常见故障及其可能原因，并进行故障分析。

2. 能力目标

（1）能准确说出双速电动机主电路图中各交流接触器的功能。

（2）能合理分配 I/O 地址，绘制 PLC 外部接线图，并完成硬件接线。

（3）能根据任务要求完成炉排电动机控制程序的编写。

（4）能使用博途软件进行组态、通信，程序下载及修改，仿真、监控、软件调试及软硬联调。

（5）能在教师的引导下对双炉排双速电动机控制系统的常见故障进行分析并排除一般难度的故障。

3. 素养目标

（1）在进行主电路连接和双速电动机接线时，需要认真确定各交流接触器的接线，要求学生思路清晰，操作严谨，且调试过程中出现问题能独立思考，同时增强学生的团结协作精神。

（2）在任务实施的过程中，要求学生遵守安全用电规范，提升学生的安全意识。

任务准备

2.10.1　双速电动机的主电路

双速电动机是一种由两个不同挡位的线圈组成的电动机，它可以在两种不同的速度下运行。双速电动机的高速线圈和低速线圈分别由不同的绕组组成，每个绕组都有不同的电阻和电感。当电动机工作时，高速线圈和低速线圈会根据不同的工作模式进行切换，从而实现不同挡位的转速。

双速电动机的控制原理主要是通过改变电动机的磁极对数来实现不同的转速。在电动机运行过程中，定子的磁场转速是恒定的，而转子的转速则取决于电动机的磁极对数。当改变电动机的极对数时，转子的转速也会相应改变。

双速电动机可以通过改变定子绕组的磁极对数来改变其转速，当绕组为三角形连接时，每相绕组中包含两个串联线圈，形成四个极，此时电动机低速运行。当绕组为双星形连接时，每相绕组中包含两个并联线圈，形成两个极，此时电动机高速运行。其主电路如图 2-10-1 所示。

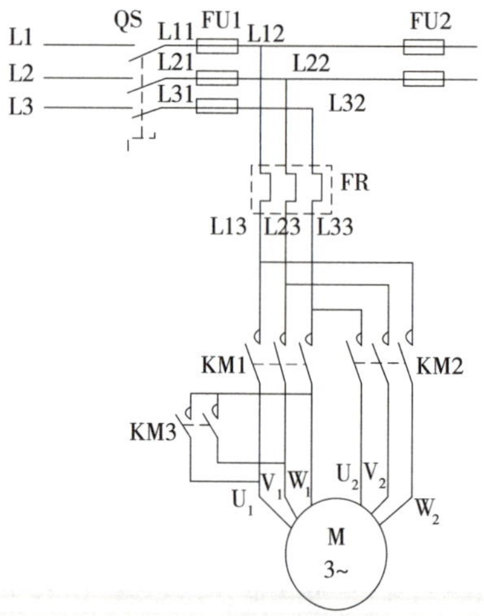

图 2-10-1　双速电动机控制的主电路

电动机出线端 UI、V1、W1 接电源，U2、V2、W2 端悬空，此时绕组为三角形连接，电动机低速运行。电动机出线端 U2、V2、W2 接电源，U1、V1、W1 端短接，此时绕组为双星形连接，电动机高速运行。当交流接触器线圈 KM1 得电时，电动机低速运转。当交流接触器线圈 KM2 和 KM3 同时得电时，电动机高速运转，低速控制和高速控制之间为电气互锁，只有一种工作状态。

双速电动机广泛应用于各种需要不同转速的场合。例如：在工业生产中，双速电动机可以用于机床、印刷机等设备的驱动；在电力系统中，双速电动机可以用于发电厂的辅机、水泵等设备的驱动；在交通运输中，双速电动机可以用于车辆、船舶等设备的驱动。

任务实施

1. 设备与器材

（略）

2. 内容与步骤

1）列写 I/O 地址分配表

根据 PLC 输入和输出点的分配原则以及本任务的控制要求，列写本任务的 I/O 地址分配表，如表 2-10-1 所示。

表 2-10-1　I/O 地址分配表

信号类型	描述	数据类型	I/O 地址
DI	SA 模式开关	Bool	I0.0
	SB1 按钮	Bool	I0.1
	SB2 按钮	Bool	I0.2
	FR 过载保护	Bool	I0.3

续表

信号类型	描述	数据类型	I/O 地址
DQ	KM1 交流接触器线圈	Bool	Q0.0
	KM2 交流接触器线圈	Bool	Q0.1
	KM3 交流接触器线圈	Bool	Q0.2

2）绘制主电路和 PLC 外部接线图并进行硬件接线

炉排电动机控制系统的 PLC 外部接线图如图 2-10-2 所示。

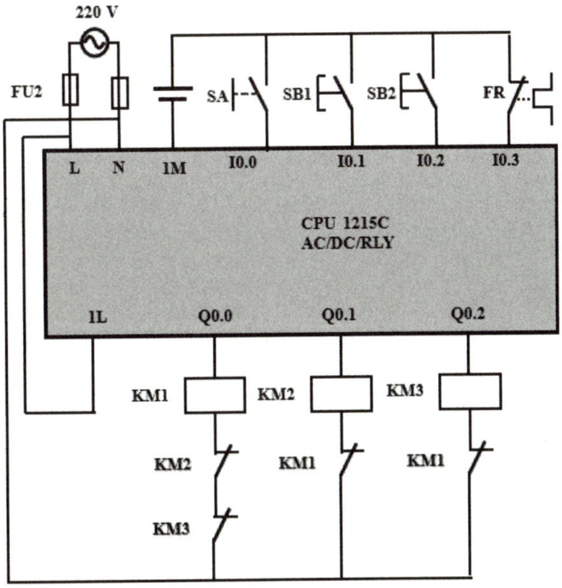

图 2-10-2　炉排电动机控制系统的 PLC 外部接线图

3）程序编写

炉排电动机控制系统的梯形图见"炉排电动机控制系统的梯形图"码课。

炉排电动机控制系统的梯形图

4）博途软件编程

打开博途软件，在博途视图中创建名称为"炉排电动机控制系统"的工程项目，并进行项目硬件组态、变量表建立及程序输入。本任务的 PLC 变量表如图 2-10-3 所示。

	名称	数据类型	地址
1	模式开关	Bool	%I0.0
2	按钮SB1	Bool	%I0.1
3	按钮SB2	Bool	%I0.2
4	过载保护	Bool	%I0.3
5	KM1交流接触器线圈	Bool	%Q0.0
6	KM2交流接触器线圈	Bool	%Q0.1
7	KM3交流接触器线圈	Bool	%Q0.2

图 2-10-3　PLC 变量表

5）炉排电动机控制系统的软件调试

在监视状态下按下按钮，观察 Q0.0、Q0.1、Q0.2 的动作状态是否与控制要求一致。如不一致，则需要检查程序，直到 Q0.0、Q0.1、Q0.2 的动作符合控制要求。

6）炉排电动机控制系统的软硬联调

在进行系统软硬联调时，首先进行系统空载调试，空载调试无误后再连接电动机进行带载调试。

在系统空载调试中，观察交流接触器能否按控制要求动作，如不符合要求，则需要检查电路接线，直至交流接触器能按控制要求动作。

空载调试无误后，连接双速电动机进行带载调试。

任务考核

（见“任务 2.10 考核标准”码课）

任务 2.10 考核标准

任务拓展

用其他类型定时器实现炉排电动机控制，绘制出梯形图。

练习题

（见“任务 2.10 练习题”码课）

任务 2.10 练习题

项目 3

PLC 典型控制系统的设计与调试

项目导读

S7-1200 PLC 的指令包括基本指令和功能指令。基本指令包括位逻辑指令、定时器指令、计数器指令。功能指令也称为应用指令，可实现某种特定的功能，主要用于数据的传送、运算、变换及程序控制等，包括比较指令、数学函数指令、移动指令、转换指令、程序控制指令、逻辑运算指令、移位和循环移位指令等。功能指令的本质是功能各异的 PLC 子程序块，利用它可以将复杂的编程变得简单。本项目重点学习功能指令的作用、指令格式和编程方法，提升学生的编程能力，为今后编写复杂控制任务程序做好准备。

项目描述

本项目主要介绍行迹控制的实现方法以及西门子 S7-1200 PLC 中的数据类型、功能指令（包括移动指令、比较指令、移位指令等）。通过本项目的学习，学生能够掌握行迹控制的含义和实现方法，同时熟悉 S7-1200 PLC 中的比较指令、移动指令、移位指令、循环移位指令的使用方法。

项目目标

1. 知识目标

（1）说出西门子 S7-1200 PLC 的数据类型。

（2）总结 S7-1200 PLC 的移动指令、移位指令、循环移位指令、比较指令等常用指令的使用方法。

（3）能在教师的引导下利用 S7-1200 PLC 的功能指令编写程序。

2. 能力目标

（1）能根据任务描述列写I/O地址分配表，绘制主电路和PLC外部接线图。

（2）能在教师的引导下根据任务要求利用位逻辑指令、定时器指令、计数器指令、功能指令等实现控制程序的设计。

（3）能熟练使用博途软件对PLC控制系统进行程序监控、调试及软硬联调。

（4）能根据故障现象独立对PLC控制系统中一般难度的故障进行分析和排查。

3. 素养目标

（1）培养学生分析问题、解决问题的能力，提升学生的职业技能和专业素养。

（2）鼓励学生按照自己的思路设计程序，鼓励学生积极思考，激发学生的创新意识，培养学生的创新思维。

（3）培养学生刻苦勤奋、诚实守信、持之以恒的优良品质以及团结协作精神。

（4）用有趣的设计任务激发学生的好奇心与求知欲，培养学生探索未知、追求真理、勇攀科学高峰的责任感和使命感，激发学生科技报国的家国情怀和使命担当。

（5）在任务实施的过程中，要求学生遵守安全用电规范，提升学生的安全意识。

任务3.1　单轴行迹控制系统的设计与调试（三点行迹）

任务描述

行迹控制是指通过编程和配置使机械臂或其他自动化设备按照预定的路径和顺序进行移动和操作的过程。

行迹控制技术广泛应用于各种自动化生产线和机器人系统中。例如，在汽车制造业中，行迹控制用于确保焊接机器人精确地沿着车身的轮廓移动，完成高质量的焊接作业。在电子制造领域，贴片机通过行迹控制精确地将电子元件放置到电路板上的指定位置，保证了电路板的组装精度和可靠性。此外，行迹控制还被用于包装机械、食品加工机械以及各种需要精确位置控制的自动化设备中。

行迹控制的核心在于精确的路径规划和运动控制。这通常涉及复杂的算法，如插补算法、速度规划算法和误差补偿算法等。插补算法用于生成平滑的运动轨迹，速度规划算法确保设备在运动过程中速度的平稳变化，而误差补偿算法则用于校正机械磨损、温度变化等因素引起的运动误差。此外，先进的传感器技术也被广泛应用于行迹控制系统中，用于实时监测设备运动状态并实现反馈控制。

本任务以S7-1200 PLC作为行迹控制的控制器来进行单轴三点行迹控制的实现。具体要求如下：一车间沿着某条轴线依次在A、B、C、D四个站点堆了四堆货物，其中A为合格品站点，B为检验站点，C为零件站点，D为次品站点。机械手臂从C站点取出一个零件，送到B站点进行检验，如果合格放回A站点，如果不合格放回D站点。

现假设一些零件合格，要求编写机械手臂沿着该轴线动作的程序，具体要求如下：机械

臂位于 C 站点时，该站点限位开关 SQ3 为 ON，按下启动按钮 SB1，3 s 后机械臂左移，碰到 B 站点限位开关 SQ2 时停止，延时 5 s 后继续向左运行，碰到 A 站点限位开关 SQ1 时停止，延时 3 s 之后向右移动，碰到 C 站点限位开关 SQ3 时停止，3 s 后再次左移，如此循环。其工作过程示意图如图 3-1-1 所示。

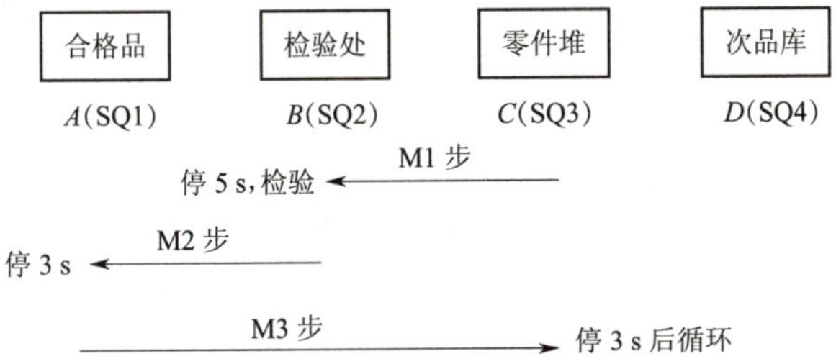

图 3-1-1　单轴三点行迹控制系统工作过程示意图

通过本任务的学习，学生能够掌握行迹控制的实现方法，同时结合所学的 PLC 型号完成单轴三点行迹控制系统的设计与调试。

任务目标

1. 知识目标

（1）说出行迹控制的含义。

（2）总结行迹控制的实现方法。

（3）总结 PLC 控制系统设计和调试的一般步骤。

2. 能力目标

（1）能根据任务描述列写 I/O 地址分配表，绘制主电路和 PLC 外部接线图。

（2）能根据任务要求利用位逻辑指令、定时器指令实现单轴行迹控制系统的设计。

（3）能熟练使用博途软件对 PLC 控制系统进行程序监控、调试及软硬联调。

（4）能根据故障现象对单轴三点行迹控制系统中一般难度的故障进行独立分析和排查。

3. 素养目标

（1）培养学生分析问题、解决问题的能力，提升学生的职业技能和专业素养。

（2）鼓励学生按照自己的思路设计程序，鼓励学生积极思考，激发学生的创新意识，培养学生的创新思维。

（3）培养学生刻苦勤奋、诚实守信、持之以恒的优良品质以及团结协作精神。

任务准备

行迹控制中的步是指在进行单轴行迹控制系统设计时，将整个运动过程分解为若干个离散的步骤。每个步骤对应一个特定的动作或状态，通过这些步骤的有序执行，最终实现预定的行迹控制目标。这种分解方法不仅简化了复杂系统的设计过程，还便于程序的编写和调试。具体而言,每个步骤通常包括以下几个要素:当前状态的定义、触发条件、执行动作以及下一步的转移条件。通过合理规划和定义这些步骤,可以确保系统在不同状态下平稳切换,从而实现精确的行迹控制。

在行迹控制系统中,每一步的精确执行直接影响到整个系统的性能和可靠性。首先,步的设定需要严格遵循工艺流程,确保每个动作的顺序和逻辑无误。其次,每一步的执行条件必须精确,以保证系统的高效运行。此外,步与步之间的衔接也至关重要,任何细微的误差都可能导致整个控制过程的失败。

行迹控制中的步是怎么划分的呢?首先,需要对整个行迹控制过程进行细致的分析,明确各个环节的具体要求和操作步骤。接着,根据工艺流程和设备特性,将整个过程分解为若干个独立的步骤。每个步骤应包含清晰的输入输出定义、具体的动作描述以及相应的检测和反馈机制。此外,还需考虑各步骤之间的逻辑关系和时序配合,确保每个步骤在正确的时间点被触发和执行。

在本任务中,根据机械臂的运行状态,可将行迹控制分为四步,从 *C* 站点抓取工件为 M0 步, *C* 站点→ *B* 站点为 M1 步, *B* 站点→ *A* 站点为 M2 步, *A* 站点→ *C* 站点为 M3 步,其中 M0 步不运动, M1 步和 M2 步的状态均为左移, M3 步状态为右移。M0 步的触发条件是机械臂在 *C* 站点且按下启动按钮, M1 步的触发条件是机械臂在 *C* 站点且按下启动按钮后延时 3 s,即 M0 步启动后延时 3 s, M2 步的触发条件是碰到 *B* 站点限位开关并延时 5 s, M3 步的触发条件是碰到 *A* 站点限位开关并延时 3 s。循环执行的条件是在 M3 步时碰到 *C* 站点限位开关并延时 3 s。

任务实施

1. 设备与器材

(略)

2. 内容与步骤

1)列写 I/O 地址分配表

根据 PLC 输入和输出点的分配原则以及本任务的控制要求,列写本任务的 I/O 地址分配表,如表 3-1-1 所示。

表 3-1-1　I/O 地址分配表

信号类型	描述	数据类型	I/O 地址
DI	SB1 启动按钮	Bool	I0.0
	SQ1 *A* 点限位开关	Bool	I0.1
	SQ2 *B* 点限位开关	Bool	I0.2
	SQ3 *C* 点限位开关	Bool	I0.3
	SQ4 *D* 点限位开关	Bool	I0.4
	FR 过载保护	Bool	I0.5

续表

信号类型	描述	数据类型	I/O 地址
DQ	KM1 左行交流接触器线圈	Bool	Q0.0
	KM2 右行交流接触器线圈	Bool	Q0.1

2)绘制主电路和 PLC 外部接线图并进行硬件接线

单轴三点行迹控制系统的主电路和 PLC 外部接线图如图 3-1-2 所示。

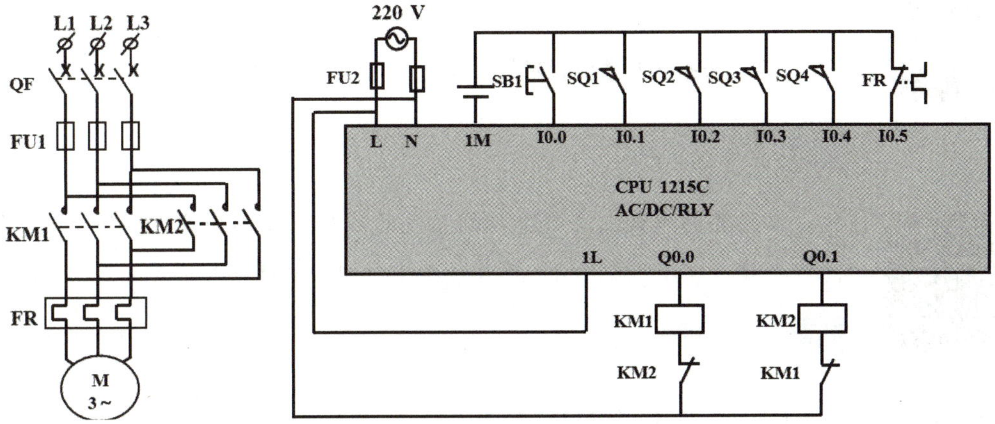

图 3-1-2　主电路和 PLC 外部接线图

3)程序编写

单轴三点行迹控制系统的梯形图见“单轴三点行迹控制系统的梯形图编写”微课。

微课　单轴三点行迹控制系统的梯形图编写

4)博途软件编程

打开博途软件,在博途视图中创建名称为“单轴三点行迹控制系统”的工程项目,并进行项目硬件组态、变量表建立及程序输入。本任务的 PLC 变量表如图 3-1-3 所示。

1	SB1-启动按钮	Bool	%I0.0
2	SQ1-A点限位开关	Bool	%I0.1
3	SQ2-B点限位开关	Bool	%I0.2
4	SQ3-C点限位开关	Bool	%I0.3
5	SQ4-D点限位开关	Bool	%I0.4
6	FR-过载保护	Bool	%I0.5
7	KM1-左行交流接触器线圈	Bool	%Q0.0
8	KM2-右行交流接触器线圈	Bool	%Q0.1

图 3-1-3　PLC 变量表

5)单轴三点行迹控制系统的软件调试

在监视状态下按下按钮,观察 Q0.0、Q0.1 的动作状态是否与控制要求一致。如不一致,则需要检查程序,直到 Q0.0、Q0.1 的动作符合控制要求。

6）单轴三点行迹控制系统的软硬联调

在进行系统软硬联调时，首先进行系统空载调试，空载调试无误后再连接电动机进行带载调试。

在系统空载调试中，观察交流接触器能否按控制要求动作，如不符合要求，则需要检查电路接线，直至交流接触器能按控制要求动作。

空载调试无误后，连接电动机（按星形连接）进行带载调试。

任务 3.1 考核标准

任务考核

（见“任务 3.1 考核标准”码课）

任务拓展

本任务的单轴三点行迹控制系统的程序中未添加停止按钮，请思考如何实现按下停止按钮后，机械臂在完成本周期后停在 C 站点。

任务 3.1 练习题

练习题

（见“任务 3.1 练习题”码课）

任务 3.2　单轴行迹控制系统的设计与调试（四点行迹）

任务描述

某一车间在 A、B、C、D 四个站点堆了四堆货物，其中 A 为合格品站点，B 为检验站点，C 为零件站点，D 为次品站点。机械手臂从 C 站点取出一个零件，送到 B 站点进行检验，如果合格放回 A 站点，如果不合格放回 D 站点。

零件合格与否由传感器进行检测（合格时该传感器得电，不合格时该传感器不得电），要求编写机械手臂沿着水平方向反复动作的程序。具体要求如下：机械臂位于 C 站点时，该站点限位开关 SQ3 为 ON，按下启动按钮 SB1，3 s 后机械臂左移，碰到 B 站点的限位开关 SQ2 时停止，5 s 后出检验结果，若该零件合格则机械臂继续左移，碰到 A 站点限位开关 SQ1 时停止；延时 3 s 之后机械臂向右移动，碰到 C 站点限位开关 SQ3 时停止，延时 3 s 后继续拾取下一个零件。若在 B 站点检验该零件不合格，则延时 5 s 后机械臂右移，直到碰到 D 站点的限位开关 SQ4 时停止，延时 3 s 之后机械臂向左移动，碰到 C 站点限位开关 SQ3 时停止，延时 3 s 后继续拾取下一个零件。当按下停止按钮时，机械臂空载时停在 C 站点。若发生过载或按下急停按钮，机械臂立刻停止。其工作过程示意图如图 3-2-1 所示。

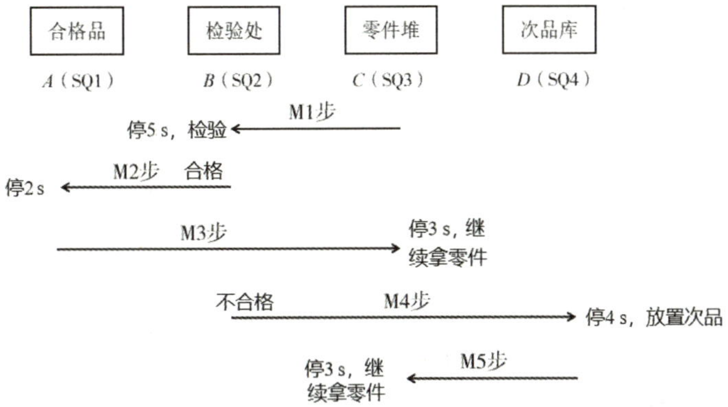

图 3-2-1　四点行迹控制系统工作过程示意图

通过本任务的学习，学生能够掌握行迹控制中循环控制的实现方法，同时结合所学的 PLC 型号完成单轴四点行迹控制系统的设计与调试。

任务目标

1. 知识目标

（1）说明四点行迹控制的实现方法。

（2）总结行迹控制中停止的实现方法。

（3）熟练总结 PLC 控制系统设计和调试的一般步骤。

2. 能力目标

（1）能根据任务描述列写 I/O 地址分配表，绘制主电路和 PLC 外部接线图。

（2）能根据任务要求独立完成单轴四点行迹控制系统的设计。

（3）能在教师的引导下完成行迹控制停止和急停的设计。

（4）能熟练使用博途软件对 PLC 控制系统进行程序监控、调试及软硬联调。

（5）能根据故障现象对单轴四点行迹控制系统中一般难度的故障进行独立的分析和排查。

3. 素养目标

（1）培养学生分析问题、解决问题的能力，提升学生的职业技能和专业素养。

（2）鼓励学生按照自己的思路设计程序，鼓励学生积极思考，激发学生的创新意识，培养学生的创新思维。

（3）培养学生刻苦勤奋、诚实守信、持之以恒的优良品质以及团结协作精神。

任务准备

3.2.1　光电传感器

光电传感器是一种利用光的特性来检测物体位置、存在与否或运动的传感器。它广泛应用于自动化控制系统中，用于检测物体的有无、位置、速度等信息。光电传感器通常由发射器和接收器组成，发射器发出的光线被物体反射或遮挡，接收器检测到的光信号就会发生变化，从而实现对物体的检测。

在自动化生产线上，光电传感器用于检测产品是否到位、是否合格、是否缺失等。例如：在装配线上，光电传感器用于检测零件的位置，确保零件的正确安装和装配质量；在包装线上，光电传感器用于检测产品是否完整和正确，实现自动化包装和分拣；在质量检测环节，光电传感器用来检测产品的尺寸、形状等是否符合标准。

光电传感器在自动化生产线上的另一个应用是测量和计数。光电传感器可以通过接收反射光或透射光的强度来实现对物体的测量和计数。例如：在生产线上，光电传感器用于检测产品的长度、宽度、高度等尺寸信息，以便进行后续的工艺控制和质量检测；用于生产线上通过的产品计数，以实现对生产效率的监控。

此外，在自动化装配线上，光电传感器还用于安全监测，通过检测人员或物体的接近来实现机器设备的安全停止或警示。例如，光电传感器用于检测工人是否接近危险区域，以及时停止机器设备，保护工人的安全。

3.2.2 减计数器（CTD）

请大家回顾任务 2.9 中加计数器的内容，回答以下问题：

（1）计数器的计数信号是什么类型的信号？

（2）加计数器的字母缩写是什么？

（3）加计数器的 IN 端、R 端、PV 段、Q 端、CV 端是什么含义？

减计数器的工作原理如图 3-2-2（a）所示，图 3-2-2（b）为其工作时序图。DB2 为该减计数器的背景数据块。

在图 3-2-2（a）中，CTD 表示减计数器，图中计数器数据类型是整数，计数信号脉冲输入端 CD 为 I0.0，计数器装载输入端 LD 为 I0.1，预设值 PV 为 3，其工作原理如下。

当计数器装载输入端 LD 为“0”状态，接在输入端 CD 的减计数脉冲由 0 变为 1（即输入端出现上升沿）时，计数值 CV 减 1，直到 CV 达到指定的数据类型的下限值（−32 768），计数器停止计数，即 CV 不再减少。

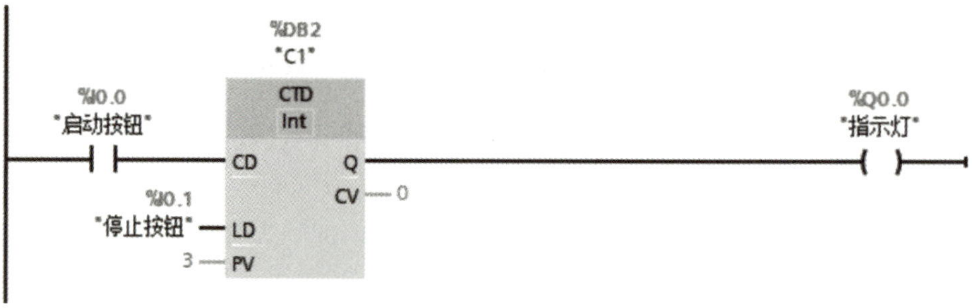

（a）

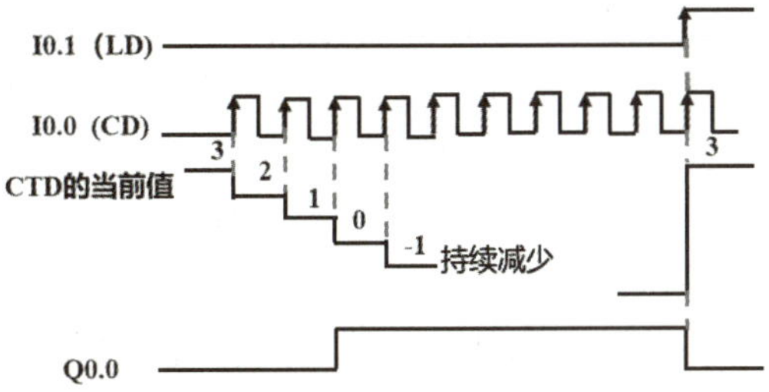

（b）

图 3-2-2　减计数器的工作原理及时序图

（a）工作原理　（b）时序图

当减计数器 CV 小于或等于 0 时，计数器的输出端 Q 置 1。

当计数器装载输入端 LD 为“1”状态时，计数器复位，输出端 Q 变为“0”状态，并把预设值 PV 装入 CV。

3.2.3　加减计数器（CTUD）

加减计数器的工作原理如图 3-2-3（a）所示，图 3-2-2（b）为其工作时序图。DB3 为该加减计数器的背景数据块。

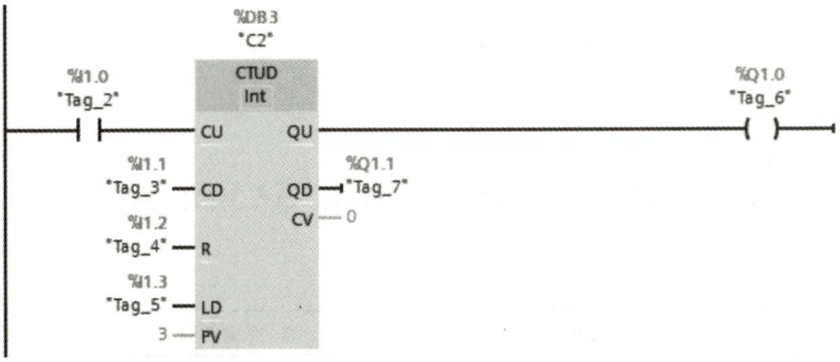

（a）

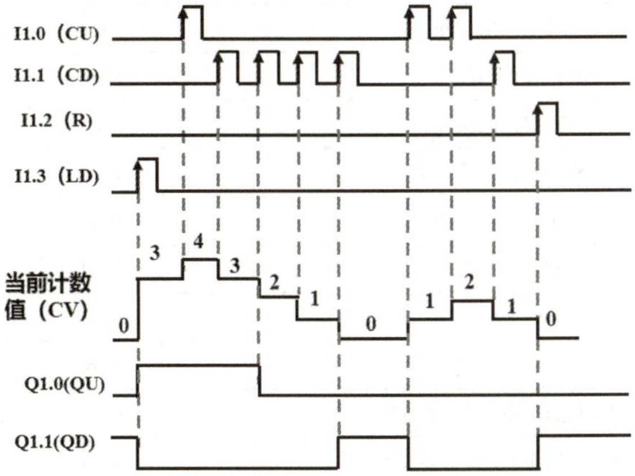

（b）

图 3-2-3　加减计数器的工作原理及时序图

（a）工作原理　（b）时序图

在图 3-2-3（a）中，CTUD 表示加减计数器，图中计数器数据类型是整数，计数信号 CU 为加计数脉冲输入端，计数信号 CD 为减计数脉冲输入端，R 为计数器复位端，LD 为计数器装载输入端，预设值 PV 为 3，其工作原理如下。

在加计数输入端 CU 的上升沿，加减计数器的当前值 CV 加 1，直到 CV 达到指定的数据类型的上限值。达到上限值时，CV 不再增大。

在减计数输入端 CD 的上升沿，加减计数器的当前值 CV 减 1，直到 CV 达到指定的数据类型的下限值。达到下限值时，CV 不再减小。

如果同时出现计数脉冲 CU 和 CD 的上升沿，CV 保持不变。

CV 大于或等于预置值 PV 时输出端 QU 为“1”状态，反之为“0”状态。

CV 值小于或等于零时，输出端 QD 为“1”状态，反之为“0”状态。

装载输入端 LD 为“1”状态，预置值 PV 被装入当前计数值 CV，输出端 QU 变为“1”状态，QD 复位为“0”状态。

复位端 R 为“1”状态时，计数器复位，CU、CD、LD 不再起作用，同时当前计数值 CV 被清零，输出端 QU 变为“0”状态，QD 复位为“1”状态。

任务实施

1. 设备与器材

（略）

2. 内容与步骤

1）列写 I/O 地址分配表

根据以上任务描述，列写本任务的 I/O 地址分配表，如表 3-2-1 所示。

表 3-2-1　I/O 地址分配表

信号类型	描述	数据类型	I/O 地址
DI	SB1 启动按钮	Bool	I0.0
	SQ1 *A* 点限位开关	Bool	I0.1
	SQ2 *B* 点限位开关	Bool	I0.2
	SQ3 *C* 点限位开关	Bool	I0.3
	SQ4 *D* 点限位开关	Bool	I0.4
	FR 过载保护	Bool	I0.5
	SB2 停止按钮	Bool	I0.6
	SB3 急停按钮	Bool	I0.7
	S1 传感器	Bool	I1.0
DQ	KM1 左行交流接触器线圈	Bool	Q0.0
	KM2 右行交流接触器线圈	Bool	Q0.1

2）绘制主电路和 PLC 外部接线图并进行硬件接线

单轴四点行迹控制系统主电路与任务 3.1 完全相同，此处不再给出，其 PLC 外部接线图如图 3-2-4 所示。

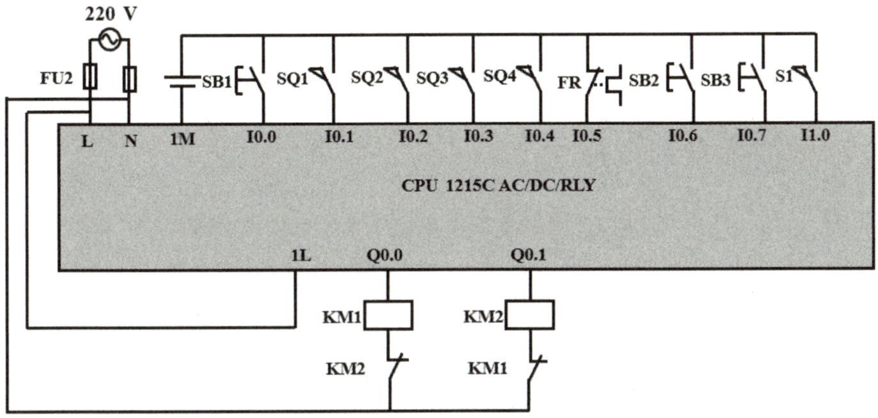

图 3-2-4　PLC 外部接线图

3）程序编写

单轴四点行迹控制系统的梯形图见“单轴四点行迹控制系统的梯形图”慕课。

慕课　单轴四点行迹控制系统的梯形图

4）博途软件编程

打开博途软件，在博途视图中创建名称为“单轴四点行迹控制系统”的工程项目，并进行项目硬件组态、变量表建立及程序输入。本任务的 PLC 变量表如图 3-2-5 所示。

	名称	数据类型	地址
1	SB1-启动按钮	Bool	%I0.0
2	SQ1-A点限位开关	Bool	%I0.1
3	SQ2-B点限位开关	Bool	%I0.2
4	SQ3-C点限位开关	Bool	%I0.3
5	SQ4-D点限位开关	Bool	%I0.4
6	FR-过载保护	Bool	%I0.5
7	SB2-停止按钮	Bool	%I0.6
8	SB3-急停按钮	Bool	%I0.7
9	S1-传感器	Bool	%I1.0
10	KM1-左行交流接触器线圈	Bool	%Q0.0
11	KM2-右行交流接触器线圈	Bool	%Q0.1

图 3-2-5　PLC 变量表

5）单轴四点行迹控制系统的软件调试

在监视状态下按下按钮，观察 Q0.0、Q0.1 的动作状态是否与控制要求一致。如不一致，则需要检查程序，直到 Q0.0、Q0.1 的动作符合控制要求。

6）单轴四点行迹控制系统的软硬联调

在进行系统软硬联调时，首先进行系统空载调试，空载调试无误后再连接电动机进行带载调试。

在系统空载调试中，观察交流接触器能否按控制要求动作，如不符合要求，则需要检查电路接线，直至交流接触器能按控制要求动作。

空载调试无误后，连接电动机（按星形连接）进行带载调试。

任务考核

（见“任务 3.2 考核标准”码课）

任务 3.2 考核标准

任务拓展

在单轴四点行迹控制系统中，如果检验到合格产品有 5 个时，机械臂回到零件站点 C 时自动停止，不再进行零件的拾取，请编制梯形图。

练习题

（见“任务 3.2 练习题”码课）

任务 3.2 练习题

任务 3.3　天塔之光控制系统的设计与调试

任务描述

文化自信

东方明珠广播电视塔（以下简称“天塔”）是上海市的标志性建筑之一，是上海市对外宣传的重要窗口。它的艺术灯光系统由泛光照明和艺术灯光两部分组成。艺术灯光部分有 7 种基本演播方式，包括左右移动、闪烁、渐亮渐暗、横开闭幕程式、上下移动、竖开闭幕程式、混合演播程式。灯光可进行个性化设置，呈现三色及多色效果，通过计算机控制可以呈现 1 000 多种变化。

随着社会经济的不断繁荣和发展，各大城市都在进行亮化工程，夜晚城市里的彩灯是一大亮点。彩灯控制的基本环节是彩灯规律性地闪烁，是典型的开关量顺序控制。PLC 在开关量控制方面具有强大的功能，利用 PLC 控制彩灯，编程简单方便，同时能充分利用其抗干扰的优点，防止空气中存在的各种电磁干扰，保证彩灯控制的可靠稳定。那么，如何应用 PLC 指令实现彩灯控制呢？本任务应用移动和移位指令实现天塔之光控制系统的设计与调试。具体控制要求如下：

（1）通电时，按下启动按钮 SB1，8 盏指示灯以 L1 → L2 → L3 → L4 → L5 → L6 → L7 →

L8 的顺序每隔 1 s 逐位点亮，如此循环；

（2）按下启动按钮 SB2，8 盏指示灯以 L8 → L7 → L6 → L5 → L4 → L3 → L2 → L1 的顺序每隔 1 s 逐位点亮，如此循环；

（3）无论何时按下停止按钮 SB3，8 盏指示灯全部熄灭。

通过本任务的学习，学生能够掌握移动和移位指令的使用方法，同时结合所学的 PLC 型号完成天塔之光控制系统的设计、安装和调试。

任务目标

1. 知识目标

（1）总结移动指令、移位指令的功能和应用方法。

（2）说明 PLC 的各种数据类型。

（3）熟练总结 PLC 控制系统设计和调试的一般步骤。

2. 能力目标

（1）能合理分配 I/O 地址，绘制 PLC 外部接线图。

（2）能根据任务要求完成天塔之光控制系统的 PLC 外部接线。

（3）能根据天塔之光控制系统的要求，在教师的引导下应用移动和移位指令完成控制程序的设计。

（4）能熟练使用博途软件对 PLC 控制系统进行程序监控、调试及软硬联调。

（5）能对 PLC 控制的天塔之光控制系统一般难度的故障进行独立排除。

3. 素养目标

（1）鼓励学生按照自己的思路设计程序，鼓励学生积极思考，激发学生的创新意识，培养学生的创新思维。

（2）培养学生刻苦勤奋、诚实守信、持之以恒的优良品质以及团结协作精神。

（3）在任务实施的过程中，要求学生遵守安全用电规范，提升学生的安全意识。

（4）以指示灯控制的设计为例激发学生的好奇心与求知欲，培养学生探索未知、追求真理、勇攀科学高峰的责任感和使命感，激发学生科技报国的家国情怀和使命担当。

任务准备

3.3.1　S7-1200 PLC 的数据类型

数据类型用来描述数据的长度（即二进制的位数）和属性。S7-1200 PLC 使用的数据类型有基本数据类型、复杂数据类型、参数数据类型、系统数据类型和硬件数据类型。在此，只介绍基本数据类型和复杂数据类型。

1. 基本数据类型

基本数据类型包括位、位字符串、整数、浮点数、日期、时间、字符。

1)位和位字符串

位和位字符串数据类型如表 3-3-1 所示。

表 3-3-1　位和位字符串数据类型

数据类型	位大小	数值类型	数值范围	常数示例	地址表示
Bit	1	布尔	TRUE 或 FALSE	TRUE	I0.0,M0.2
		二进制	2#0 或 2#1	2#0	
		无符号整数	0 或 1	1	
		八进制	8#0 或 8#1	8#1	
		十六进制	16#0 或 16#1	16#0	
Byte	8	二进制	2#0~2#1111 1111	2#1001 1011	IB2,MB10
		无符号整数	0~255	102	
		有符号整数	-128~127	-100	
		八进制	8#0~8#377	8#17	
		十六进制	16#0~16#FF	16#F	
Word	16	二进制	2#0~ 2#1111 1111 1111 1111	2#1001 1011 1101 1001	MW10
		无符号整数	0~32 767	72	
		有符号整数	-32 768~32 767	61 678	
		八进制	8#0~8#177777	8#170345	
		十六进制	16#0~16#FFFF	16#A56C	
DWord	32	二进制	2#~2#1111 1111 1111 1111 1111 1111 1111 1111	2#1001 1011	MD10
		无符号整数	0~4 294 967 295	1 597 395	
		有符号整数	-214 483 648~ 214 483 647	-10 000	
		八进制	8#0~8#37777777777	8#74177	
		十六进制	16#0~16#FFFFFFFF	16#F	

位(Bit)数据长度为 1 位二进制数,数据类型为 Bool(布尔)型。Bool 型变量的值为 TRUE 和 FALSE(真和假),分别对应二进制数 1 和 0,常用于开关量的逻辑运算。

数据类型字节(Byte)、字(Word)、双字(DWord)统称位字符串。位字符串不能比较大小,一般常数用十六进制表示。

字节(Byte)数据长度为 8 位二进制数,以十六进制数表示,其取值范围为 16#0~16#FF。

字(Word)数据长度为 16 位二进制数,由相邻的两个字节组成,编号小的字节为高位字节,编号大的字节为低位字节。其取值范围为 16#0~16#FFFF。

双字(DWord)数据长度为 32 位二进制数,由两个字(四个字节)组成,编号小的字节为高位字节,编号大的字节为低位字节,其取值范围为 16#0~16#FFFFFFFF。

2)整数

S7-1200 PLC 中共有 6 种整数，如表 3-3-2 所示。符号中带 S 的为短整数数据类型，长度为 8 位；符号中带 D 的为双整数数据类型，长度为 32 位；不带 S 和 D 的为整数数据类型，长度为 16 位。

带 U 的为无符号整数，不带 U 的为有符号整数。有符号整数用补码来表示，其最高位为符号位，最高位为 0 时为正数，为 1 时为负数。

SInt 和 USInt 分别为 8 位短整数和无符号短整数，Int 和 UInt 分别为 16 位整数和无符号整数，DInt 和 UDInt 分别为 32 位双整数和无符号双整数。

表 3-3-2　整数数据类型

数据类型	位大小	数值范围	地址表示
USInt	8	0~255	MB0，DB1.DBB2
SInt	8	-128~127	
UInt	16	0~65 635	MW2，DB1.DBW4
Int	16	-32 768~32 767	
UDInt	32	0~4 294 967 295	MD6，DB1.DBD6
DInt	32	-2 147 483 648~2 147 483 647	

3)浮点数(实数)

浮点数(实数)以 32 位单精度数(Real)或 64 位双精度数(LReal)表示。单精度浮点数的精度最高为 6 位有效数字，而双精度浮点数的精度最高为 15 位有效数字。在输入浮点常数时，最多可以指定 6 位(Real)或 15 位(LReal)有效数字来保持精度。浮点数(实数)数据类型如表 3-3-3 所示。

表 3-3-3　浮点数(实数)数据类型

数据类型	位大小	数值范围	地址表示
Real	32	$-3.402\ 823\times10^{38}$~$-1.175\ 495\times10^{-38}$，0，$1.175\ 495\times10^{-38}$~$3.402\ 823\times10^{38}$	MD100，DB1.DBD8
LReal	64	$-1.797\ 693\ 134\ 862\ 315\ 7\times10^{308}$~$-2.225\ 073\ 858\ 507\ 201\ 4\times10^{-308}$，0，$2.225\ 073\ 858\ 507\ 201\ 4\times10^{-308}$~$1.797\ 693\ 134\ 862\ 315\ 7\times10^{308}$	不支持直接寻址，可在 OB、FB、FC 块接口数组中进行分配

4)时间和日期

时间(Time)数据作为有符号双整数存储，基本单位为毫秒。存储的数值是多少，就代表有多少毫秒。编辑时可以选择性使用日期(d)、小时(h)、分钟(m)、秒(s)和毫秒(ms)作为单位。不需要指定全部时间单位，例如 T#5h10 s 和 500 h 均有效。所有指定单位值的组合值不能超过以毫秒表示的时间日期类型的上限或下限(-2 147 483 648~2 147 483 647 ms)。

日期(DATE)数据作为无符号整数值存储，被解释为添加到基础日期 1990 年 1 月 1 日的天数，用以获取指定日期。编辑器格式必须指定年、月和日。

时间日期[TOD(Time_of_Day)]数据作为无符号双整数值存储，被解释为自指定日期的凌晨算起的毫秒数(凌晨=0 ms)。必须指定小时、分钟和秒，可以选择指定小数秒格式。时间和日期数据类型如表 3-3-4 所示。

表 3-3-4　时间和日期数据类型

数据类型	大小	数值范围	表示
Time	32 位	T#-24d20h31m23s648ms~ T#+24d20h31m23s647ms	T#500ms
DATE	16 位	D#1990-01-01 ~ D#2168-12-31	D#2009-12-31
Time_of_Day	32 位	TOD#00:00:00.000 ~ TOD#23:59:59.999	TOD#10:20:30.400

5)字符

数据类型为 Char(Character)的变量长度为 8 位，占用 1 个字节的内存。Char 数据类型将单个字符存储为 ASCII(美国信息交换标准代码)编码形式。字符通常指计算机中使用的字母、数字和符号，包括 1、2、3、A、B、C、常见符号等。

2. 复杂数据类型

复杂数据类型由基本数据类型组合而成，广泛应用于组织复杂数据，主要有以下几种。

1)字符串

字符串(String)类型是由字符组成的一维数组，每个字节存放 1 个字符，如“abcdefg”为字符串，其中的每个元素叫字符。字符串中的第 1 个字节为总长度，第 2 个字节为有效字符数量，字符从第 3 个字节开始存放，最多可包括 254 个字符。可在代码块的接口区和全局数据块中创建字符和字符串，如图 3-3-1 所示。变量 string1 占用 10 个字节，变量 string2 占用 3 个字节。

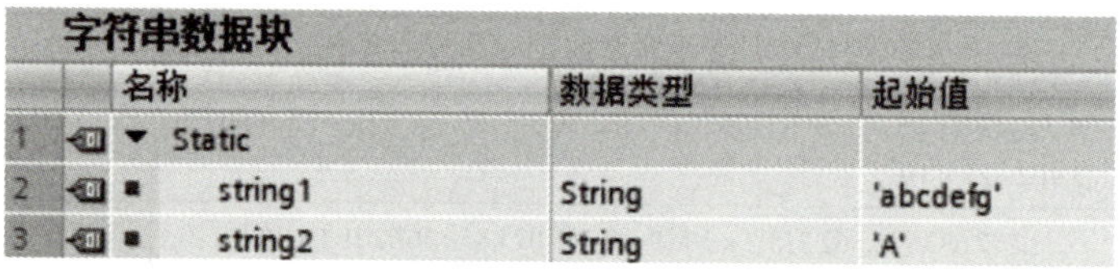

图 3-3-1　在全局数据块中创建字符和字符串

2)数组

数组(Array)类型是由数目固定且数据类型相同的元素组成的数据结构，可在 DB、OB/FC/FB 接口区、PLC 数据类型处定义使用，允许使用除 Array 之外的所有数据类型作为数组的元素，数组的维数最多为 6 维。

以在数据块中添加数组为例，在数据块中第 2 行的“名称”列输入数组的名称“A”，单击“数据类型”列中的按钮，选中下拉菜单中的“Array [0..1] of ”，如图 3-3-2(a)所示。选中“Array [0..1] of ”后出现图 3-3-2(b)所示界面，根据数组中的数据类型选择合适的数组类型。单击“数据类型”列中的按钮，可出现图 3-3-2(c)所示对话框，可以修改数组的数据类型和数组限值。若为一维数组，则在数组限值中以“下限值.. 上限值”的形式填入；若为二维数组，则在数据限值中以“第一维下限值.. 第一维上限值，第二维下限值.. 第二维上限值”的形式填入；下限值应小于或等于上限值，下限值和上限值可以是任意整数（-32 768~32 767）。一维数组和二维数组的结构如图 3-3-3 所示。

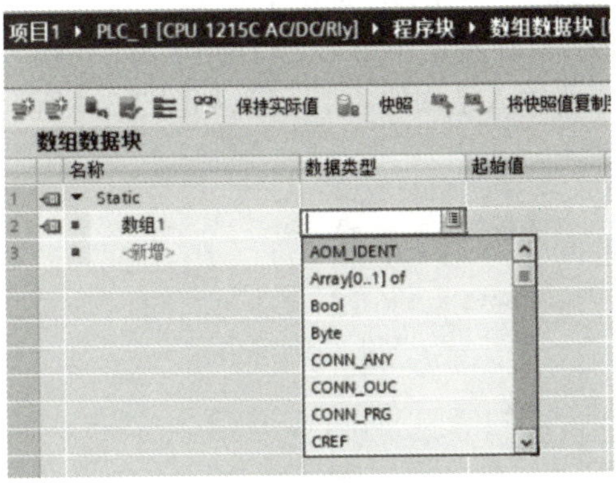

（a）

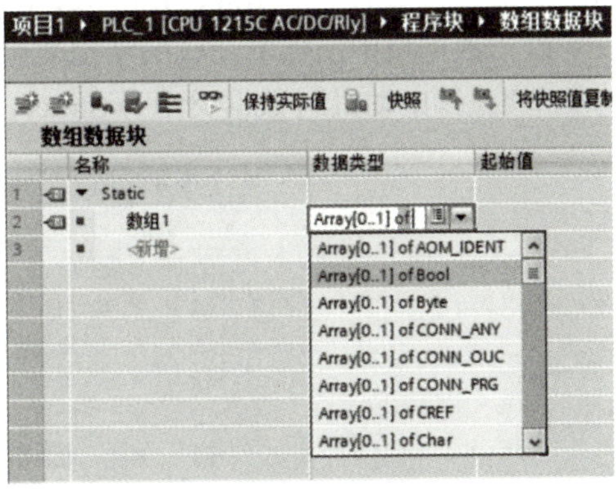

（b）

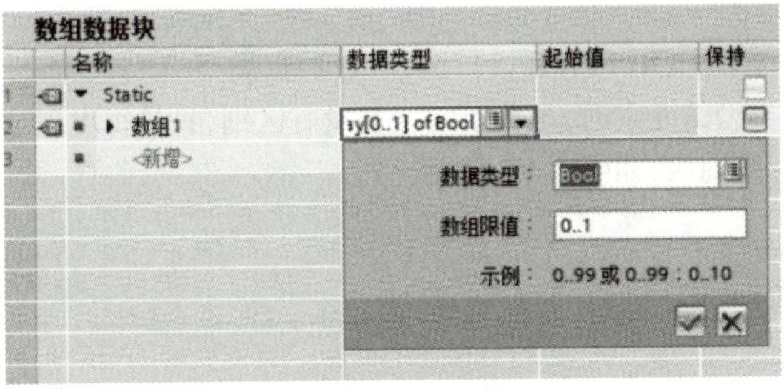

（c）

图 3-3-2　在数据块中添加数组

（a）步骤一　（b）步骤二　（c）步骤三

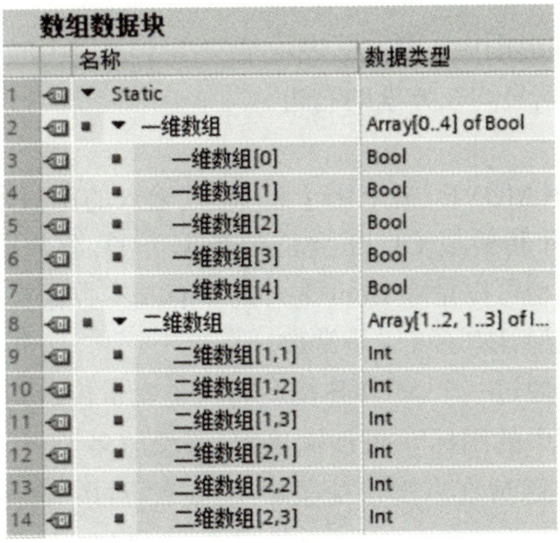

图 3-3-3　一维数组和二维数组的结构

3）结构

结构（Struct）类型是一种由多个不同数据类型元素组成的数据结构，其元素可以是基本数据类型，也可以是结构、数组等复杂数据类型以及 PLC 数据类型（UDT）等。结构类型嵌套结构类型的深度限制为 8 级。结构类型的变量在程序中可作为一个数据单元来使用，而不是使用大量的单个元素，为统一处理不同类型的数据或参数提供了方便。

以在数据块中添加电动机的结构类型数据为例，在数据块的第 2 行的“名称”列输入结构类型数据“电动机”，数据类型为 Struct，在 3~6 行输入结构的 4 个元素，如图 3-3-4 所示。

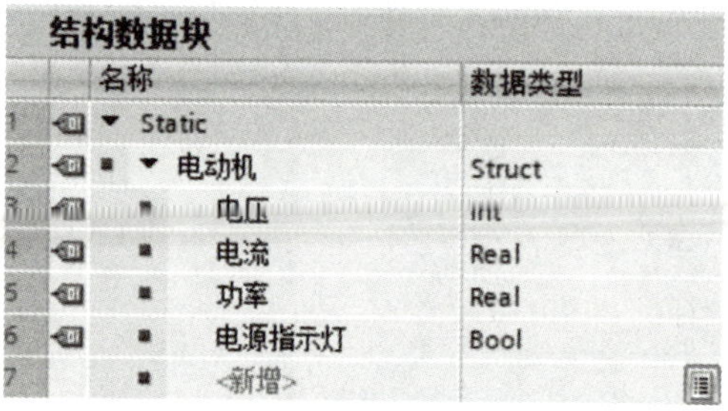
结构数据块

	名称	数据类型
1	▼ Static	
2	▼ 电动机	Struct
3	电压	Int
4	电流	Real
5	功率	Real
6	电源指示灯	Bool
7	<新增>	

图 3-3-4　结构类型数据的定义

结构类型可以在 DB、OB/FC/FB 接口区、PLC 数据类型（UDT）处定义使用。

单独使用结构类型的元素时，与普通的变量没有区别，只是每出现一个结构类型的嵌套层级，变量名增加一个前缀，如图 3-3-5 所示。

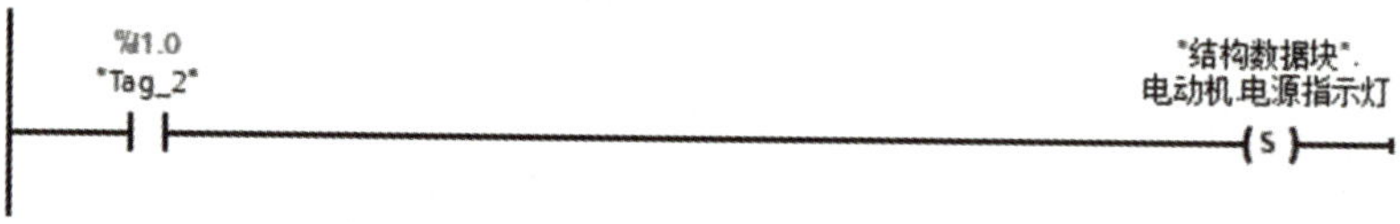

图 3-3-5　结构类型数据的使用

3.3.2　功能指令

在 S7-1200 PLC 的梯形图中，用方框表示某些指令、函数（FC）和函数块（FB），输入信号均在方框的左边，输出信号均在方框的右边。

1. 移动指令

微课　MOVE 指令的使用

移动（MOVE）指令用于将 IN 端输入的源数据传送给 OUT1 输出的目的地址，并转换成 OUT1 允许的数据类型，源数据保持不变。IN 和 OUT1 的数据类型可以是除 Bool 之外的所有基本数据类型和 DTL、Struct、Array 等数据类型，IN 还可以是常数。

支持通过一个 MOVE 指令将一个变量传送到多个变量，可单击 MOVE 指令方框中的图标添加输出端，若添加多了，可通过选中输出端 OUT，单击键盘上的【Delete】键删除或在右键快捷菜单中选择“删除”命令进行删除。MOVE 指令的应用如图 3-3-6 所示。

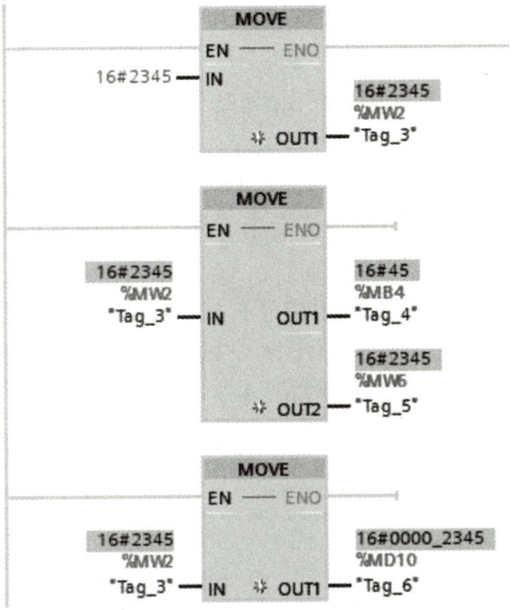

图 3-3-6　MOVE 指令的应用

2. 移位指令

移位指令包含右移(SHR)指令和左移(SHL)指令,是指在使能端 EN 有效时,将输入端 IN 中操作数的内容按位向右或向左移动若干位,移动的位数用参数 N 来指定,移位的结果将保存到输出端 OUT 中。可以从指令框的“???”下拉列表中选择该指令的数据类型。

当参数 N 的值为 0 时,输入端 IN 的值将复制到输出端 OUT 中。如果参数 N 的值大于可用位数,则输入端 IN 中的操作数值将向右或向左移动可用位数。

如图 3-3-7 所示,将 MB10 中的变量值右移 1 位后存入 MB12,而 MB10 本身的值不变。其移位过程如图 3-3-8(a)所示。再将 MB12 中的变量值左移 1 位后存入 MB14,而 MB12 本身的值不变。其移位过程如图 3-3-8(b)所示。

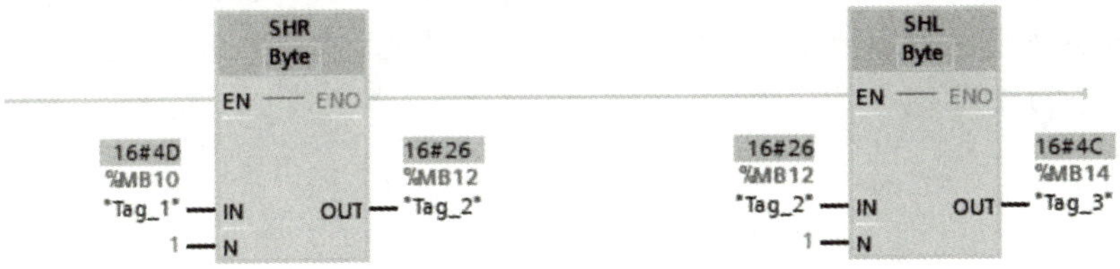

图 3-3-7　移位指令的应用

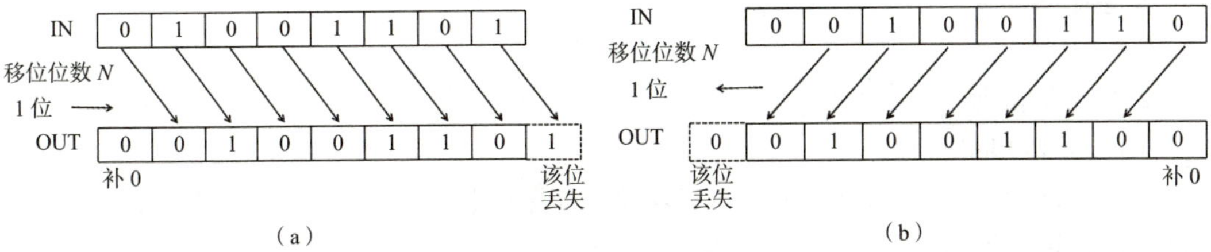

图 3-3-8　数据的右移和左移

(a)右移指令的移位过程　(b)左移指令的移位过程

左移指令和右移指令的区别:无符号数(如UInt、Word)和有符号数(如Int)左移时,用0填充操作数中空出的位;无符号数右移时也是用0填充操作数中空出的位,但注意有符号数(如Int)右移时,用符号位的信号状态填充空出的位,正数的符号位为0,负数的符号位为1。

3. 循环移位指令

循环移位指令包含循环右移(ROR)指令和循环左移(ROL)指令,与右移(SHR)指令和左移(SHL)指令动作相似,但循环移位指令用移出的位填充因循环移位而空出的位,移位的结果将保存到输出端OUT中。

如图3-3-9所示,MB16中的变量值循环右移1位后存入MB18,而MB16本身的值不变,其移位过程如图3-3-10(a)所示。MB18中的变量值循环左移1位后存入MB20,而MB18中的变量值保持不变,其移位过程如图3-3-10(b)所示。

图3-3-9 循环移位指令的应用

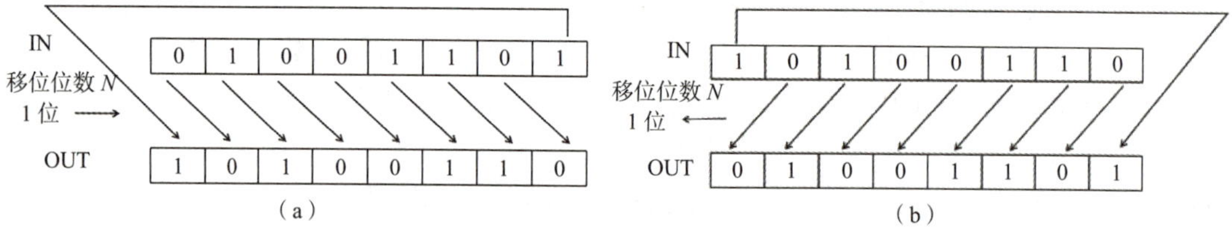

图3-3-10 数据的循环右移和循环左移

(a)循环右移指令的移位过程 (b)循环左移指令的移位过程

注意:循环左移或右移指令的使能端EN得电一个扫描周期则移位一次,因此如果循环移位后的数据要送回原地址,则循环移位指令的使能端不能一直得电,应保证使能端每次得电一个扫描周期。

任务实施

1. 设备与器材

(略)

2. 内容与步骤

1)列写I/O地址分配表

根据PLC输入和输出点的分配原则以及本任务的控制要求,列写本任务的I/O地址分配表,如表3-3-5所示。

表 3-3-5　I/O 地址分配表

信号类型	描述	数据类型	I/O 地址
DI	SB1 启动按钮	Bool	I0.0
	SB2 启动按钮	Bool	I0.1
	SB3 停止按钮	Bool	I0.2
DQ	HL1 L1 指示灯	Bool	Q0.0
	HL2 L2 指示灯	Bool	Q0.1
	HL3 L3 指示灯	Bool	Q0.2
	HL4 L4 指示灯	Bool	Q0.3
	HL5 L5 指示灯	Bool	Q0.4
	HL6 L6 指示灯	Bool	Q0.5
	HL7 L7 指示灯	Bool	Q0.6
	HL8 L8 指示灯	Bool	Q0.7

2）绘制 PLC 外部接线图并进行硬件接线

天塔之光控制系统的 PLC 外部接线图如图 3-3-11 所示。

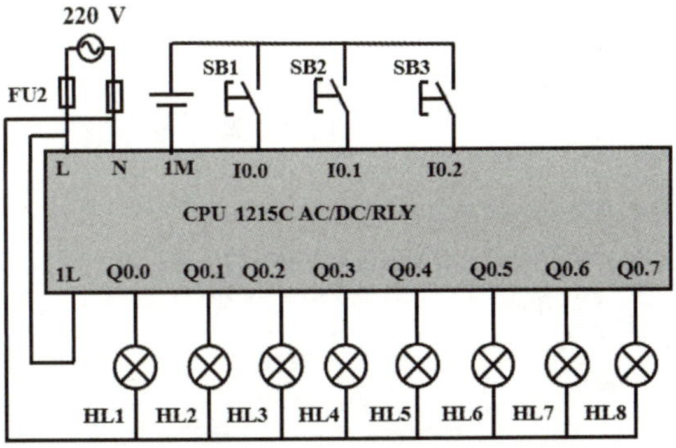

图 3-3-11　PLC 外部接线图

慕课　天塔之光控制系统的梯形图

3）程序编写

天塔之光控制系统的梯形图见“天塔之光控制系统的梯形图”慕课。

4）博途软件编程

打开博途软件，在博途视图中创建名称为“天塔之光控制系统”的工程项目，并进行项目硬件组态、变量表建立及程序输入。本任务的 PLC 变量表如图 3-3-12 所示。

1	启动按钮SB1	Bool	%I0.0
2	启动按钮SB2	Bool	%I0.1
3	停止按钮	Bool	%I0.2
4	指示灯	Byte	%QB0

图 3-3-12　PLC 变量表

5）天塔之光控制系统的软件调试

在监视状态下按下按钮，观察 QB0 的动作状态是否与控制要求一致。如不一致，则需要检查程序，直到 QB0 的动作符合控制要求。

6）天塔之光控制系统的软硬联调

在进行系统软硬联调时，首先进行系统空载调试，空载调试无误后再连接指示灯进行带载调试。

任务考核

（见“任务 3.3 考核标准”码课）

任务 3.3 考核标准

任务拓展

利用移位指令或循环移位指令控制输出的变化，要求如下：按下启动按钮 SB1，Q0.0~Q0.7 对应的 8 盏彩灯隔位接通（即初始值为 0000 0101）并循环左移，循环间隔时间为 1 s；在 I0.1 接通时，8 盏彩灯周期性闪烁，亮 1 s，灭 1 s，15 s 后彩灯全部熄灭。请写出梯形图程序。

练习题

（见“任务 3.3 练习题”码课）

任务 3.3 练习题

任务 3.4　十字路口交通灯控制系统的设计与调试

任务描述

随着城市人口的不断增加，交通流量年年增长，大、中、小城市的汽车、摩托车等与日俱增，道路交通越来越繁忙。交通信号灯（以下简称“交通灯”）系统能显著提高交通效率，有力保障道路通畅和人们的安全。

在十字路口，为了确保交通秩序良好和行人安全，一般会在每条道路口安装交通信号灯。其中，红灯亮表示该条道路禁止通行；黄灯亮表示该条道路上未过停车线的车辆禁止通行，已过停车线的车辆继续行驶；绿灯亮表示该条道路允许通行。

十字路口交通灯系统的组成如图 3-4-1 所示，东、西、南、北四个方向分别由红、黄、绿三种颜色交通灯组成，共计 12 个交通灯。十字路口交通灯控制系统的具体要求如下。交通灯受一个启动按钮控制，当启动按钮接通时，交通灯系统开始工作。南北方向的工作方式为：红灯亮，维持 30 s，接着绿灯亮，维持 25 s，然后绿灯闪烁，3 s 后熄灭，接着黄灯亮，维持 2 s，然后黄灯熄灭，红灯亮。之后周而复始地循环。东西方向的工作方式为：绿灯亮，维持 25 s，然后绿灯闪烁，3 s 后熄灭，接着黄灯亮，维持 2 s，然后黄灯熄灭，红灯亮，维持 30 s，接着绿灯亮。之后周而复始地循环。其中绿灯闪亮的周期为 1 s(即亮 0.5 s,熄 0.5 s)。任何时候按下停止按钮,系统停止,所有灯都处于熄灭状态。

图 3-4-1　十字路口交通灯系统的组成

通过本任务的学习,学生能够掌握采用西门子 S7-1200 PLC 的比较指令对交通灯系统进行控制的方法,同时结合所学的 PLC 型号完成十字路口交通灯控制系统的设计和调试。

任务目标

1. 知识目标

(1)总结比较指令的功能和应用方法。

(2)说明比较指令程序设计的方法。

(3)熟练总结 PLC 控制系统设计和调试的一般步骤。

2. 能力目标

(1)能合理分配 I/O 地址,绘制 PLC 外部接线图。

(2)能根据任务要求完成十字路口交通灯控制系统的 PLC 外部接线。

(3)能根据十字路口交通灯控制系统的要求,在教师的引导下应用比较指令完成十字路口交通灯控制程序的设计。

(4)能熟练使用博途软件对 PLC 控制系统进行程序监控、调试及软硬联调。

(5)能对 PLC 控制的十字路口交通灯控制系统中一般难度的故障进行独立的排除。

3. 素养目标

(1)鼓励学生按照自己的思路设计程序,鼓励学生积极思考,激发学生的创新意识,培养学生的创新思维。

(2)培养学生刻苦勤奋、诚实守信、持之以恒的优良品质以及团结协作精神。

(3)在任务实施的过程中,要求学生遵守安全用电规范,提升学生的安全意识。

(4)以十字路口交通灯控制为例,联系实际(东、西、南、北四个方向同时绿灯会造成交通事故),逐步培养学生严谨且规范的编程习惯和细致的工作作风。

任务准备

S7-1200 的比较操作指令清单如图 3-4-2 所示。

微课　比较指令的使用

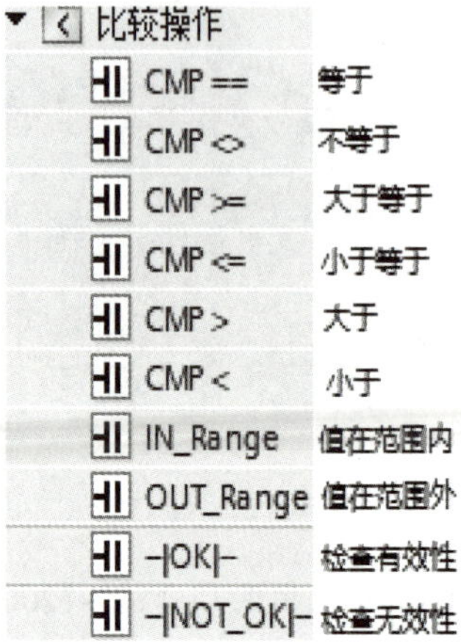

图 3-4-2　比较操作指令清单

1. 比较(CMP)指令

比较(CMP)指令是用来比较数据类型相同的两个数 IN1 和 IN2 的大小,其运算有等于(==)、大于等于(>=)、小于等于(<=)、大于(>)、小于(<)和不等于(<>)等 6 种。比较指令可以被看作一个等效的触点,当满足比较关系式给出的条件时,等效触点接通。

相比较的两个数 IN1 和 IN2 分别在触点的上面和下面,它们的数据类型必须相同。操作数可以是 Q、M、L、D 存储区中的变量或常数。

比较指令的运算符号及数据类型如图 3-4-3 所示。调用比较指令后,用鼠标双击触点中间比较符号下面的 ??? ,然后单击▾图标,通过下拉式列表设置要比较的数的数据类型;如果想修改比较指令的比较符号,只要用鼠标双击比较符号,然后单击▾图标,就可以通过下拉式列表修改比较符号。

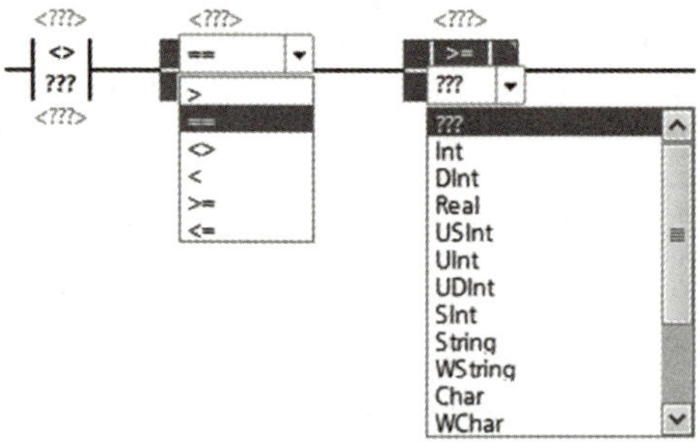

图 3-4-3　比较指令的运算符号及数据类型

比较指令的功能如下。

(1)字节比较。用于比较两个字节型有符号或无符号整数值的大小。

（2）整数比较。用于比较两个有符号或者无符号字的大小，有符号字的范围是 16#8000~16#7FFF（十进制-32 768~32 767）。

（3）双字整数比较。用于比较两个有符号或者无符号双字的大小，有符号双字的范围是-2 147 483 648~2 147 483 647。

（4）实数比较。用于比较两个实数的大小，是有符号的比较。

（5）字符串比较。比较两个字符串时，实际上比较的是它们各自对应字符的 ASCII 码的大小，第一个不相同的字符决定了比较的结果。

（6）定时器比较。用于比较两个 Time 类型数据的大小。

（7）日期和时间比较。

例如，用比较指令实现亮 2 s、灭 3 s 的闪烁电路，如图 3-4-4 所示。

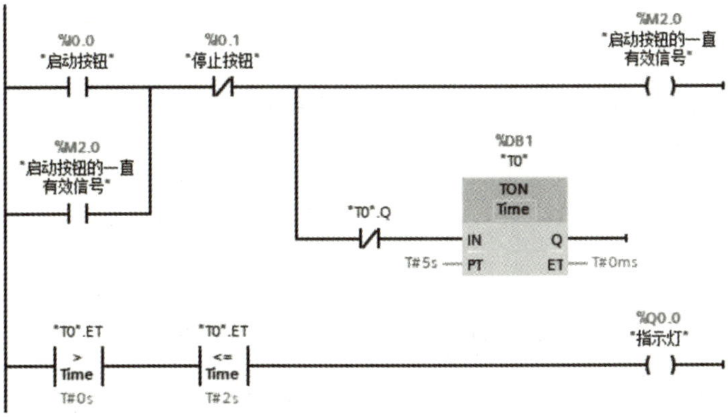

图 3-4-4　用比较指令实现闪烁电路

2. 范围内（IN_RANGE）和范围外（OUT_RANGE）比较指令

IN_RANGE 与 OUT_RANGE 指令可以等效为一个触点。如果有能流流入指令框，执行比较操作。

如图 3-4-5 所示，当 IN_RANGE 指令的参数 VAL 满足 MIN≤VAL≤MAX（-123≤MW2≤3 579），或 OUT_RANGE 指令的参数 VAL 满足 VAL<MIN 或 VAL>MAX（MB5<28 或 MB5>118）时，等效触点闭合，有能流流出指令框的输出端，即 Q0.0 接通。如果不满足比较条件，则没有能流流出。如果没有能流流入指令框，则不执行比较操作，也没有能流流出。

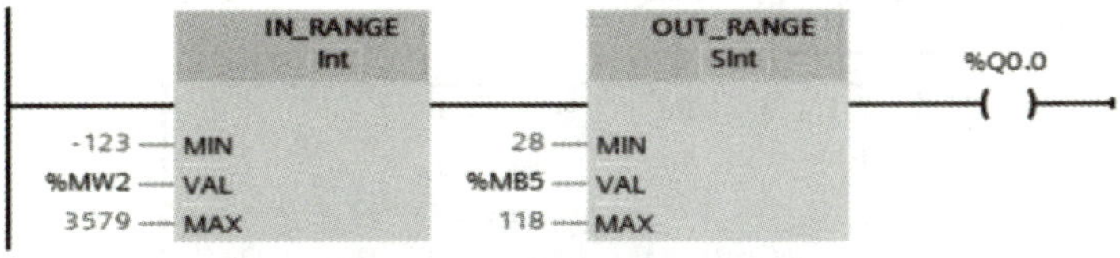

图 3-4-5　范围内和范围外比较指令

任务实施

十字路口交通灯控制系统的工作示意图如图 3-4-6 所示。

<table>
<tr><td rowspan="2">南北方向</td><td>信号灯</td><td colspan="3">红灯 Q0.0 亮</td><td>绿灯 Q0.1 亮</td><td>绿灯 Q0.1 闪烁</td><td>黄灯 Q0.2 亮</td></tr>
<tr><td>时间</td><td colspan="3">30 s</td><td>25 s</td><td>3 s</td><td>2 s</td></tr>
<tr><td rowspan="2">东西方向</td><td>信号灯</td><td>绿灯 Q0.4 亮</td><td>绿灯 Q0.4 闪烁</td><td>黄灯 Q0.5 亮</td><td colspan="3">红灯 Q0.3 亮</td></tr>
<tr><td>时间</td><td>25 s</td><td>3 s</td><td>2 s</td><td colspan="3">30 s</td></tr>
</table>

图 3-4-6　十字路口交通灯控制系统的工作示意图

1. 设备与器材

（略）

2. 内容与步骤

1）列写 I/O 地址分配表

根据 PLC 输入和输出点的分配原则以及本任务的控制要求，列写本任务的 I/O 地址分配表，如表 3-4-1 所示。

表 3-4-1　I/O 地址分配表

信号类型	描述	数据类型	I/O 地址
DI	SB1 启动按钮	Bool	I0.0
	SB2 停止按钮	Bool	I0.1
DQ	HL1 南北方向红灯	Bool	Q0.0
	HL2 南北方向绿灯	Bool	Q0.1
	HL3 南北方向黄灯	Bool	Q0.2
	HL4 东西方向红灯	Bool	Q0.3
	HL5 东西方向绿灯	Bool	Q0.4
	HL6 东西方向黄灯	Bool	Q0.5

2）绘制 PLC 外部接线图并进行硬件接线

十字路口交通灯控制系统的 PLC 外部接线图如图 3-4-7 所示。

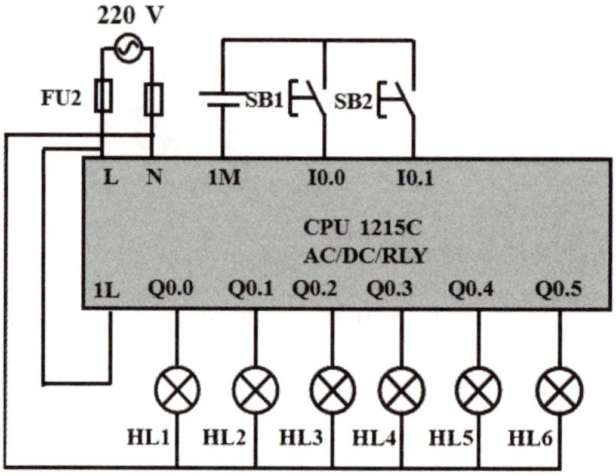

图 3-4-7　PLC 外部接线图

慕课　十字路口交通灯控制系统的程序设计

3）程序编写

十字路口交通灯控制系统的梯形图见“十字路口交通灯控制系统的程序设计”慕课。

4）博途软件编程

打开博途软件，在博途视图中创建名称为“十字路口交通灯控制系统”的工程项目，并进行项目硬件组态、变量表建立及程序输入。本任务的 PLC 变量表如图 3-4-8 所示。

1	启动按钮	Bool	%I0.0
2	停止按钮	Bool	%I0.1
3	南北方向红灯	Bool	%Q0.0
4	南北方向绿灯	Bool	%Q0.1
5	南北方向黄灯	Bool	%Q0.2
6	东西方向红灯	Bool	%Q0.3
7	东西方向绿灯	Bool	%Q0.4
8	东西方向黄灯	Bool	%Q0.5

图 3-4-8　PLC 变量表

5）十字路口交通灯控制系统的软件调试

在监视状态下按下按钮，观察 Q0.0、Q0.1、Q0.2、Q0.3、Q0.4、Q0.5 的动作状态是否与控制要求一致。如不一致，则需要检查程序，直到 Q0.0、Q0.1、Q0.2、Q0.3、Q0.4、Q0.5 的动作符合控制要求。

6）十字路口交通灯控制系统的软硬联调

在进行系统软硬联调时，首先进行系统空载调试，空载调试无误后再连接指示灯进行带载调试。

任务考核

（见“任务 3.4 考核标准”码课）

任务 3.4 考核标准

任务拓展

在交通灯控制中，绿灯的闪烁也可通过定时器和计数器实现，请编写用定时器和计数器实现绿灯闪烁的梯形图。

练习题

（见“任务 3.4 练习题”码课）

任务 3.4 练习题

任务 3.5　十字路口交通灯倒计时数码显示控制系统的设计与调试

任务描述

随着社会的不断发展和进步，倒计时的应用越来越多，并且在我们的日常生活中也随处可见，例如在重大节日和事件到来之前，一般都会有相应的倒计时显示牌，以增强人们对重大节日和事件的关注度和紧迫感。

在交通灯控制系统中，倒计时功能扮演着至关重要的角色，它用于精确显示绿灯和红灯的剩余时间。通过倒计时，驾驶员和行人可以清晰地了解当前交通信号的持续时间，从而做出合理的行驶或等待决策。这不仅提高了交通效率，还有助于减少交通事故的发生，确保道路使用者的安全。

用 PLC 实现倒计时的控制系统，具有简单、经济、高效的优点，那么如何用 PLC 指令实现交通灯的倒计时并显示数字的控制呢？本任务将应用移动指令设计十字路口交通灯倒计时数码显示控制系统。十字路口交通灯倒计时数码显示控制系统的具体要求如下：在南北方向绿灯时，数码管从 28 开始倒计时显示；在南北方向红灯时，数码管从 29 开始倒计时显示。

通过本任务的学习，学生能够掌握数码显示的实现方法，同时结合所学的 PLC 型号完成十字路口交通灯倒计时数码显示控制系统的设计、安装和调试。

任务目标

1. 知识目标

（1）总结数码管的分类及其驱动方法。

（2）说明数码显示的实现方法。

（3）熟练总结移动指令和比较指令的使用方法。

2. 能力目标

（1）能熟练处理十六进制数与转换七段数码管的对应关系。

（2）能用专业术语比较准确地描述程序的工作原理。

（3）能根据十字路口交通灯倒计时数码显示控制系统的要求，在教师的引导下应用移动指令完成控制程序的设计。

（4）能独立对交通灯倒计时数码显示控制系统中的一般故障进行查找和排除。

3. 素养目标

（1）能耐心倾听教师的分析，积极思考和回答问题。

（2）小组成员能相互沟通协助，完成程序的输入与调试。

（3）在实训过程中能自觉遵守相关规定，具有一定的安全用电意识。

（4）出现故障能相互讨论，积极排查。

（5）倒计时是为了准确、清楚地突出时间的紧迫感，在日常学习和生活中，引导学生珍惜时间，培养遵纪守时的职业习惯。

任务准备

3.5.1　共阴极和共阳极数码管

数码管是电子显示设备中常用的显示元件，它能够通过点亮特定的段来显示数字和一些字符。数码管按照 LED 连接方式不同分为共阴极数码管和共阳极数码管。

1. 共阴极数码管

共阴极数码管是指数码管的所有 LED 段的阴极（负极）都连接在一起，而每个段的阳极（正极）分别接入控制电路。当需要显示某个数字时，通过控制相应的阳极为高电平（通电），相应的阴极为低电平（不通电），从而点亮对应的 LED 段。因此，共阴极数码管需要通过控制多个阳极来实现数字的显示，即高电平有效。其电路结构如图 3-5-1（a）所示。

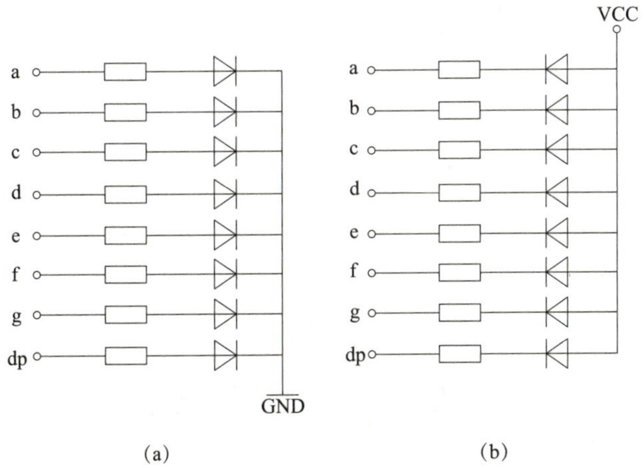

图 3-5-1　数码管的电路结构

（a）共阴极数码管　（b）共阳极数码管

2. 共阳极数码管

共阳极数码管和共阴极数码管的主要区别在于 LED 的连接方式和控制方式。共阳极数码管的阳极相连，通过控制阴极来点亮相应的段，如图 3-5-1（b）所示；而共阴极数码管的阴极相连，通过控制阳极来点亮相应的段。在选择和使用数码管时，必须注意其阳极或阴极的共同连接特性，以及控制器的输出电平特性，以确保电路设计的正确性和可靠性。

3.5.2　数码管的电平显示

共阴极数码管和共阳极数码管的引脚图如图 3-5-2 所示。

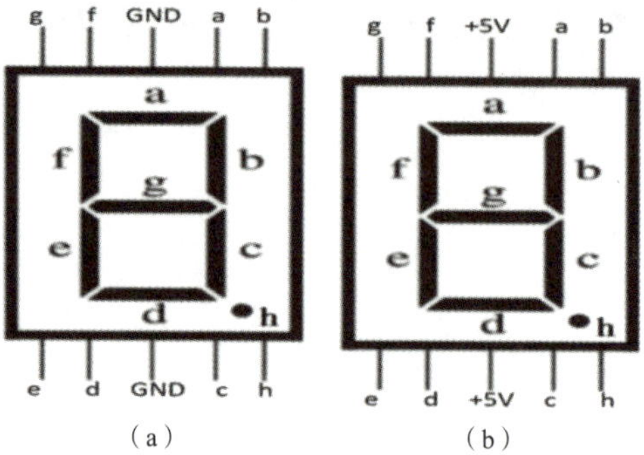

图 3-5-2 数码管引脚图

(a)共阴极数码管 (b)共阳极数码管

共阴极数码管是高电平有效,则数字 0~9 的电平显示如表 3-5-1 所示。

表 3-5-1 共阴极数码管数字 0~9 的电平显示

显示数字	g	f	e	d	c	b	a	十六进制表示
0	0	1	1	1	1	1	1	16#3F
1	0	0	0	0	1	1	0	16#06
2	1	0	1	1	0	1	1	16#5B
3	1	0	0	1	1	1	1	16#4F
4	1	1	0	0	1	1	0	16#66
5	1	1	0	1	1	0	1	16#6D
6	1	1	1	1	1	0	1	16#7D
7	0	0	0	0	1	1	1	16#07
8	1	1	1	1	1	1	1	16#7F
9	1	1	0	1	1	1	1	16#6F

共阳极数码管是低电平有效,则数字 0~9 的电平显示和共阳极数码管的电平显示相反,此处不再给出。

例如,利用 S7-1200 PLC 实现 9 s 倒计时。具体要求如下:按下启动按钮后,七段共阴极数码管显示数字 9,之后每隔 1 s 显示数字递减,减到 0 后延时 1 s 后再次显示数字 9,如此循环。无论何时按下停止按钮,七段数码管熄灭。

根据倒计时 PLC 控制的要求,列写 I/O 地址分配表,如表 3-5-2 所示。

表 3-5-2 I/O 地址分配表

信号类型	描述	数据类型	I/O 地址
DI	SB1 启动按钮	Bool	I0.0
	SB2 停止按钮	Bool	I0.1

续表

信号类型	描述	数据类型	I/O 地址
DQ	七段数码管 a 段	Bool	Q0.0
	七段数码管 b 段	Bool	Q0.1
	七段数码管 c 段	Bool	Q0.2
	七段数码管 d 段	Bool	Q0.3
	七段数码管 e 段	Bool	Q0.4
	七段数码管 f 段	Bool	Q0.5
	七段数码管 g 段	Bool	Q0.6

根据其 I/O 地址分配表，采用 CPU 1215C AC/DC/DC 型 PLC，可绘制出其外部接线图，如图 3-5-3 所示。

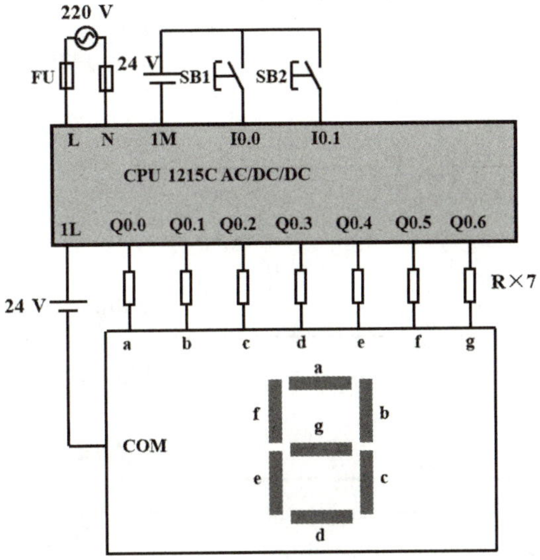

图 3-5-3　9 s 倒计时 PLC 控制系统的外部接线图

9 s 倒计时 PLC 控制系统的程序编制主要是控制数码管上的数字显示。S7-1200 PLC 中没有译码指令，显示数码只能按字符驱动和按段驱动。

1）按字符驱动

所谓按字符驱动，即需要显示什么字符就送相应的驱动代码，如要显示“2”，则驱动代码为 2#0101 1011 或 16#5B（共阴极接法，对应段为“1”时亮）。若采用按字符驱动，每个数字驱动的二进制和十六进制代码见表 3-5-1。9 s 倒计时的 PLC 控制程序如图 3-5-4 所示。

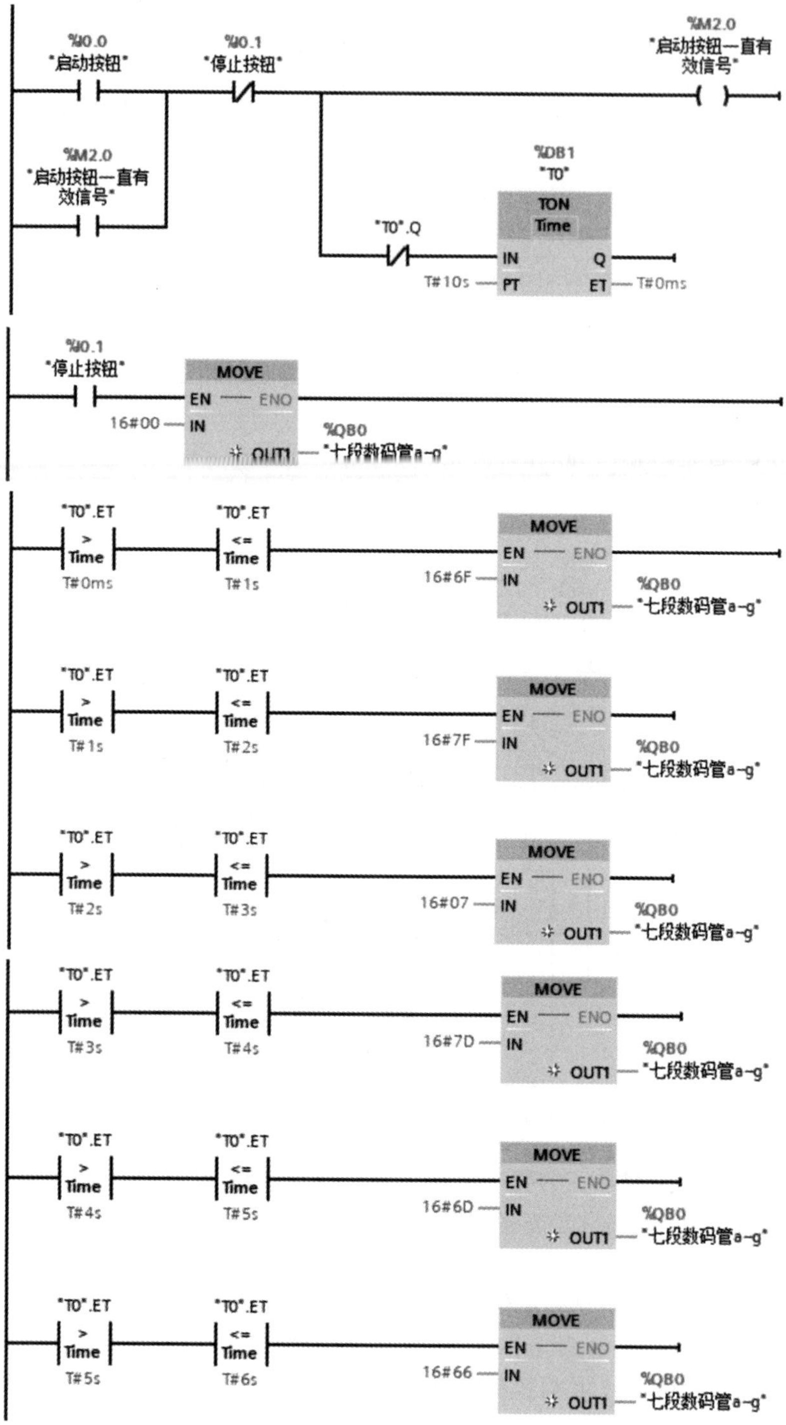
%I0.0
"启动按钮"
%I0.1
"停止按钮"
%M2.0
"启动按钮一直有效信号"
%M2.0
"启动按钮一直有效信号"
%DB1
"T0"
TON
Time
"T0".Q
IN
Q
T#10s
PT
ET
T#0ms
%I0.1
"停止按钮"
MOVE
EN
ENO
16#00
IN
%QB0
OUT1
"七段数码管a-g"
"T0".ET
>
Time
T#0ms
"T0".ET
<=
Time
T#1s
MOVE
EN
ENO
16#6F
IN
OUT1
%QB0
"七段数码管a-g"
"T0".ET
>
Time
T#1s
"T0".ET
<=
Time
T#2s
MOVE
16#7F
%QB0
"七段数码管a-g"
"T0".ET
>
Time
T#2s
"T0".ET
<=
Time
T#3s
MOVE
16#07
%QB0
"七段数码管a-g"
"T0".ET
>
Time
T#3s
"T0".ET
<=
Time
T#4s
MOVE
16#7D
%QB0
"七段数码管a-g"
"T0".ET
>
Time
T#4s
"T0".ET
<=
Time
T#5s
MOVE
16#6D
%QB0
"七段数码管a-g"
"T0".ET
>
Time
T#5s
"T0".ET
<=
Time
T#6s
MOVE
16#66
%QB0
"七段数码管a-g"

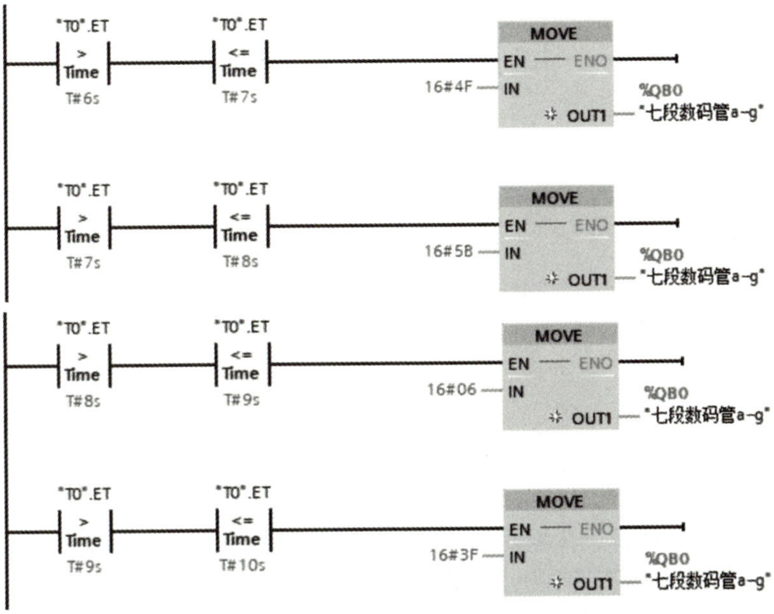

图 3-5-4　9 s 倒计时的 PLC 控制程序（按字符驱动）

2）按段驱动

按段驱动是指待显示的数字需要点亮数码管的哪几段，就直接以点动的形式驱动相应的段所连接的 PLC 输出端。例如：显示“2”，需要点亮数码管的 a、b、d、e 和 g 段，即需驱动 Q0.0、Q0.1、Q0.3、Q0.4 和 Q0.6；显示“5”，需要点亮数码管的 a、c、d、f 和 g 段，即需驱动 Q0.0、Q0.2、Q0.3、Q0.5 和 Q0.6。按段驱动数码管的程序如图 3-5-5 所示。

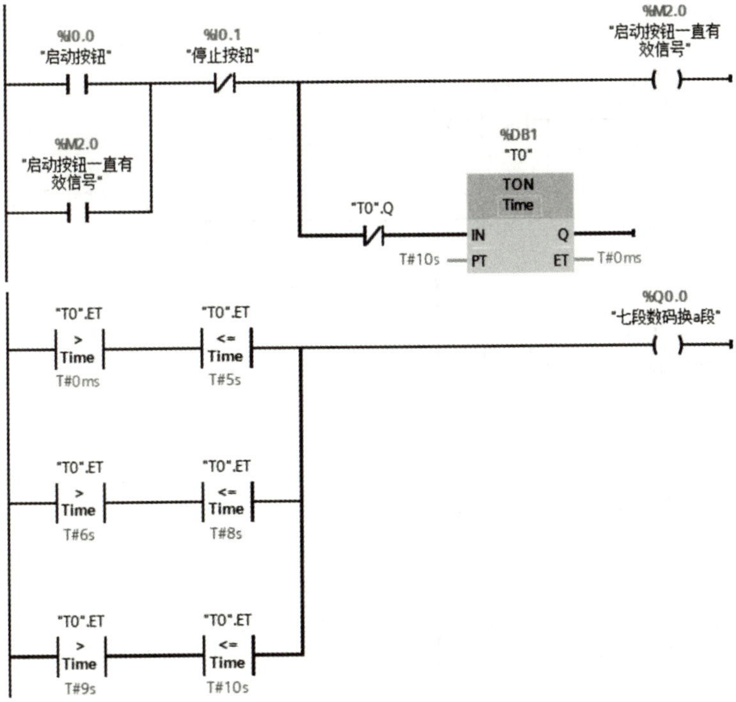

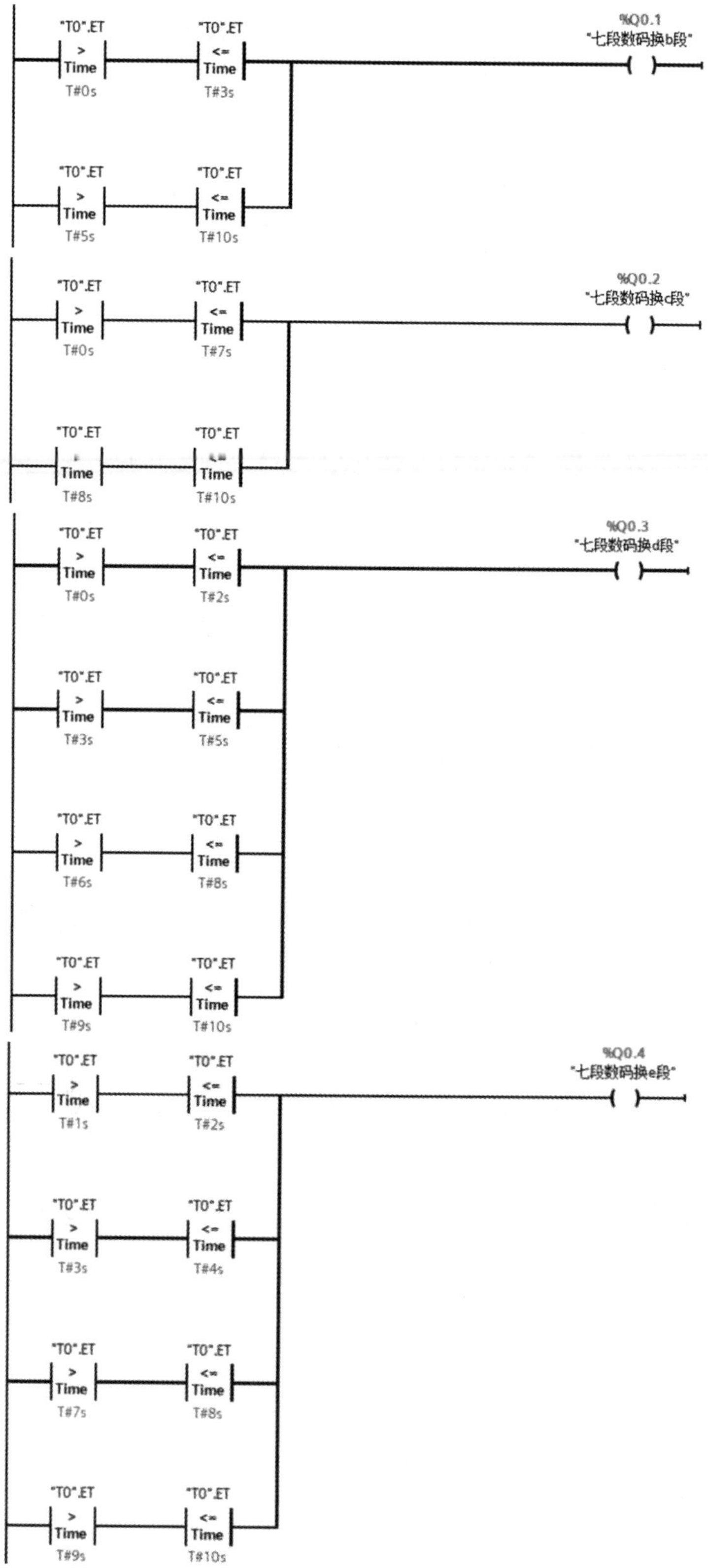
%Q0.1
"七段数码换b段"
"T0".ET > Time T#0s
"T0".ET <= Time T#3s
"T0".ET > Time T#5s
"T0".ET <= Time T#10s
%Q0.2
"七段数码换c段"
"T0".ET > Time T#0s
"T0".ET <= Time T#7s
"T0".ET Time T#8s
"T0".ET Time T#10s
%Q0.3
"七段数码换d段"
"T0".ET > Time T#0s
"T0".ET <= Time T#2s
"T0".ET > Time T#3s
"T0".ET <= Time T#5s
"T0".ET > Time T#6s
"T0".ET <= Time T#8s
"T0".ET > Time T#9s
"T0".ET <= Time T#10s
%Q0.4
"七段数码换e段"
"T0".ET > Time T#1s
"T0".ET <= Time T#2s
"T0".ET > Time T#3s
"T0".ET <= Time T#4s
"T0".ET > Time T#7s
"T0".ET <= Time T#8s
"T0".ET > Time T#9s
"T0".ET <= Time T#10s

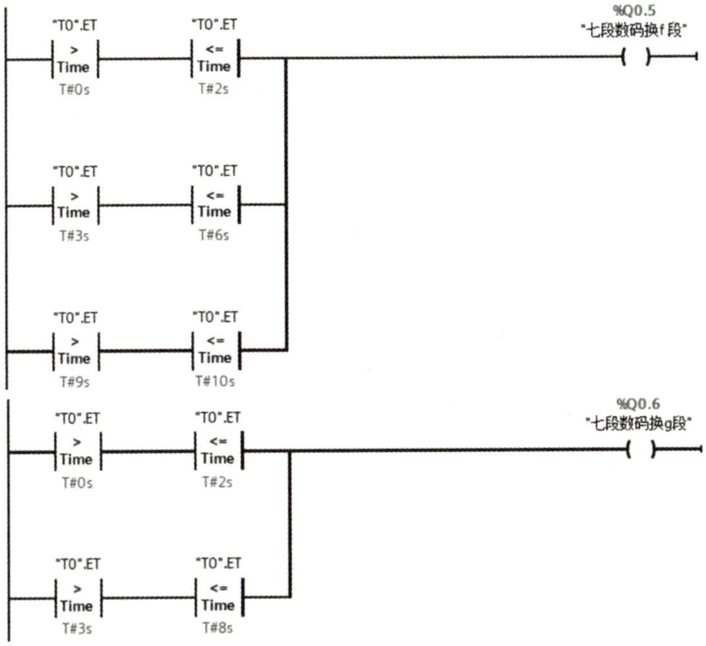

图 3-5-5　9 s 倒计时的 PLC 控制程序（按段驱动）

任务实施

十字路口交通灯控制系统的工作示意图如图 3-4-6 所示。

十字路口交通灯倒计时数码显示控制系统的具体要求如下：以南北方向交通灯为例，在红灯亮时数码管从 29 开始倒计时显示，直到减为 00；按下停止按钮，系统停止，数码管熄灭。

1. 设备与器材

（略）

2. 内容与步骤

1）列写 I/O 地址分配表

根据 PLC 输入和输出点的分配原则以及本任务的控制要求，列写本任务的 I/O 地址分配表，如表 3-5-3 所示。

表 3-5-3　I/O 地址分配表

信号类型	描述	数据类型	I/O 地址
DI	SB1 启动按钮	Bool	I0.0
	SB2 停止按钮	Bool	I0.1

续表

信号类型	描述	数据类型	I/O 地址
DQ	HL1 南北方向红灯	Bool	Q0.0
	HL2 南北方向绿灯	Bool	Q0.1
	HL3 南北方向黄灯	Bool	Q0.2
	HL4 东西方向红灯	Bool	Q0.3
	HL5 东西方向绿灯	Bool	Q0.4
	HL6 东西方向黄灯	Bool	Q0.5
	十位的七段数码管 a~g 段（Q1.0~Q1.6）	Byte	QB1
	个位的七段数码管 a~g 段（Q2.0~Q2.6）	Byte	QB2

2）绘制 PLC 外部接线图并进行硬件接线

十字路口交通灯倒计时数码显示控制系统的 PLC 外部接线图请参照图 3-5-3 绘制，此处不再给出。

3）程序编写

十字路口交通灯倒计时数码显示控制系统的梯形图见“十字路口交通灯倒计时数码显示控制系统的程序设计”慕课。

微课　博途软件中扩展模块的配置

4）博途软件编程

打开博途软件，在博途视图中创建名称为“十 字路口交通灯倒计时数码显示控制系统”的工程项目，并进行项目硬件组态、变量表建立及程序输入。本任务的 PLC 变量表如图 3-5-6 所示。

		名称	数据类型	地址
1		启动按钮	Bool	%I0.0
2		停止按钮	Bool	%I0.1
3		南北向数码显示十位数码管	Byte	%QB1
4		南北向数码显示个位数码管	Byte	%QB2

图 3-5-6　PLC 变量表

慕课　十字路口交通灯倒计时数码显示控制系统的程序设计

5）十字路口交通灯倒计时数码显示控制系统的软件调试

在监视状态下按下按钮，观察 QB1、QB2 的动作状态是否与控制要求一致。如不一致，则需要检查程序，直到 QB1、QB2 的动作符合控制要求。

6）十字路口交通灯倒计时数码显示控制系统的软硬联调

在进行系统软硬联调时，首先进行系统空载调试，空载调试无误后再连接指示灯进行带载调试。

任务考核

（见“任务 3.5 考核标准”码课）

任务 3.5 考核标准

任务拓展

在本任务中只实现了南北向红灯时在十字路口交通灯控制系统的数码显示功能中添加绿灯的倒计时显示功能。

练习题

（见“任务 3.5 练习题”码课）

任务 3.5
练习题

项目 4

PLC 步进顺控指令及其应用

项目导读

在工业应用现场有很多控制系统的生产工艺具有一定的顺序，需要按照生产工艺预先规定的步骤，在各输入信号的作用下，根据内部状态和时间的变化，各执行机构自动有序地动作。这样的控制系统称为顺序控制系统，这种控制系统一般采用顺序功能图来设计程序，以便于阅读、调试和修改。

顺序功能图又称为功能流程图或状态转移图，是一种描述顺序控制系统的图形表示方法，是专门用于工业顺序控制程序设计的一种功能性说明语言。它能完整地描述控制系统的工作过程，功能和特性，是分析、设计电气控制系统控制程序的重要工具。在本项目中通过完成自动运料小车控制系统、三台电动机顺序启动逆序停止控制系统、安全门控制系统和机械手控制系统等四个任务，使学生掌握顺序控制系统的编程方法，提高解决实际问题的能力。

项目描述

本项目主要介绍顺序控制的实现方法。通过本项目的学习，学生能够了解顺序控制的含义，同时能够绘制顺序功能图并将其转换为梯形图。

项目目标

1. 知识目标

(1)说明顺序控制的含义。

(2)总结顺序功能图的绘制方法。

(3)总结将顺序功能图转换为梯形图的方法。

(4)在教师的引导下利用顺序控制设计法实现相应控制。

2. 能力目标

(1)能根据实际应用情况正确选择并使用启保停电路、置位/复位指令及 MOVE 指令编制梯形图。

(2)能在教师的引导下绘制顺序功能图,并将其转换为梯形图进行调试。

(3)能根据故障现象对 PLC 控制系统中一般难度的故障进行独立的分析和排查。

3. 素养目标

(1)通过将顺序功能图转换为梯形图,提升学生的规则意识,要求学生遵纪守法,诚信做人。

(2)能自觉、独立地设计程序,小组成员能相互沟通协助,一起完成程序的输入与调试。

(3)在任务实施过程中,能自觉遵守相关规定,具有一定的安全用电意识。

任务 4.1　自动送料小车运行控制系统的设计与调试

任务描述

用 PLC 实现自动运料小车运行控制的具体要求如下:小车的前进和后退由三相笼形异步电动机拖动,在初始状态时小车停最左侧,此时左限位开关 SQ1 为 ON,按下启动按钮 SB1 后,装料电磁阀 YV1 打开,小车开始装料,10 s 后小车右行,到达右限位开关 SQ2 处,小车停止右行,并打开卸料电磁阀 YV2, 5 s 后小车左行,到达左限位开关 SQ1 处,小车停止左行,开始再次装料,如此往复。其工作过程示意图如图 4-1-1 所示。

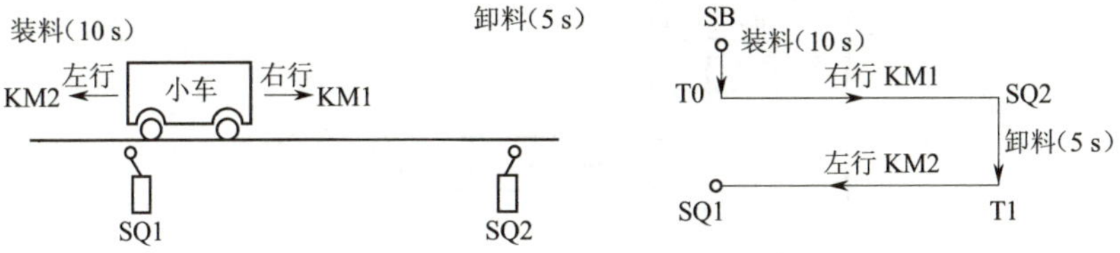

图 4-1-1　自动运料小车运行控制工作过程示意图

通过本任务的学习,学生能够掌握单序列结构的顺序功能图的绘制方法,掌握用启保停电路把单序列结构的顺序功能图转换为梯形图的方法,同时结合所学的 PLC 型号完成自动送料小车运行控制系统的设计与调试。

任务目标

1. 知识目标

(1)说明顺序控制的含义。

(2)总结顺序功能图的组成。

(3)说出顺序功能图的结构。

(4)总结单序列结构的顺序功能图的特点和绘制方法。

(5)总结用启保停电路将单序列结构的顺序功能图转换为梯形图的方法。

2. 能力目标

(1)能根据任务描述列写 I/O 地址分配表,绘制主电路和 PLC 外部接线图。

(2)能根据任务要求绘制出自动送料小车运行控制系统的顺序功能图。

(3)能根据 PLC 控制系统软硬联调的方法,对自动送料小车运行控制系统进行软硬联调。

(4)能根据故障现象对自动送料小车运行控制系统中的故障进行分析和排查。

3. 素养目标

(1)能耐心倾听教师的分析,积极思考和回答问题。

(2)能自觉、独立地设计程序,小组成员能相互沟通协助,一起完成程序的输入与调试。

(3)任务实施过程中,能自觉遵守相关规定,具有一定的安全用电意识。

任务准备

4.4.1 顺序功能图(SFC)的组成

某控制系统的顺序功能图如图 4-1-2 所示,从图中可知,顺序功能图主要由步、有向连线、转换、转换条件和动作组成。

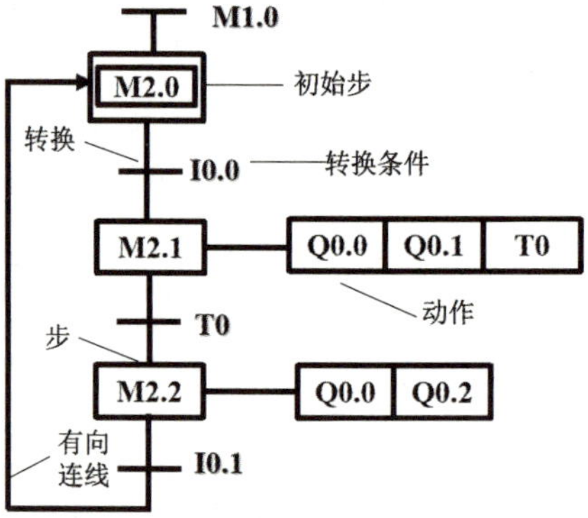

图 4-1-2 某控制系统的顺序功能图

在任务 2.6 中已经介绍,勾选"启用系统存储器字节"复选框,采用默认地址 MB1,此时 M1.0 为初始化脉冲。此顺序功能图中用 M1.0 驱动初始步。

1. 步

步表示控制系统的工作状态,即一个步就是一个工作状态,SFC 由这些顺序相连的步组成。顺序控制设计法最基本的思想是将系统的一个工作周期划分为若干个顺序相连的阶段，这些阶段称为步（Step），并且用编程元件来代表各步。可以根据被控对象工作状态的变化来划分步，但由于被控对象工作状态的变化是由 PLC 各输出量状态的变化引起的，所以常依据输出量的状态变化来划分步，只要系统输出量发生变化，系统就从原来的步进入新的步。在任何一步之内，各输出量的“0”或“1”状态不变，但是相邻两步输出量的状态是不同的。

熟悉了步的划分后，就可以直接根据被控对象的工作状态的变化划分步，而不用再详细考虑输出量状态的变化。

某组合机床动力头的运动过程如图 4-1-3 所示。动力头的初始位置是停在左边，压下限位开关 SQ1。当按下启动按钮 SB1 时，动力头向右快进，碰到限位开关 SQ2 后变为工进，碰到限位开关 SQ3 后转为快退，返回初始位置后停止运动。

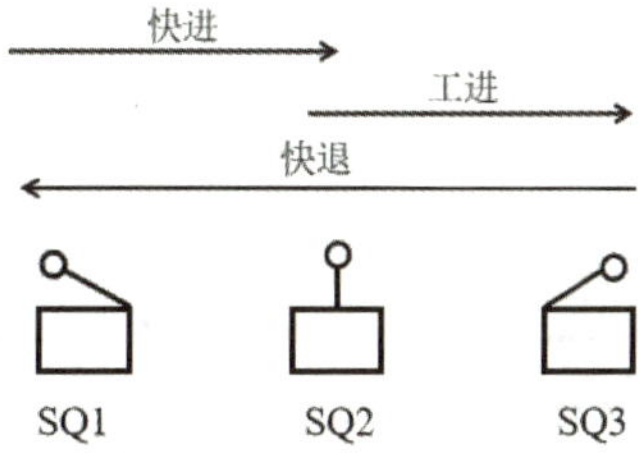

图 4-1-3　某组合机床动力头的运动过程

结合运动过程控制要求，可将机床动力头控制过程分解为初始、快进、工进、快退四个工步。

与系统的初始状态相对应的步称为初始步，初始状态一般是系统等待启动命令的相对静止的状态。初始步用双线方框表示，每一个顺序功能图至少应有一个初始步，如图 4-1-2 中所示 M2.0 步；一般状态用单线方框表示，如图 4-1-2 中所示 M2.1、M2.2 步。步元件号用 M 加地址表示。

当系统正处于某一步所在的阶段时，该步处于活动状态，称为活动步。步处于活动状态时，相应的动作被执行；处于不活动状态时，相应的非保持型动作被停止执行。

2. 有向连线

在顺序功能图中，随着时间的推移和转换条件的实现，将会发生步的活动状态的进展，这种进展按规定的路线和方向进行。在画顺序功能图时，将代表各步的矩形框按它们成为活动步的先后次序顺序排列，并用竖线将它们连接起来，这种两个矩形框之间的连接线称为有向连线。

对于步的活动状态，习惯的进展方向是从上到下或从左到右，在这两个方向有向连线上的箭头可以省略。如果不是上述的方向，应在有向连线上用箭头注明进展方向。在可以省略箭头的有向连线上，为了易于理解，也可以加箭头。

3. 转换

转换用与有向连线垂直的短直线来表示，转换将相邻两步分隔开。步的活动状态的进展是由转换的实现来完成的，并与控制过程的发展相对应。

4. 转换条件

使系统由当前步进入下一步的信号称为转换条件。转换条件可以是外部的输入信号，如按钮、指令开关的接通或断开等，也可以是 PLC 内部产生的信号，如定时器、计数器的常开触点或常闭触点，还可以是若干个信号的与、或、非逻辑组合。

转换条件可以用文字语言、布尔代数表达式或图形符号标注在表示转换的短线的旁边。转换条件的常用表示方法 有 I、$\bar{I}$ 、|N|、|P|等，I 和 $\bar{I}$ 表示当二进制逻辑信号 I 为 1 和 0 时条件成立；|N|、|P|表示当 I 从 1 到 0 跳变和从 0 到 1 跳变时条件成立。

5. 动作

步所对应的输出称为动作。用矩形框中的文字或符号表示，该矩形框应与相应的步的符号相连。

如果某一步有几个动作，可以用图 4-1-4 中的两种画法来表示，但是并不代表这些动作之间的任何顺序。

图 4-1-4　动作的表示方法

假设在图 4-1-3 所示的某组合机床动力头运行控制系统中，当机床动力头快进时电磁阀 YV1 和 YV2 通电，机床动力头工进时只有电磁阀 YV2 通电，机床动力头快退时电磁阀 YV3 通电，则该系统的顺序功能图如图 4-1-5(a)所示。

若用位存储器 M2.0、M2.1、M2.2、M2.3 分别表示初始步、快进步、工进步、快退步，SB1、SQ2、SQ3、SQ1 分别与 PLC 的输入 I0.0、I0.1、I0.2、I0.3 相接，YV1、YV2、YV3 分别与 PLC 的输出 Q0.0、Q0.1、Q0.2 相接，则对应的顺序功能图如图 4-1-5(b)所示。

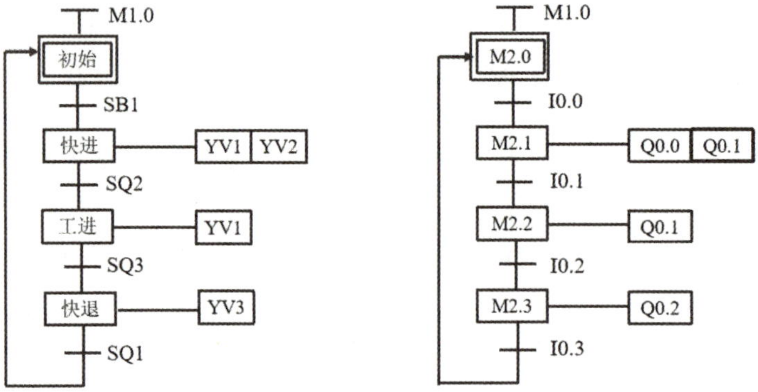

(a)　　(b)

图 4-1-5　某组合机床动力头运行控制系统的顺序功能图

(a)顺序功能图(1)　(b)顺序功能图(2)

在具体设计时要注意顺序功能图中必须有初始步，如果没有初始步，系统将无法开始和返回。两个相邻步不能直接相连，必须用一个转换将它们隔开。设计的顺序功能图必须由步和有向连线组成闭合回路，使系统能够多次重复执行同一工艺过程而不出现中断的现象。

4.1.2　顺序功能图的结构

顺序功能图的结构如图 4-1-6 所示，分为单序列结构、选择序列结构和并行序列结构。

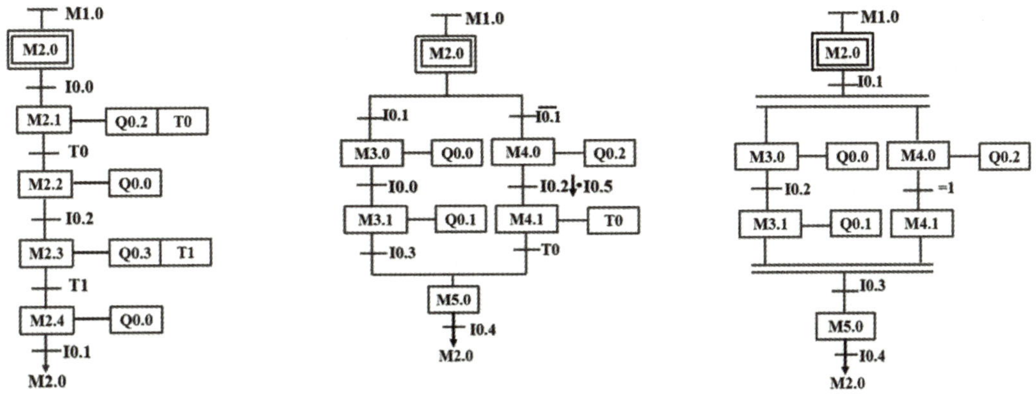

（a）　（b）　（c）

图 4-1-6　顺序功能图的结构

（a）单序列结构　（b）选择序列结构　（c）并行序列结构

结合图 4-1-6 并观看“顺序功能图组成及结构”微课，做以下填空题。

（1）单序列结构中，每一步的后面有__________个转换，每一个转换的后面有__________个步。

（2）选择序列结构的开始称为__________，选择序列结构的结束称为__________。

（3）选择序列结构的分支处，表示分支的横线用__________表示，画在__________。一个前级步后面有__________个后续步。选择序列结构的合并处，表示合并的横线画在__________。一个后续步前面有__________个前级步。在转换时，分支一般只能选择其中的__________个序列。

（4）并行序列结构的分支处，表示分支的横线用__________表示，画在__________。一个前级步后面有__________个后续步。选择序列结构的合并处，表示合并的横线画在__________。一个后续步前面有__________个前级步。在转换时，分支一般只能选择其中的__________个序列。

微课　顺序功能图组成及结构

4.1.3　顺序控制设计法编程步骤及顺序功能图转换实现的基本规则

用顺序控制设计法编程的基本步骤如下。

（1）分析控制要求，将控制过程分成若干个步，明确每个步的功能，弄清步的转换是单向进行还是多向进行，确定步的转换条件（可能是多个信号的逻辑组合）。画出工作流程图，它对理顺整个控制过程的进程及分析各步的相互联系有很大作用。

（2）为每个步设定控制位。控制位最好使用位存储器 M 的若干连续位。若用定时器/计数器的输出作为转换条件，则应为其指定输出位。

（3）确定所需输入和输出点的个数，选择 PLC 机型，并分配 I/O 地址。

（4）画出顺序功能图并编写梯形图，添加某些特殊要求的程序。

顺序功能图转换实现的基本规则如下。

1. 顺序功能图转换实现的条件

在顺序功能图中部活动状态的进展是由转换的实现来完成的，转换实现必须同时满足以下两个条件：

（1）该转换所有的前级步都是活动步；

（2）相应的转换条件得到满足。

2. 转换实现应完成的操作

转换实现应完成以下两个操作：

（1）使所有由有向连线与相应转换符号相连的后续步变为活动步；

（2）使所有由有向连线和相应转换符号相连的前级步变为不活动步。

规则意识是法治建设基石

以上规则适用于任何结构中的转换，其区别如下。在单序列结构中，一个转换仅有一个前级步和一个后续步。在选择序列结构的分支与合并处，一个转换也只有一个前级步和一个后续步，但是一个步可能有多个前级步或多个后续步。在并行序列结构的分支处，一个转换有几个后续步，在转换实现时应同时将它们对应的编程元件置位；在并行序列结构的合并处，一个转换有几个前级步，它们均为活动步时才有可能实现转换，在转换实现时应将它们对应的编程元件全部复位。

转换实现的基本规则适用于顺序功能图中各种结构的编程。编程时必须遵循该规则，不得更改。扫码观看资料，谈谈你的收获。

4.1.4 顺序功能图的编程方法——启保停电路设计法

慕课 使用启保停电路的顺序控制梯形图设计

画出系统的顺序功能图后，若 PLC 没有配备顺序功能图语言，则必须将顺序功能图转换为 PLC 可以执行的梯形图程序。将顺序功能图转换为梯形图的方法主要有两种，分别是启保停电路设计法和采用置位（S）/复位（R）指令的设计方法。本任务只介绍启保停电路设计法，采用置位（S）/复位（R）指令的设计方法将在任务 4.3 中介绍。

启保停电路仅使用触点和线圈指令，任何一种 PLC 的指令系统都有这一类指令，因此这是一种通用的编程方法，可以用于任何型号的 PLC。

图 4-1-7 是采用启保停电路设计法对顺序控制梯形图进行编程的图示。图中 M_{i-1}、M_i、M_{i+1} 表示顺序相连的三个步，a 是 M_{i-1} 步向 M_i 步转换的条件，b 是 M_i 步

向 M_{i+1} 步转换的条件。M_i 变为活动步的条件是它的前级步 M_{i-1} 为活动步，且转换条件 a=1，所以在梯形图中将 M_{i-1} 和 a 的常开触点串联，作为 M_i 的启动条件；启动条件可能是瞬时的，所以为了长时间保持 M_i 处于活动状态，在程序中增加了自保环节；当 M_i 成为活动步且转换条件 b=1 时，M_{i+1} 成为新的活动步，这时 M_i 应成为不活动步，所以将后续步 M_{i+1} 的常闭触点串联在 M_i 的线圈电路中，作为 M_i 的停止条件。

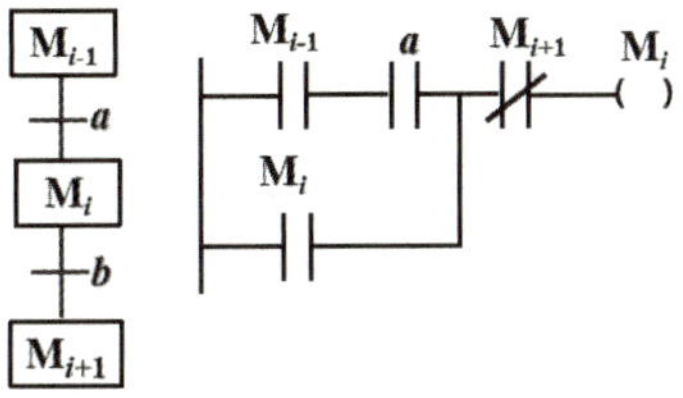

图 4-1-7　启保停电路设计法

顺序控制梯形图输出电路部分的设计思路如下。由于步是根据输出变量的状态变化来划分的，因此输出电路可以分为两种情况来处理：其一，如果输出量仅在某一步为 ON，则可以用该步的位存储器 M 的常开触点驱动此输出线圈；其二，如果某输出量在几步中都为 ON，则应将各步的位存储器 M 的常开触点并联后驱动此输出线圈。

任务实施

工业文化和家国情怀

1. 设备与器材

（略）

2. 内容与步骤

1）列写 I/O 地址分配表

根据 PLC 输入和输出点的分配原则以及本任务的控制要求，列写本任务的 I/O 地址分配表，如表 4-1-1 所示。

表 4-1-1　I/O 地址分配表

信号类型	描述	数据类型	I/O 地址
DI	SB1 启动按钮	Bool	I0.0
	SQ1 左限位开关	Bool	I0.1
	SQ2 右限位开关	Bool	I0.2
DQ	KM1 右行交流接触器线圈	Bool	Q0.0
	KM2 左行交流接触器线圈	Bool	Q0.1
	YV1 装料电磁阀	Bool	Q0.2
	YV2 卸料电磁阀	Bool	Q0.3

2）绘制主电路和 PLC 外部接线图并进行硬件接线

自动运料小车运行控制系统的主电路和 PLC 外部接线图如图 4-1-8 所示。

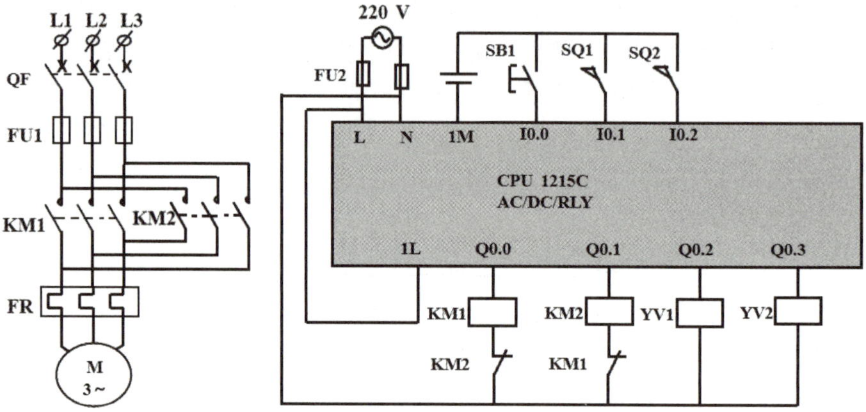

图 4-1-8　主电路和 PLC 外部接线图

3）绘制顺序功能图并将其转换为梯形图

根据自动运料小车运行控制系统的运动过程可将其分为以下五步：初始步、装料步、右行步、卸料步和左行步。装料步时装料电磁阀打开，且计时 10 s；右行步时右行交流接触器线圈接通；卸料步时卸料电磁阀打开，且计时 5 s；左行步时左行交流接触器线圈接通。

若用位存储器 M2.0、M2.1、M2.2、M2.3、M2.4 分别表示初始步、装料步、右行步、卸料步、左行步，则自动运料小车运行控制系统的顺序功能图如图 4-1-9 所示。

慕课　自动运料小车运行控制系统的梯形图编写

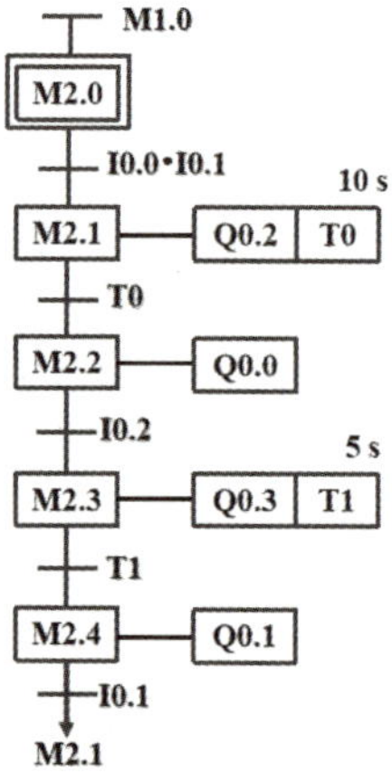

图 4-1-9　自动运料小车运行控制的顺序功能图

根据自动运料小车运行控制的顺序功能图，利用启保停电路可以画出梯形图。自动运料小车运行控制系统的梯形图见“自动运料小车运行控制系统的梯形图编写”慕课。

4）博途软件编程

打开博途软件，在博途视图中创建名称为“自动运料小车运行控制系统”的工程项目，并进行项目硬件组态、变量表建立及程序输入。本任务的 PLC 变量表如图 4-1-10 所示。

5）自动运料小车运行控制系统的软件调试

在监视状态下按下按钮，观察 Q0.0、Q0.1、Q0.2、Q0.3 的动作状态是否与控制要求一致。如不一致，则需要检查程序，直到 Q0.0、Q0.1、Q0.2、Q0.3 的动作符合控制要求。

	名称	数据类型	地址
1	启动按钮	Bool	%I0.0
2	左限位开关	Bool	%I0.1
3	右限位开关	Bool	%I0.2
4	右行交流接触器线圈	Bool	%Q0.0
5	左行交流接触器线圈	Bool	%Q0.1
6	装料电磁阀	Bool	%Q0.2
7	卸料电磁阀	Bool	%Q0.3

图 4-1-10　PLC 变量表

6）自动运料小车运行控制系统的软硬联调

在进行系统软硬联调时，首先进行系统空载调试，空载调试无误后再连接电动机进行带载调试。

在系统空载调试中，观察交流接触器、装料电磁阀、卸料电磁阀能否按控制要求动作，如不符合要求，则需要检查电路接线，直至交流接触器、装料电磁阀、卸料电磁阀能按控制要求动作。

空载调试无误后，连接电动机（按星形连接）进行带载调试。

任务考核

（见“任务 4.1 考核标准”码课）

任务 4.1 考核标准

练习题

（见“任务 4.1 练习题”码课）

任务 4.1 练习题

任务 4.2　三台电动机顺序启动逆序停止控制系统的设计与调试

任务描述

在任务 2.6 中曾模拟皮带运输机顺序控制过程，如果此控制过程用顺序功能图该如何实现？

具体要求如下。按下启动按钮 SB1，电动机 M1 启动，同时传输机的绿色指示灯以 1 Hz 的频率闪烁，M1 启动 5 s 后电动机 M2 自行启动；M2 启动 5 s 后电动机 M3 自行启动，此时绿色指示灯常亮。停止时，按下停止按钮 SB2，电动机 M3 立刻停止，同时绿色指示灯再次以 1 Hz 的频率闪烁，10 s 后电动机 M2 停止运行，再过 10 s 后电动机 M1 停止运行，同时绿色指示灯熄灭。按下急停按钮，所有电动机都停止。当其中某台电动机发生过载时，所有电动机都停止。

通过本任务的学习，学生能够掌握顺序控制中停止的实现方法，掌握选择序列结构的顺序功能图的绘制方法，掌握把选择序列结构的顺序功能图转换为梯形图的方法，同时结合所学的 PLC 型号完成三台电动机顺序启动逆序停止控制系统的设计与调试。

任务目标

1. 知识目标

（1）说明顺序控制中周期停止的实现方法。

（2）设计顺序控制中的立即停止。

（3）总结采用启保停电路将单序列结构、选择序列结构的顺序功能图转换为梯形图的方法。

2. 能力目标

（1）能根据任务描述列写 I/O 地址分配表，绘制主电路和 PLC 外部接线图。

（2）能根据任务要求绘制出三台电动机顺序启动逆序停止控制系统的顺序功能图。

（3）能根据 PLC 控制系统软硬联调的方法，对三台电动机顺序启动逆序停止控制系统进行软硬联调。

（4）能根据故障现象对三台电动机顺序启动逆序停止控制系统中一般难度的故障进行独立的分析和排查。

3. 素养目标

（1）通过将顺序功能图转换为梯形图，提升学生的规则意识，要求学生遵纪守法，诚信做人。

（2）能自觉、独立地设计程序，小组成员能相互沟通协助，一起完成程序的输入与调试。

（3）在任务实施过程中，能自觉遵守相关规定，具有一定的安全用电意识。

任务准备

4.2.1 顺序控制中停止的实现

1. 周期停止

以任务 4.1 中自动运料小车运行控制来说明周期停止的处理方法。具体要求如下：按下启动按钮 SB1 后，小车能不停地循环工作；若在操作过程中按下停止按钮 SB2，小车必须在当前周期的操作结束后，才能停止在初始状态。

依据题意，在输入端添加停止按钮 SB2，分配输入地址 I0.3，可画出顺序功能图，如图 4-2-1 所示。

当按下停止按钮 SB2 时，I0.3=1，系统运行完当前周期后，由 M2.4 步进入初始步 M2.0，小车停止；若没有按下停止按钮 SB2，则 I0.3=0，$\overline{\text{I0.3}}$=1，系统运行完当前周期后，由 M2.4 步进入 M2.1 步，小车不间断循环工作。但在实际工作中，任何时候都有可能按下停止按钮，而未必正好在 M2.4 步时按下，所以该程序无法实现停止功能。

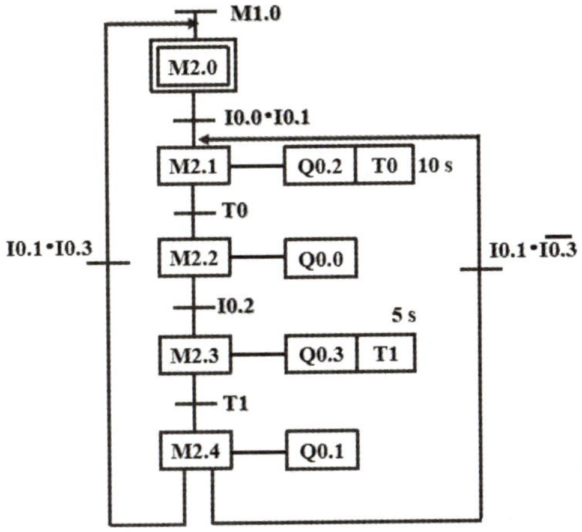

图 4-2-1　送料小车周期停止顺序功能图

为了将停止信号在顺序功能图中间接反映出来，可以增加一个辅助继电器 M3.0，由此得到的顺序功能图如图 4-2-2（a）所示。

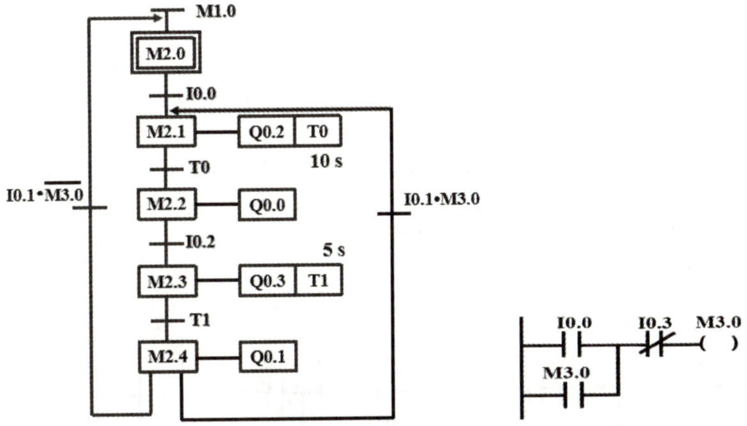

（a）　（b）

图 4-2-2　送料小车周期停止顺序功能图和梯形图

（a）顺序功能图　（b）梯形图

当按下启动按钮 I0.0 时，M3.0 通电并自锁；按下停止按钮 I0.3 时，M3.0 解除自锁。所以，无论何时，只要按下停止按钮 I0.3，M3.0=0，$\overline{\text{M3.0}}$ =1，系统运行完当前周期后，由 M2.4 步进入初始步 M2.0，小车停止工作；如果没有按过停止按钮，则 M3.0 始终等于 1，系统运行完当前周期后，由 M2.4 步进入 M2.1 步，小车循环工作。M3.0 的梯形图程序如图 4-2-2（b）所示。

在转换梯形图时，只需将 M3.0 的程序放在图 4-2-2（a）所对应的梯形图前面即可。

2. 立即停止

若系统再添加一个急停按钮 SB3，分配输入地址 I0.4，当按下 SB3 时，无论系统处于哪个状态，系统都会停止，该如何实现呢？

当按下停止按钮 SB3 时，无论系统处在哪个状态步，所有输出都停止，因此必须把代表各个输出的工步都复位，即将 M2.1~M2.3 都复位，可用区域复位（RESET_BF）指令实现。工步复位，所在步的动作自然也停止输出。虽然停止输出，但系统还能重新工作，所以必须把初始步 M2.0 激活，用置位指令实现。立即停止的梯形图如图 4-2-3 所示。

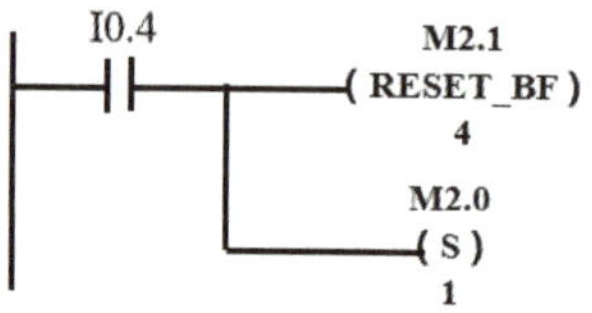

图 4-2-3　立即停止的梯形图

4.2.3　启保停电路对选择序列结构的编程

对选择序列结构编程的关键是对分支和合并的处理。

如果某一步后面有 *N* 条分支组成的选择序列，该步可能会转到不同的步中去，应将这 *N* 个后续步对应的继电器常闭触点串联在该步的线圈回路中，作为结束该步的条件。

如果某一步前面有 *N* 个转换（即该步应有 *N* 个前级步，这些前级步合并后进入该步），则代表该步的继电器的启动条件应是 *N* 条支路并联而成，各支路由某一前级步对应的继电器的常开触点与相应的转换条件对应的触点串联而成。

选择序列结构的顺序功能图及采用启保停电路编程的梯形图如图 4-2-4 所示。

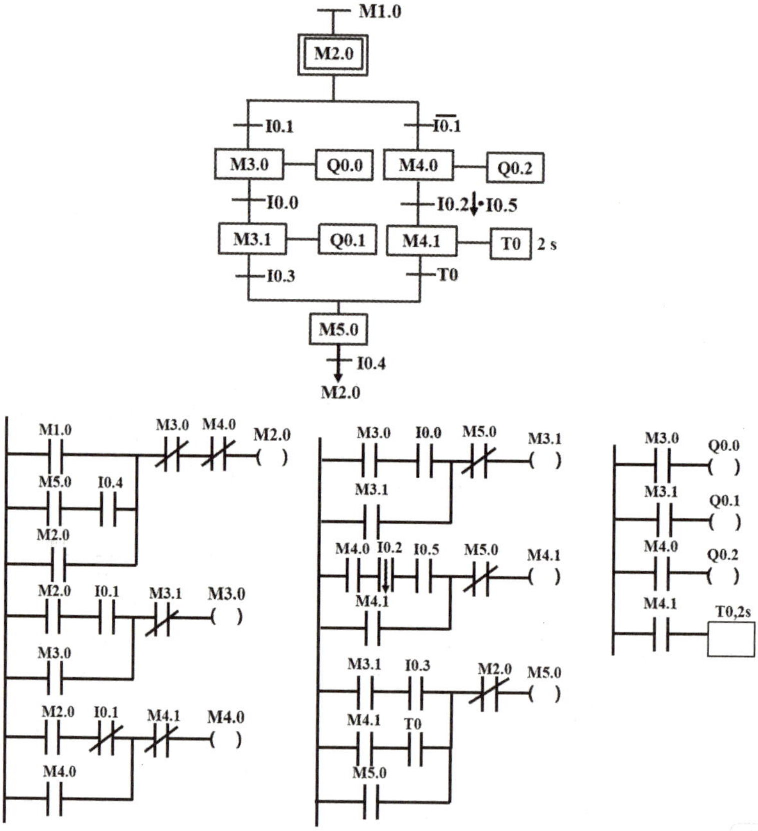

图 4-2-4　选择序列结构的顺序功能图及采用启保停电路编程的梯形图

利用启保停电路将图 4-2-2(a)所示顺序功能图转换为梯形图。

任务实施

1. 设备与器材

（略）

2. 内容与步骤

1）列写 I/O 地址分配表

根据以上任务描述，列写本任务的 I/O 地址分配表，如表 4-2-1 所示。

表 4-2-1　I/O 地址分配表

信号类型	描述	数据类型	I/O 地址
DI	SB1 启动按钮	Bool	I0.0
	SB2 停止按钮	Bool	I0.1
	SB3 急停按钮	Bool	I0.2
	FR M1、M2、M3 电动机过载保护	Bool	I0.3
DQ	KM1 M1 电动机交流接触器线圈	Bool	Q0.0
	KM2 M2 电动机交流接触器线圈	Bool	Q0.1
	KM3 M3 电动机交流接触器线圈	Bool	Q0.2
	HL1 传输带绿色指示灯	Bool	Q0.3

2）绘制主电路和 PLC 外部接线图并进行硬件接线

三台电动机顺序启动逆序停止控制系统的主电路和 PLC 外部接线图如图 4-2-5 所示。

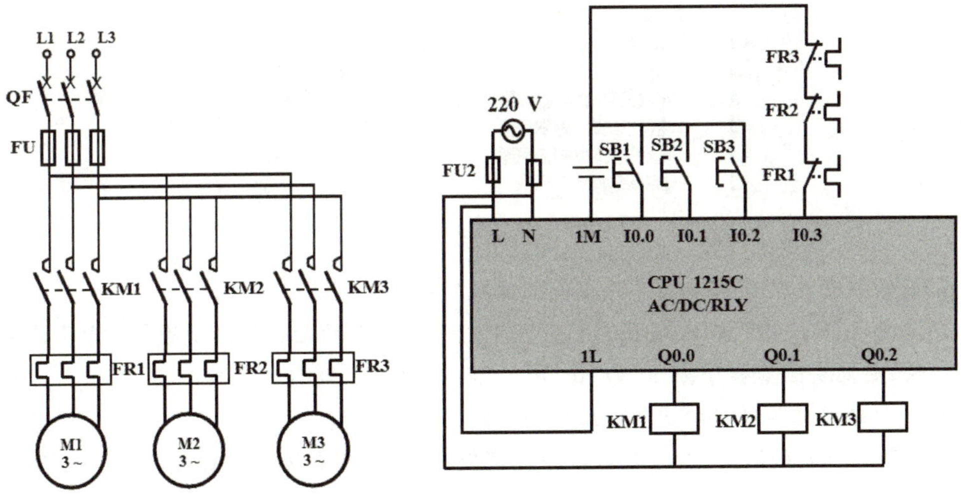

图 4-2-5　主电路和 PLC 外部接线图

3）绘制顺序功能图和编写程序

三台电动机顺序启动逆序停止控制系统的顺序功能图如图 4-2-6 所示。其利用启保停电路转换的梯形图见“三台电动机顺序启动逆序停止控制系统的程序设计”慕课。

慕课 三台电动机顺序启动逆序停止控制系统的程序设计

4)博途软件编程

打开博途软件，在博途视图中创建名称为“三台电动机顺序启动逆序停止控制系统”的工程项目，并进行项目硬件组态、变量表建立及程序输入。本任务的PLC变量表如图4-2-7所示。

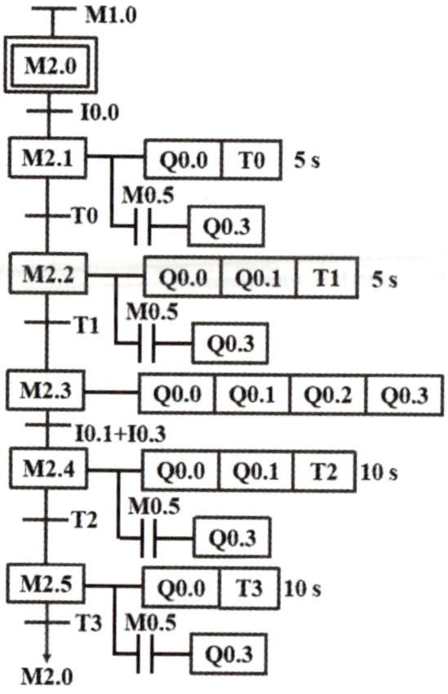

图 4-2-6 三台电动机顺序启动逆序停止控制系统的顺序功能图

		名称	数据类型	地址
1		启动按钮	Bool	%I0.0
2		停止按钮	Bool	%I0.1
3		急停按钮	Bool	%I0.2
4		过载保护	Bool	%I0.3
5		M1电动机交流接触器线圈	Bool	%Q0.0
6		M2电动机交流接触器线圈	Bool	%Q0.1
7		M3电动机交流接触器线圈	Bool	%Q0.2
8		传输带绿色指示灯	Bool	%Q0.3

图 4-2-7 PLC 变量表

5)三台电动机顺序启动逆序停止控制系统的软件调试

在监视状态下按下按钮，观察Q0.0、Q0.1、Q0.2、Q0.3的动作状态是否与控制要求一致。如不一致，则需要检查程序，直到Q0.0、Q0.1、Q0.2、Q0.3的动作符合控制要求。

6)三台电动机顺序启动逆序停止控制系统的软硬联调

在进行系统软硬联调时，首先进行系统空载调试，空载调试无误后再连接电动机进行带载调试。

在系统空载调试中，观察交流接触器和指示灯能否按控制要求动作，如不符合要求，则需要检查电路接线，直至交流接触器和指示灯能按控制要求动作。

空载调试无误后，连接电动机(按星形连接)进行带载调试。

任务考核

（见“任务 4.2 考核标准”码课）

任务 4.2 考核标准

任务拓展

三台电动机顺序启动逆序停止控制的具体要求如下。按下启动按钮 SB1，第一台电动机立即启动，15 s 后第二台电动机启动，再 15 s 后第三台电动机启动。按下停止按钮 SB2，第三台电动机停止，10 s 后第二台电动机停止，再 10 s 后第一台电动机停止。按下急停按钮 SB3，所有电动机都停止运行。如果某台电动机出现故障，则该电动机及编号在其后的电动机立即停机，编号在其前的电动机逆序停止（第三台电动机的编号为 3，第二台电动机的编号为 2，第一台电动机的编号为 1，若第二台电动机故障，则第二台电动机和第三台电动机立即停机，第一台电动机逆序停止）。请绘制相应的顺序功能图。

练习题

（见“任务 4.2 练习题”码课）

任务 4.2 练习题

任务 4.3　安全门控制系统的设计与调试

任务描述

数控机床在进行高速加工时，冷却液在降低加工温度、保护刀具的同时，还可以清理切屑，防止侵蚀，通常使用自动安全保护门（简称“安全门”）防止冷却液喷洒到设备外，以避免污染现场生产环境。数控机床安全门安装于操作间或封闭罩体上，它是基于传感技术触发的保护措施，目前来讲多数采用的都是 PLC 控制。

数控机床安全门的开启与关闭必须与机床的加工周期同步，确保在加工过程中安全门始终处于关闭状态，防止冷却液喷洒和切屑飞溅。

安全门由直流电动机以正反转的方式控制开关门。当产品加工完毕后开启安全门并发送取料信号，取料完毕且安装完新的被加工工件后，则关闭安全门直到工件加工完毕。

本任务以机床安全门的控制为例，利用顺序控制设计法来实现其控制。具体要求如下。按下急停开关 SA 后，安全门自动停止，且红色指示灯 HL1 点亮。开关 S1 断开时，由手动按钮 SB1 控制安全门开关，限位开关 SQ1 和 SQ2 检测安全门打开到位及关闭到位；开关 S1 闭合时，由元件 S2 接收外部设备发送的开门信号，由元件 S3 发送安全门关门信号到外部设备。当安全门由外部信号控制时，绿色指示灯 HL2 点亮。

通过本任务的学习，学生能够掌握仅有两步闭环的顺序功能图的处理方法，理解选择序列结构的顺序功能图的绘制及其特点，同时结合所学的 PLC 型号完成机床安全门控制系统的设计与调试。

任务目标

1. 知识目标

（1）总结仅有两步闭环的顺序功能图的处理方法。

（2）设计选择序列结构的顺序功能图。

（3）总结置位/复位指令设计法编制梯形图的思路。

2. 能力目标

（1）能合理分配 I/O 地址，绘制 PLC 外部接线图。

（2）能根据任务要求完成安全门控制系统的 PLC 外部接线。

（3）能根据安全门控制系统的要求，在教师的引导下绘制其顺序功能图并将顺序功能图转换为梯形图。

（4）能使用博途软件对 PLC 控制系统进行程序监控与调试。

（5）能说出 PLC 控制系统软硬联调的方法，能独立对安全门控制系统进行软硬联调。

（6）能对 PLC 控制的安全门控制系统进行故障排除。

3. 素养目标

（1）培养学生分析问题、解决问题的能力，提升学生的职业技能和专业素养。

（2）培养学生的规则意识，以及遵纪守法、诚信做人的品质。

（3）培养学生刻苦勤奋、诚实守信、持之以恒的优良品质以及团结协作精神。

任务准备

4.3.1 仅有两步闭环的顺序功能图的处理方法

某一顺序功能图如图 4-3-1 所示，由顺序功能图可以看出，系统在 M2.1 步和 M2.2 步之间形成闭环，如果采用启保停电路将其转换为梯形图，则 M2.2 步的梯形图如图 4-3-2 所示。

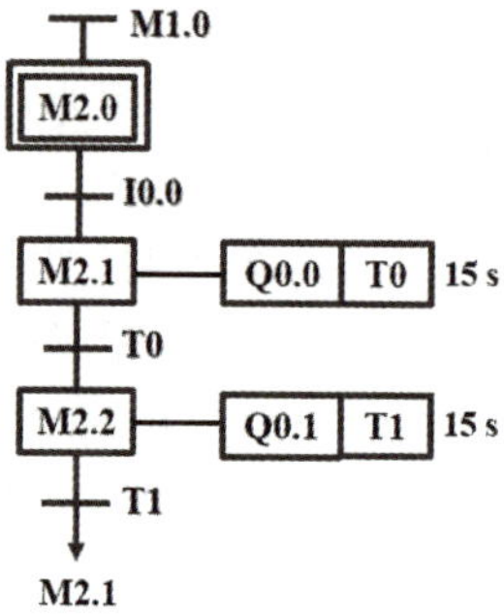

图 4-3-1 仅有两步闭环的顺序功能图

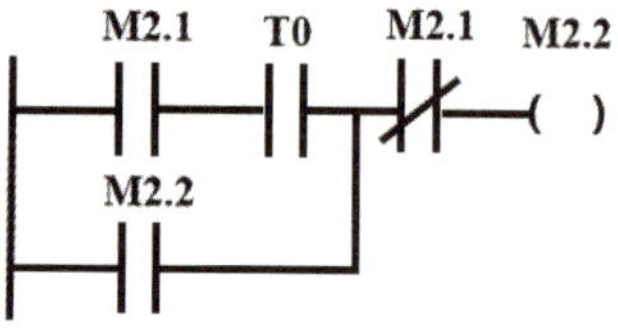

图 4-3-2 图 4-3-1 中 M2.2 步的梯形图

由图 4-3-2 可以看出，M2.1 的常开触点和常闭触点同时出现在同一行程序中，M2.1 的常开触点用于触发 M2.2 的激活，而常闭触点则用于中断 M2.2 的运行。在实际应用中该方法编写的程序是不执行的，即 M2.2 不会被激活。

在实际应用中，处理仅有两步闭环的顺序功能图时，需要特别注意触点的逻辑关系。具体来说，可以通过引入一个新的位存储器作为新的步来进行优化。如引入一个新的步 M3.0，用于暂存 M2.1 的状态。具体实现时，M2.1 的常开触点先激活 M3.0，再由 M3.0 的常开触点触发 M2.2 的激活，从而避免直接使用 M2.1 的常闭触点中断 M2.2。其顺序功能图和部分梯形图如图 4-3-3(a)、(b)所示。

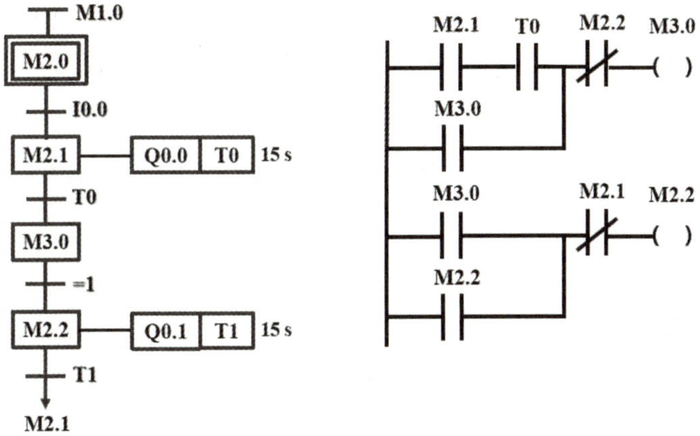

(a)　　　　(b)

图 4-3-3　添加新步后的顺序功能图和部分梯形图

(a)顺序功能图　(b)M3.0 和 M2.2 的梯形图

注意：图 4-3-3(a)中 M3.0 到 M2.2 的转换条件是“=1”，其表示无条件转换，即当 M3.0 为活动步时，不需要任何条件即可将 M2.2 转换为活动步。在编制梯形图时，“=1”不用书写。

在实际操作中，通过引入 M3.0 作为中间步骤，不仅简化了逻辑关系，还提高了系统的稳定性和可靠性，有效避免了因直接使用 M2.1 的常闭触点而可能引发的误操作。此外，这种设计思路也为后续的维护和调试提供了便利，使得整个控制系统的逻辑更为清晰易懂。在实际应用中，工程师可以根据具体需求，灵活调整和扩展这种优化策略，以适应更为复杂的控制场景。通过这种方式，能够确保系统在各种工况下都能稳定运行，从而提升整体的生产效率。

在处理仅有两步闭环的顺序功能图时，也可以利用置位/复位指令来编制梯形图，因为置位和复位指令具有保持性，可以避免逻辑混乱。

4.3.2　置位/复位指令设计法

置位/复位指令设计法的指导思想主要是用前级步的常开触点与转换条件串联，作为使后续步对应的继电器置位(用 S 指令)、使前级步复位(用 R 指令)的条件，其编程思路如图 4-3-4 所示。

微课 置位/复位设计法

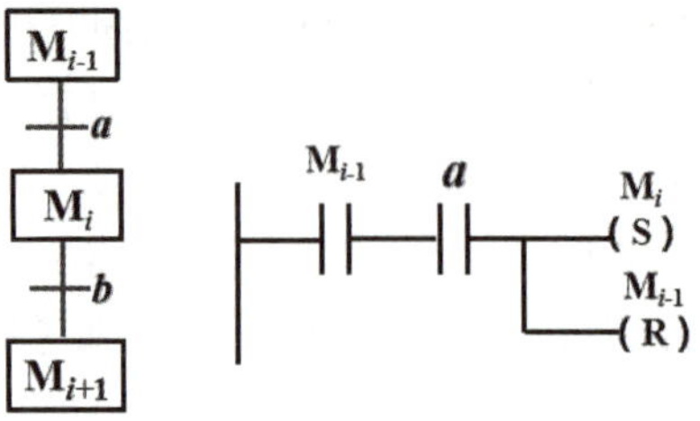

图 4-3-4 置位/复位指令设计法的编程思路

任何结构的顺序功能图都可以用这一原则来设计，每一个转换对应一个这样的置位和复位的电路块，有多少个转换就有多少个这样的电路块，这种设计方法很有规律，在设计复杂的顺序功能图的梯形图时既容易掌握，又不易出错。

观看“置位/复位设计法”视频，做以下填空题和简答题。

（1）置位/复位指令设计法编程的基本原则是________________。

（2）用置位/复位指令设计法编程时，利用________________指令对系统进行初始化。

（3）用置位/复位指令设计法编写梯形图时，对输出应当如何处理？

（4）对图 4-3-5 所示选择序列结构，用置位/复位指令设计法对选择序列结构编程时，对其分支和合并处应当怎么处理？

（5）对图 4-3-6 所示并行序列结构，用置位/复位指令设计法对其编程时，若 M2.0 为活动步且转换条件 I0.1 满足时，M3.0 和 M4.0 变为活动步，M2.0 变为不活动步，所以在梯形图中 M3.0 和 M4.0__________，M2.0__________；当 M3.1 和 M4.1 为__________且转换条件 I0.3 满足时，M5.0 被激活，同时__________变为不活动步，所以在梯形图中用 M3.1 和 M4.1 的动合触点与转换条件 I0.3 后作为 M5.0 的置位条件，且将 M3.1 和 M4.1__________。

（6）在图 4-3-6 所示并行序列结构中，M4.0 和 M4.1 之间的转换条件是“=1”，其表示什么含义？

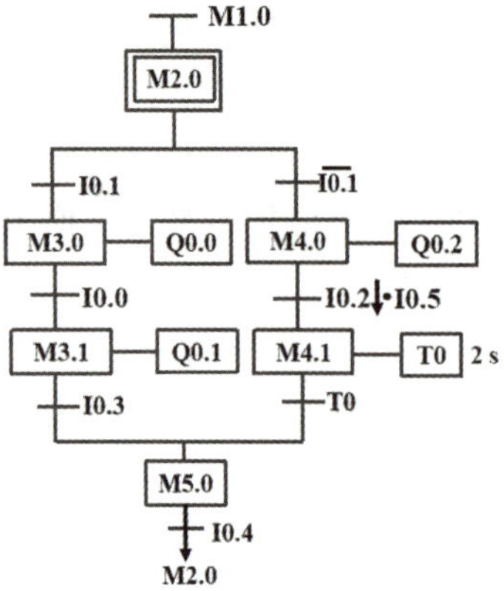

图 4-3-5 选择序列结构的顺序功能图

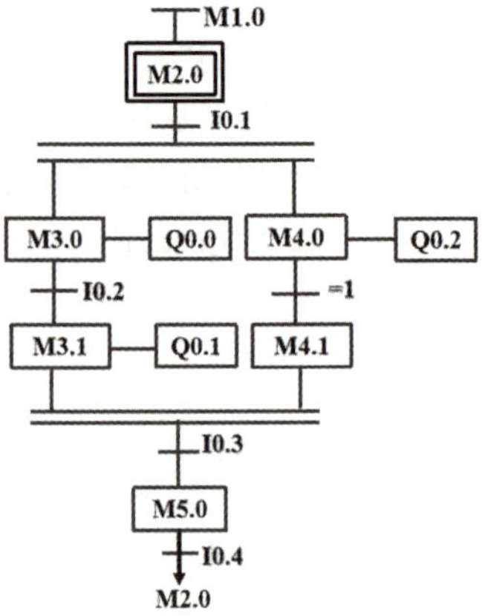

图 4-3-6 并行序列结构的顺序功能图

任务实施

1. 设备与器材

（略）

2. 内容与步骤

1）列写 I/O 地址分配表

根据 PLC 输入和输出点的分配原则以及本任务的控制要求，列写本任务的 I/O 地址分配表，如表 4-3-1 所示。

表 4-3-1　I/O 地址分配表

信号类型	描述	数据类型	I/O 地址
DI	SA 急停开关	Bool	I0.0
	S1 开关信号	Bool	I0.1
	SB1 手动按钮	Bool	I0.2
	SQ1 安全门开门到位信号	Bool	I0.3
	SQ2 安全门关门到位信号	Bool	I0.4
	S2 接收外部设备发送的开门信号	Bool	I0.5
	S3 发送关门信号到外部设备	Bool	I0.6
DQ	HL1 L1 指示灯	Bool	Q0.0
	HL2 L2 指示灯	Bool	Q0.1
	KM1 安全门开门接触器线圈	Bool	Q0.2
	KM2 安全门关门接触器线圈	Bool	Q0.3

2）绘制 PLC 外部接线图并进行硬件接线

机床安全门采用直流电动机控制，因此采用 CPU 1215C DC/DC/DC 型 PLC 来实现其控制，则安全门控制系统的 PLC 外部接线图如图 4-3-7 所示。

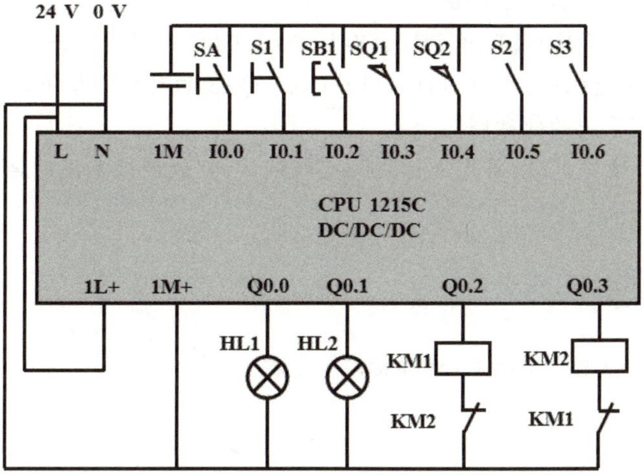

慕课　安全门控制系统的梯形图编写

图 4-3-7　PLC 外部接线图

3）绘制顺序功能图和编写程序

安全门控制系统的顺序功能图如图 4-3-8 所示。其利用置位复位指令转换的梯形图见“安全门控制系统的梯形图编写”慕课。

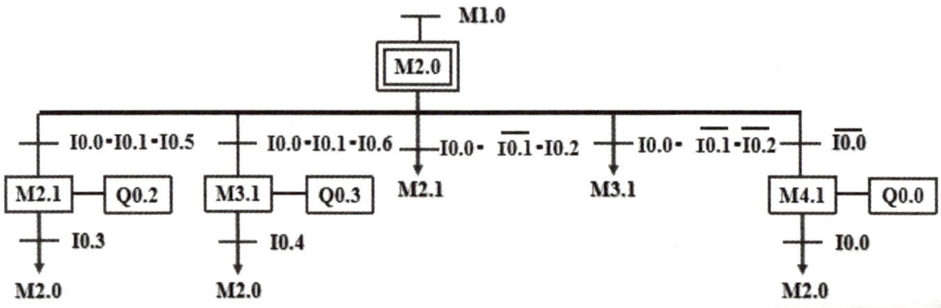

图 4-3-8　安全门控制系统的顺序功能图

4）博途软件编程

打开博途软件，在博途视图中创建名称为“安全门控制系统”的工程项目，并进行项目硬件组态、变量表建立及程序输入。本任务的 PLC 变量表如图 4-3-9 所示。

1	急停开关	Bool	%I0.0
2	开关信号	Bool	%I0.1
3	手动按钮	Bool	%I0.2
4	安全门开门到位信号	Bool	%I0.3
5	安全门关门到位信号	Bool	%I0.4
6	接收外部设备发送的开门信号	Bool	%I0.5
7	发送关门信号到外部设备	Bool	%I0.6
8	L1指示灯	Bool	%Q0.0
9	L2指示灯	Bool	%Q0.1
10	安全门开门接触器线圈	Bool	%Q0.2
11	安全门关门接触器线圈	Bool	%Q0.3

图 4-3-9　PLC 变量表

5）安全门控制系统的软件调试

在监视状态下按下按钮，观察 Q0.0、Q0.1、Q0.2、Q0.3 的动作状态是否与控制要求一致。如不一致，则需要检查程序，直到 Q0.0、Q0.1、Q0.2、Q0.3 的动作符合控制要求。

6）安全门控制系统的软硬联调

在进行系统软硬联调时，首先进行系统空载调试，空载调试无误后再连接指示灯带电动机进行带载调试。

任务考核

（见“任务 4.3 考核标准”码课）

任务 4.3 考核标准

任务拓展

利用启保停电路绘制梯形图时，图 4-3-5 所示的顺序功能图该如何改画？请自行改画顺序功能图并利用启保停电路绘制梯形图。

练习题

（见“任务 4.3 练习题”码课）

任务 4.3
练习题

任务 4.4　机械手控制系统的设计与调试

任务描述

在自动化生产线上，机械手常用于搬运物料、工件，根据不同的搬运精度要求可选用气动设备、步进电动机或者伺服电动机，其本质特点是实现工件在不同位置的抓取或放置。系统可使用按钮或触摸屏控制设备的启停，后者在操作上更直观且可实现状态监控，被广泛应用于控制系统中。

机械手搬运工件的动作过程如下。在初始状态下，各气缸处于不得电状态，即初始时左右运行气缸位于 *A* 点，上下移动气缸位于 *C* 点，气爪处于张开状态（图 4-4-1）。在连续运行模式时绿色指示灯点亮，此时若在工作台 *E* 点检测到有工件，按下启动按钮，则上下移动气缸下降至 *D* 点，气爪开始夹紧工件，夹紧时间为 3 s，上下移动气缸上升至 *C* 点，左右运行气缸向左伸出至 *B* 点，然后上下移动气缸下降至 *D* 点，释放工件，释放时间为 3 s，将工件放在工作台的 *F* 点，上下移动气缸上升至 *C* 点，左右运行气缸向右缩回至 *A* 点，一个工作循环结束。若再次检测到工作台 *E* 点有工件，则又开始下一工作循环，周而复始。在单周期运行模式时，橙色指示灯点亮，此模式下只夹取一个工件后停止。任何时候按下急停按钮，系统停止，气缸回到初始状态。

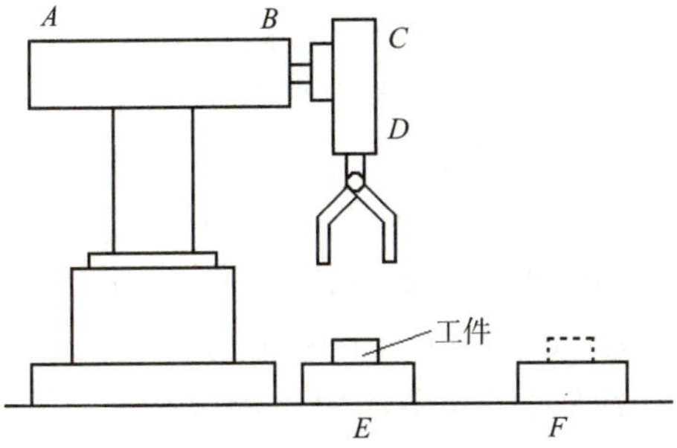

图 4-4-1　机械手初始状态

通过本任务的学习，学生能够了解采用西门子 S7-1200 PLC 对机械手系统进行控制的方法，掌握较复杂顺序功能图的绘制方法及相应梯形图转换的方法。

任务目标

1. 知识目标

(1)设计并行序列结构的顺序功能图。

(2)总结并行序列结构的顺序功能图改画梯形图的方法。

(3)总结较复杂顺序功能图的绘制方法及相应梯形图转换的方法。

2. 能力目标

(1)能根据控制要求绘制出并行序列结构的顺序功能图并将其转换为梯形图。

(2)能根据任务要求合理分配 I/O 地址，绘制 PLC 外部接线图，并完成硬件接线。

(3)能根据机械手控制系统的要求，在教师简单提示下独立绘制出机械手控制系统程序的顺序功能图，并将其转换为梯形图。

(4)能熟练使用博途软件对 PLC 控制系统进行程序监控、调试及软硬联调。

(5)能根据故障现象，独立对 PLC 控制系统中一般难度的故障进行分析和排查。

3. 素养目标

(1)鼓励学生按照自己的思路绘制顺序功能图，鼓励学生积极思考，激发学生的创新意识，培养学生的创新思维。

(2)培养学生刻苦勤奋、诚实守信、持之以恒的优良品质以及团结协作精神。

(3)在任务实施的过程中，要求学生遵守安全用电规范，提升学生的安全意识。

(4)以机械手控制为例，联系实际(自动化生产线的运行中不能发生碰撞)，逐步培养学生对复杂系统的整体把控能力，同时提高学生的实际操作能力和应急处理能力，进一步强化学生的责任感和使命感，培养其在工作中精益求精的职业素养。

任务准备

4.4.1 并行序列结构的顺序功能图

白天黑夜交替工作的十字路口交通灯控制系统的具体要求如下。在十字路口的东、西、南、北各个方向装红、绿、黄灯各一套。白天正常工作时(按下白天按钮)，南北向的工作方式为：红灯亮 30 s，之后绿灯亮并维持 25 s，接着绿灯闪烁 3 s 熄灭，黄灯再亮 2 s。东西向的工作方式为：绿灯亮 25 s，之后绿灯闪烁 3 s 熄灭，黄灯亮 2 s 后熄灭，红灯亮 30 s。之后周而复始地循环。夜晚时(按下夜晚按钮)，东西、南北方向上都只有黄灯闪烁，闪亮周期为 1 s。其中绿灯和黄灯闪烁的周期为 1 s(即亮 0.5 s，熄 0.5 s)。

该控制要求的白天模式在任务 3.4 中利用比较指令实现了，其白天模式还可以用顺序控制设计法实现，绘制出的顺序功能图如图 4-4-2 所示。

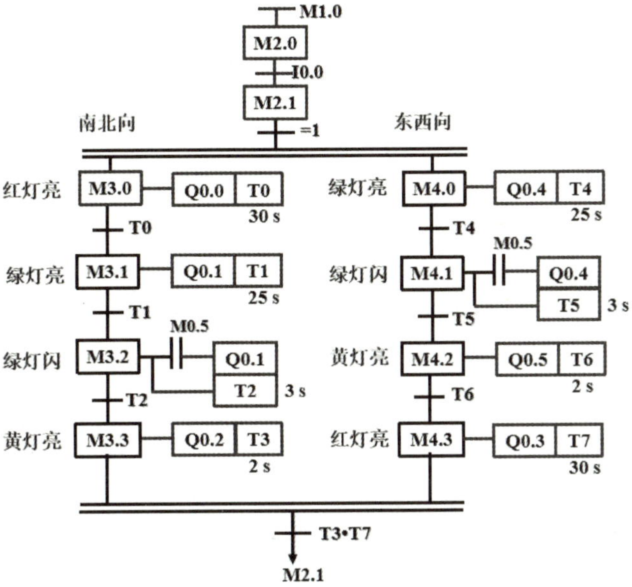

图 4-4-2　十字路口交通灯控制系统白天模式的顺序功能图

回顾前期所学，说明并行序列的特点。

十字路口交通灯控制系统白天模式的顺序功能图利用置位/复位指令转换的梯形图如图 4-4-3 所示。

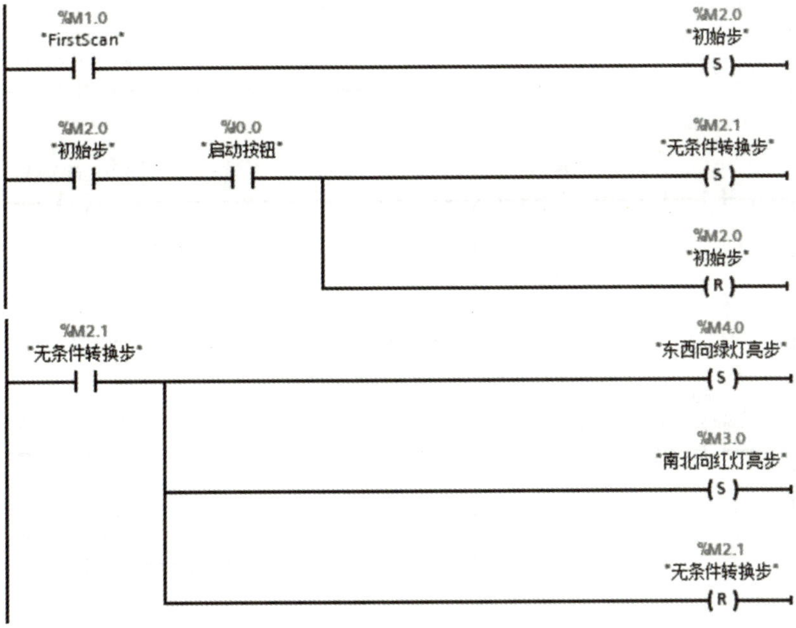

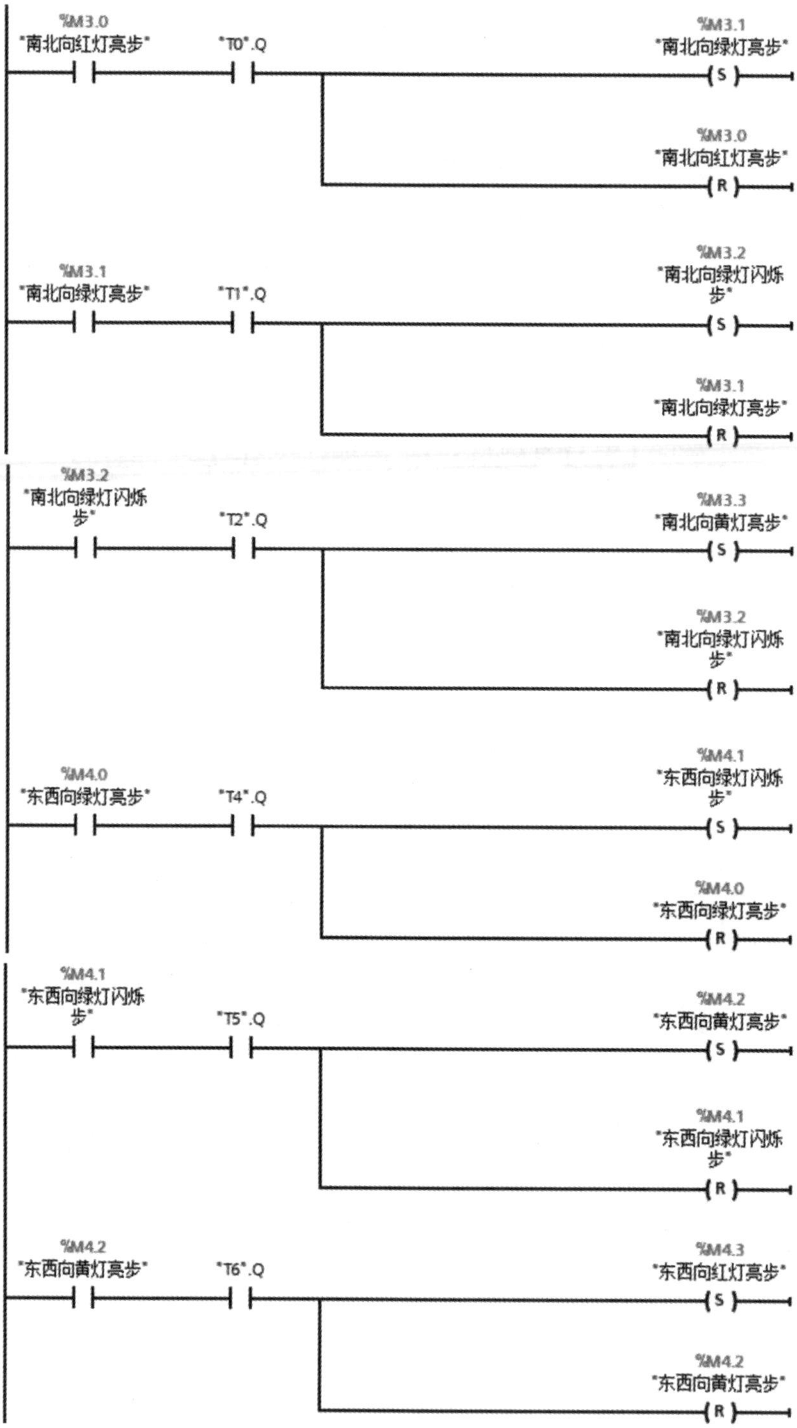
%M3.0
"南北向红灯亮步"
"T0".Q
%M3.1
"南北向绿灯亮步"
S
%M3.0
"南北向红灯亮步"
R
%M3.1
"南北向绿灯亮步"
"T1".Q
%M3.2
"南北向绿灯闪烁步"
S
%M3.1
"南北向绿灯亮步"
R
%M3.2
"南北向绿灯闪烁步"
"T2".Q
%M3.3
"南北向黄灯亮步"
S
%M3.2
"南北向绿灯闪烁步"
R
%M4.0
"东西向绿灯亮步"
"T4".Q
%M4.1
"东西向绿灯闪烁步"
S
%M4.0
"东西向绿灯亮步"
R
%M4.1
"东西向绿灯闪烁步"
"T5".Q
%M4.2
"东西向黄灯亮步"
S
%M4.1
"东西向绿灯闪烁步"
R
%M4.2
"东西向黄灯亮步"
"T6".Q
%M4.3
"东西向红灯亮步"
S
%M4.2
"东西向黄灯亮步"
R

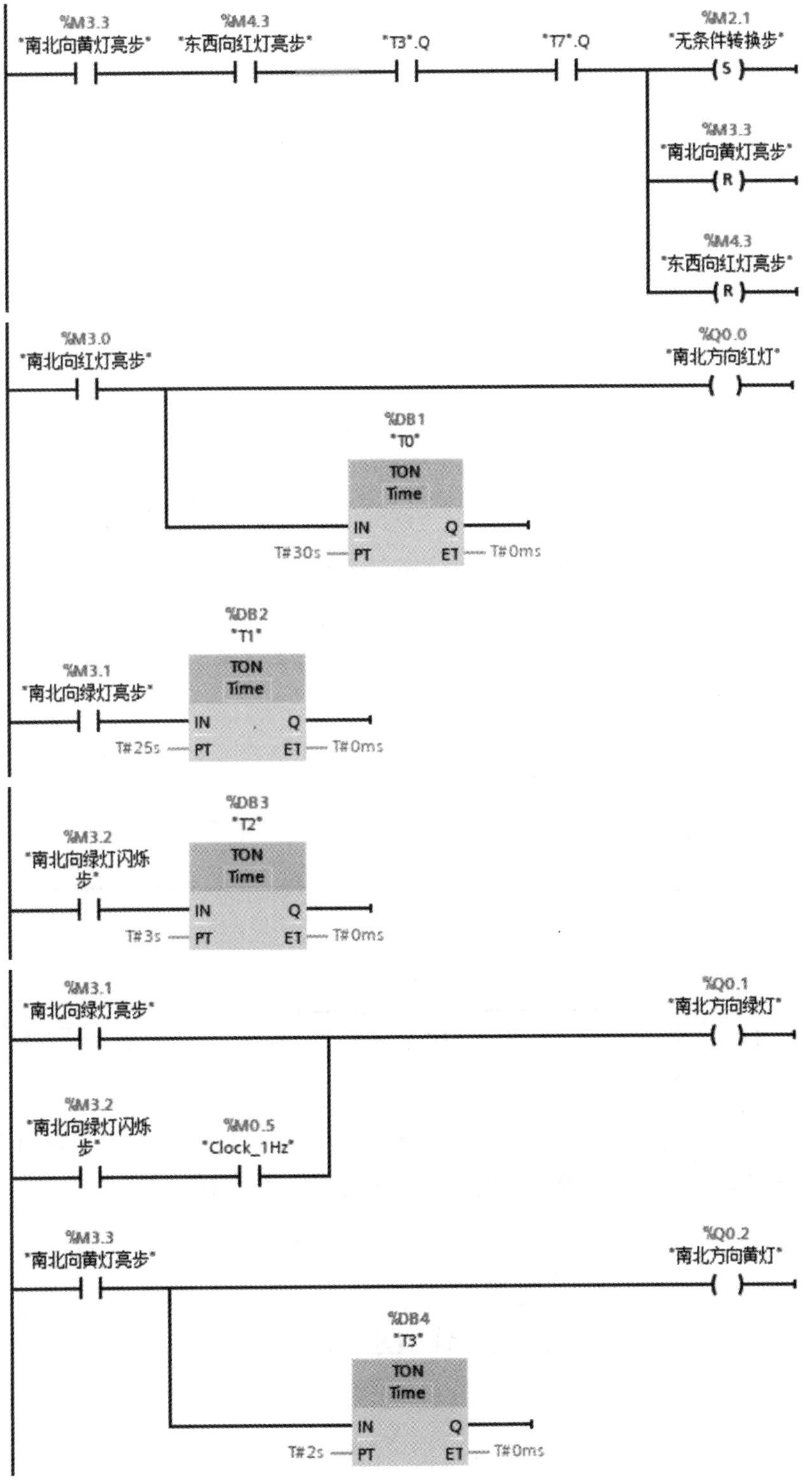
%M3.3
"南北向黄灯亮步"
%M4.3
"东西向红灯亮步"
"T3".Q
"T7".Q
%M2.1
"无条件转换步"
S
%M3.3
"南北向黄灯亮步"
R
%M4.3
"东西向红灯亮步"
R
%M3.0
"南北向红灯亮步"
%Q0.0
"南北方向红灯"
%DB1
"T0"
TON
Time
IN
Q
T#30s
PT
ET
T#0ms
%DB2
"T1"
%M3.1
"南北向绿灯亮步"
TON
Time
IN
Q
T#25s
PT
ET
T#0ms
%DB3
"T2"
%M3.2
"南北向绿灯闪烁步"
TON
Time
IN
Q
T#3s
PT
ET
T#0ms
%M3.1
"南北向绿灯亮步"
%Q0.1
"南北方向绿灯"
%M3.2
"南北向绿灯闪烁步"
%M0.5
"Clock_1Hz"
%M3.3
"南北向黄灯亮步"
%Q0.2
"南北方向黄灯"
%DB4
"T3"
TON
Time
IN
Q
T#2s
PT
ET
T#0ms

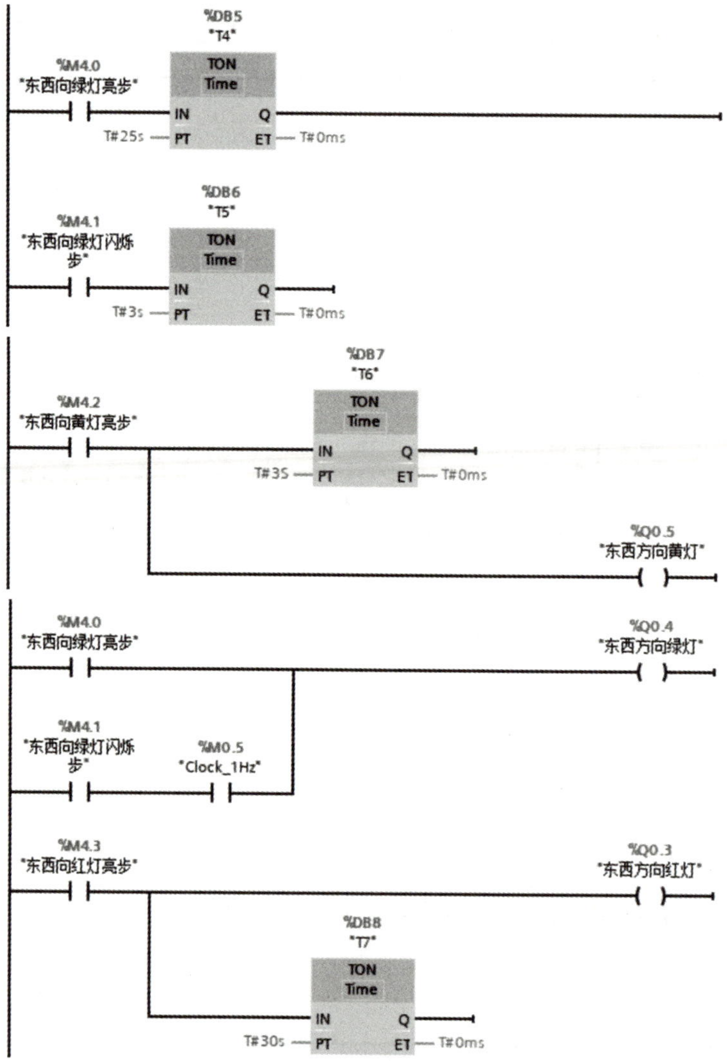

图 4-4-3　十字路口交通灯控制系统白天模式的梯形图

要实现夜晚模式，需要再分配一个夜晚模式的按钮，将其分配给 I0.1，则白天夜晚交替工作的十字路口交通灯控制系统夜晚模式的顺序功能图如图 4-4-4 所示。

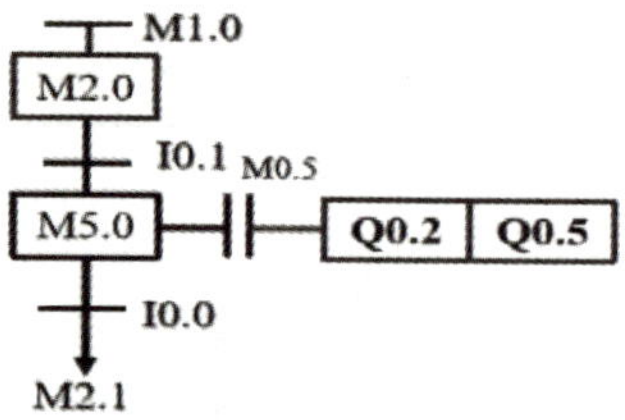

图 4-4-4　十字路口交通灯控制系统夜晚模式的顺序功能图

将白天模式和夜晚模式的顺序功能图合并后可以得到白天夜晚交替工作的十字路口交通灯控制系统的顺序功能图，如图 4-4-5 所示。该顺序功能图中既有选择序列结构也有并行序列结构，这种结构的顺序功能图是复杂的顺序功能图，其在转换梯形图时，依据选择序列分支合并处和并行序列结构分支合并处转换梯形图的方法即可。

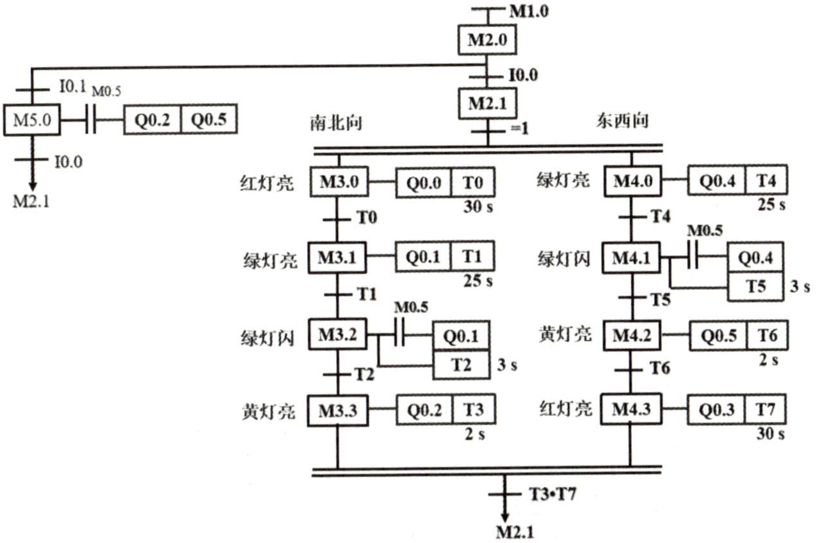

图 4-4-5　白天夜晚交替工作的十字路口交通灯控制系统的顺序功能图

根据图 4-4-5 所示顺序功能图，绘制出其梯形图，并进行程序验证。

任务实施

1. 设备与器材

（略）

2. 内容与步骤

1）列写 I/O 地址分配表

根据 PLC 输入和输出点的分配原则以及本任务的控制要求，列写本任务的 I/O 地址分配表，如表 4-4-1 所示。

表 4-4-1　I/O 地址分配表

信号类型	描述	数据类型	I/O 地址
DI	SB1 启动按钮	Bool	I0.0
	SB2 停止按钮	Bool	I0.1
	A 点传感器	Bool	I0.2
	B 点传感器	Bool	I0.3
	C 点传感器	Bool	I0.4
	D 点传感器	Bool	I0.5
	E 点传感器	Bool	I0.6
	F 点传感器	Bool	I0.7
	单周期/连续模式切换开关	Bool	I1.0

续表

信号类型	描述	数据类型	I/O 地址
DQ	左右运行气缸	Bool	Q0.0
	上下移动气缸	Bool	Q0.1
	气爪	Bool	Q0.2
	绿色指示灯	Bool	Q0.3
	橙色指示灯	Bool	Q0.4

2)绘制顺序功能图

机械手控制系统的顺序功能图如图 4-4-6 所示。其梯形图的编制此处不再赘述。

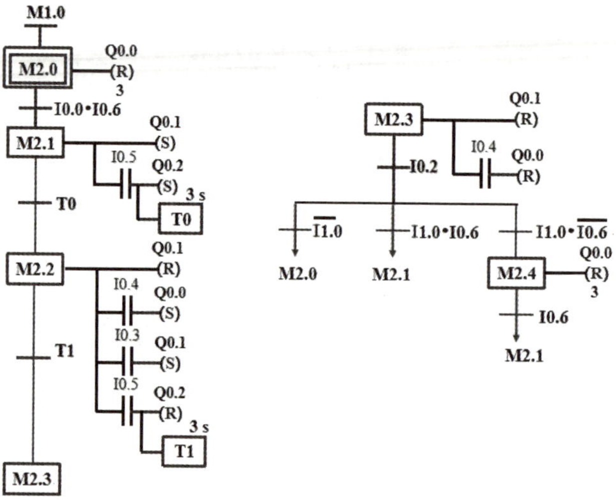

图 4-4-6　机械手控制系统的顺序功能图

此外指示灯未在顺序功能图中显示，停止信息也未在顺序功能图中体现，因此在编制梯形图时需在最前面添加图 4-4-7 所示程序。

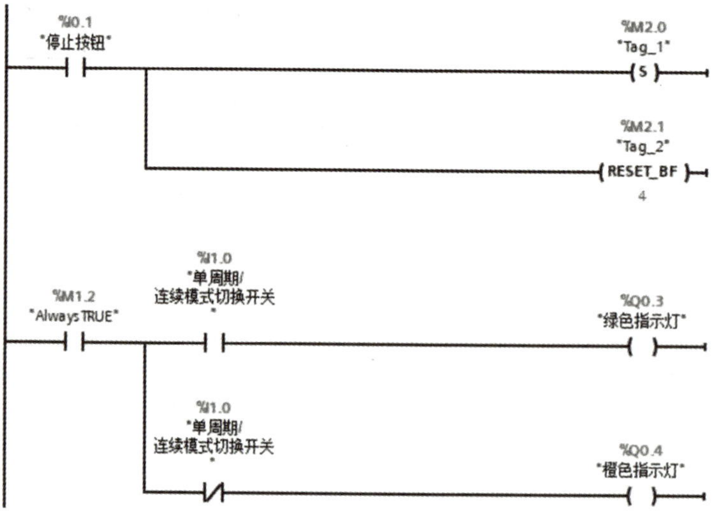

图 4-4-7　停止程序和指示灯点亮程序

3）博途软件编程

打开博途软件，在博途视图中创建名称为“机械手控制系统”的工程项目，并进行项目硬件组态、变量表建立及程序输入。本任务的 PLC 变量表如图 4-4-8 所示。

	名称	数据类型	地址
1	启动按钮	Bool	%I0.0
2	停止按钮	Bool	%I0.1
3	A点传感器	Bool	%I0.2
4	B点传感器	Bool	%I0.3
5	C点传感器	Bool	%I0.4
6	D点传感器	Bool	%I0.5
7	E点传感器	Bool	%I0.6
8	F点传感器	Bool	%I0.7
9	单周期/连续模式切换开关	Bool	%I1.0
10	左右运行气缸	Bool	%Q0.0
11	上下移动气缸	Bool	%Q0.1
12	气爪	Bool	%Q0.2
13	绿色指示灯	Bool	%Q0.3
14	橙色指示灯	Bool	%Q0.4

图 4-4-8　PLC 变量表

4）机械手控制系统的软件调试

在监视状态下按下按钮，观察 Q0.0、Q0.1、Q0.2、Q0.3、Q0.4 的动作状态是否与控制要求一致。如不一致，则需要检查程序，直到 Q0.0、Q0.1、Q0.2、Q0.3、Q0.4 的动作符合控制要求。

5）机械手控制系统的软硬联调

在进行系统软硬联调时，首先进行系统空载调试，空载调试无误后再连接指示灯进行带载调试。

任务考核

（见“任务 4.4 考核标准”码课）

任务 4.4 考核标准

任务拓展

在本任务中添加搬运工件数量的程序。

练习题

（见“任务 4.4 练习题”码课）

任务 4.4 练习题

项目 5

HMI 的基本应用

项目导读

随着全球现代工业化进程的推进,工业生产自动化水平不断提高,可编程控制器(PLC)与人机界面(HMI)因结构简单、功能完善、性能稳定、可靠性高、灵活通用、易于编程等优点,在当今世界自动化控制领域得到了广泛应用。

在现代工业生产中,操作员将指令传达给机器,同时机器的过程值和状态反馈给操作员,这类信息交换在两个迥然不同的世界(即机器和人)之间进行。要简单且准确无误地实现信息流动,需要人机界面。操作员采用相应的软件和硬件集中操作,实现人与机器之间从操作到动作的全过程可视化。用于组态和实现可视化的新一代软件,能将机器控制状态与操作完美地整合为一体,这就是工业领域人机一体化的组态控制技术。

组态软件是标准化、规模化、商品化的通用工控开发软件,具有延续性、可扩张性以及易学易用性等主要特点,能将复杂的工控技术简单化,使得公共开发变得简单而高效。组态触摸屏与 PLC 在现代工业生产中已经占据了非常重要的地位,尤其在流程工业控制中,组态控制软件、智能仪表、PLC 以及现场总线等更是构成了其核心的技术,因此在组态控制技术飞速发展的今天,企业对组态技术应用型人才的需求也在逐年增加,对其的要求也在不断提高。

项目描述

本项目主要介绍 MCGS 嵌入版组态软件,通过其在典型工业控制系统中的具体应用,使学生掌握 MCGS 软件的系统构成、工作原理和调试方法。通过本项目的学习,学生能够学会组态和通信设置,可以设计出易于操作、界面美观、功能完善的人机交互界面。本项目不仅可以提高学生的学习兴趣和积极性,还可以增加学生的工程经验,为学生尽快适应工作岗位奠定良好的基础。

项目目标

1. 知识目标

（1）说出 MCGS 软件的组态过程、系统构成、操作平台窗口。

（2）设计简单界面，完成按钮、指示灯、输入框等元件的组态，动画连接及脚本程序编写。

（3）设计 MCGS 监控程序，总结其调试方法。

（4）总结 PLC 属性设置页的参数设置方法。

2. 能力目标

（1）会新建工程，具备分析简单工程的能力。

（2）能在 MCGS 软件中添加 S7-1200 PLC，并实现组态与 PLC 的联机通信。

（3）能绘制简单工程的监控界面，并完成动画连接。

（4）会添加用户、日期、时间等信息，设置用户权限并进行权限管理等操作。

（5）能用 MCGS 软件和 PLC 进行系统的联合调试。

3. 素养目标

（1）掌握组态软件的基本应用，提升学生分析和解决问题的能力。

（2）在任务实施过程中，培养学生严谨求实的精神，同时提高学生的审美水平。

（3）培养学生刻苦勤奋、诚实守信、持之以恒的优良品质以及团结协作精神。

任务 5.1　了解触摸屏及其组态方法

任务描述

通过本任务的学习，学生能够掌握 MCGS 软件的安装方法，了解 MCGS 软件的系统构成以及操作平台窗口。

任务目标

1. 知识目标

（1）说出 MCGS 软件的组态过程。

（2）说出 MCGS 软件的系统构成。

（3）说出 MCGS 软件操作平台窗口的构成。

（4）总结 MCGS 软件的安装方法。

2. 能力目标

（1）能独立安装 MCGS 软件。

（2）能启动 MCGS 组态环境。

（3）能在 MCGS 软件中建立用户系统，如新建工程、窗口，进行窗口属性设置、设备组态。

3. 素养目标

在任务实施过程中，培养学生严谨求实的工作作风。

任务准备

5.1.1 MCGS 嵌入版组态软件的定义

MCGS（Monitor and Control Generated System，即通用监控系统）是一种用于快速构造和生成监控系统的组态软件。通过对现场数据的采集处理，以动画显示、报警处理、流程控制及报表输出等多种方式向用户提供解决实际工程问题的方案，在自动化领域有着广泛的应用。通过使用 MCGS，用户可以在短时间内轻松地完成一个运行稳定、功能全面、维护量小并且具有一定专业水准的计算机监控系统的开发工作。

5.1.2 MCGS 嵌入版组态软件的安装

嵌入版的组态环境与通用版基本一致，是专为 Microsoft Windows 系统设计的 32 位应用软件，可以运行于 Windows XP/7/10 等版本的操作系统中，其模拟环境也同样运行在 Windows XP/7/10 的操作系统中。

可以从深圳昆仑通态科技有限公司（简称“昆仑通态”）官网（www.mcgs.com.cn）下载 MCGS 嵌入版 7.7 完整安装包，具体安装步骤如下。

（1）关闭杀毒软件和灭火墙，停止其他正在运行的软件。启动 Windows。

（2）给安装包解压后，双击“Setup.exe”文件，弹出图 5-1-1 所示对话框。

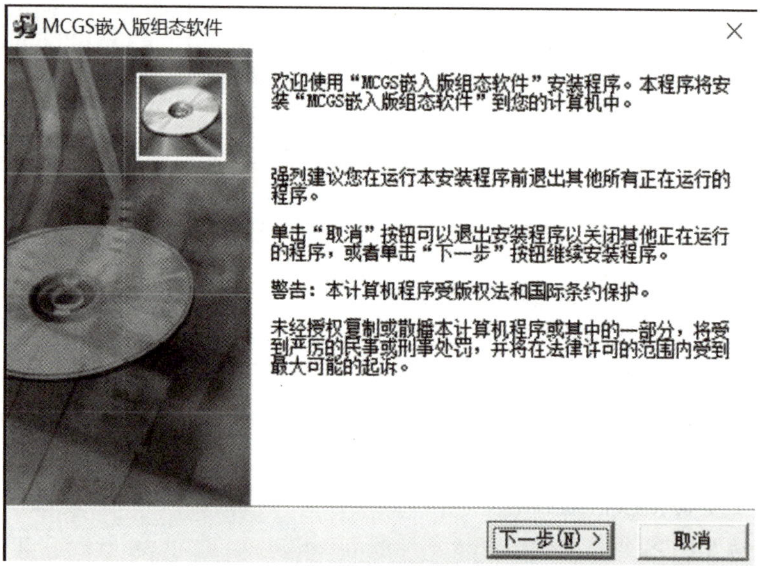

图 5-1-1 MCGS 嵌入版组态软件安装界面

（3）单击“下一步”按钮，弹出 MCGS 嵌入版组态软件安装向导，如图 5-1-2 所示。

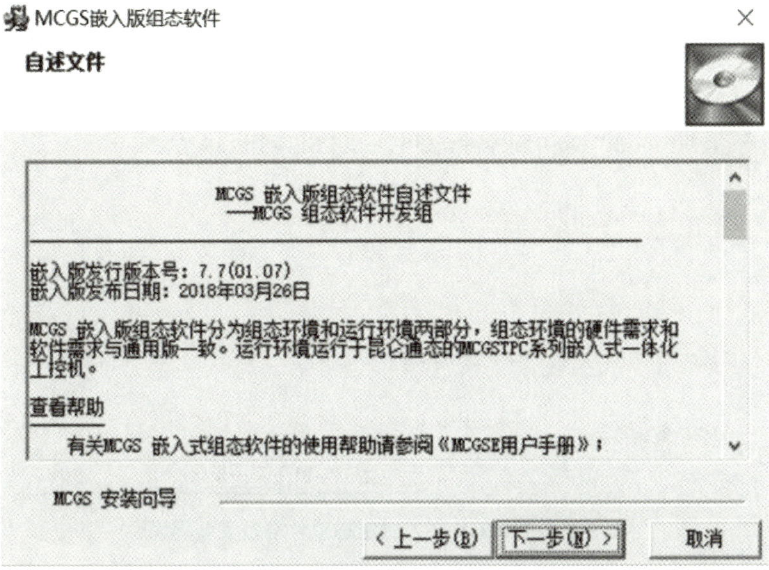

图 5-1-2　MCGS 嵌入版组态软件安装向导

（4）单击“下一步”按钮，安装程序将提示单击“浏览”按钮选择指定安装的目录。如果用户没有指定目录，系统默认安装到“D：\MCGSE”目录下，建议使用默认安装目录，如图 5-1-3 所示。

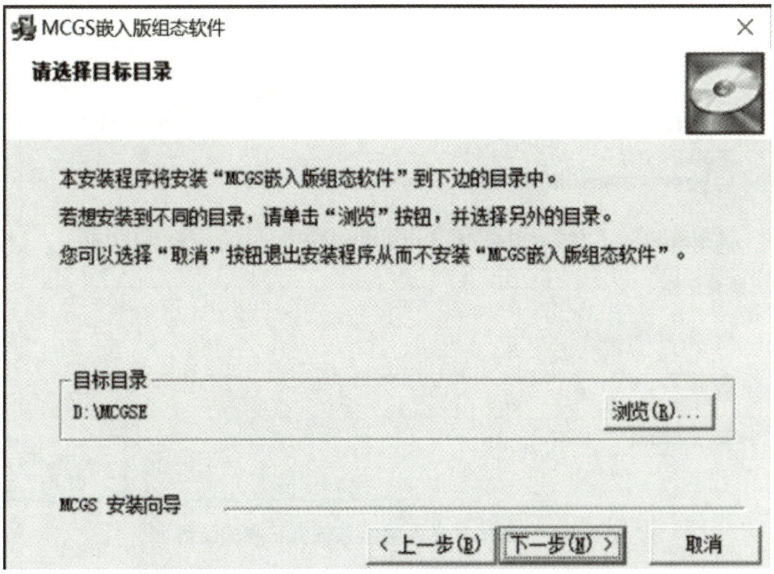

图 5-1-3　MCGS 嵌入版组态软件安装目录选择界面

（5）单击“下一步”按钮，弹出 MCGS 嵌入版组态软件准备安装界面，如图 5-1-4 所示。

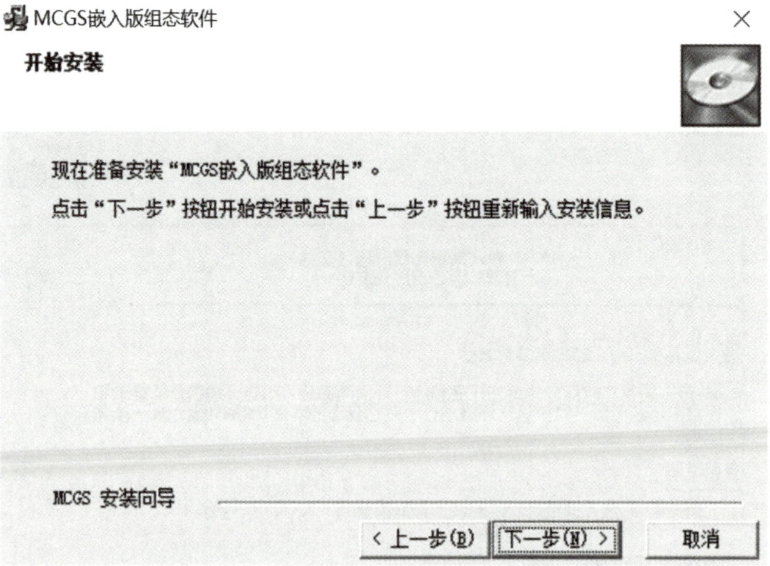

图 5-1-4　MCGS 嵌入版组态软件准备安装界面

（6）单击“下一步”按钮，开始安装，安装过程将持续数分钟。安装过程中显示正在安装界面，如图 5-1-5 所示。

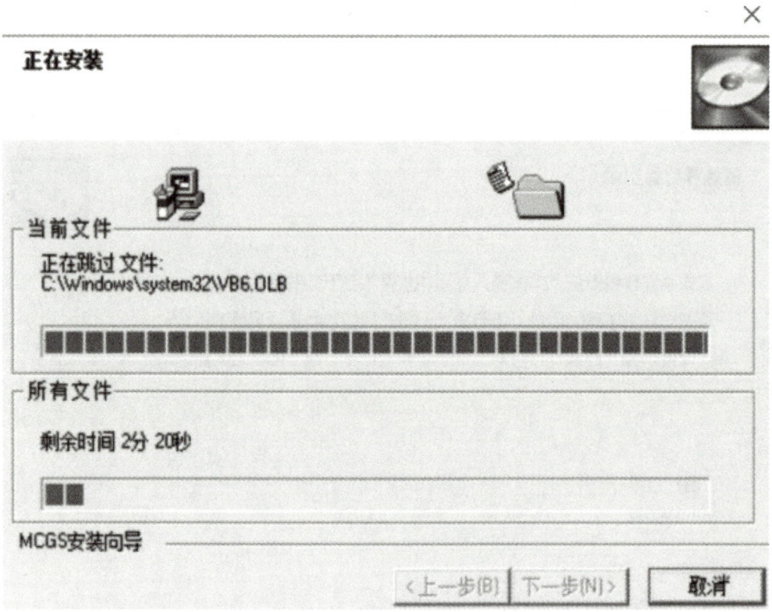

图 5-1-5　MCGS 嵌入版组态软件正在安装界面

注意：在安装过程中，有时候会出现出错提示，只要单击“确认”按钮，安装过程继续正常进行。

（7）安装完成后，系统将弹出“MCGS 嵌入版驱动安装”对话框，如图 5-1-6 所示。单击

“下一步”按钮，进入驱动安装选择界面，如图 5-1-7 所示。

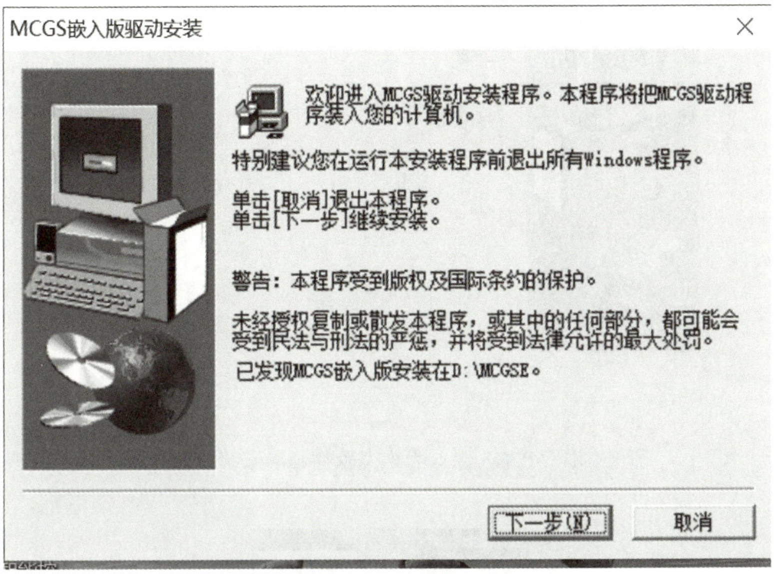

图 5-1-6　“MCGS 嵌入版驱动安装”对话框

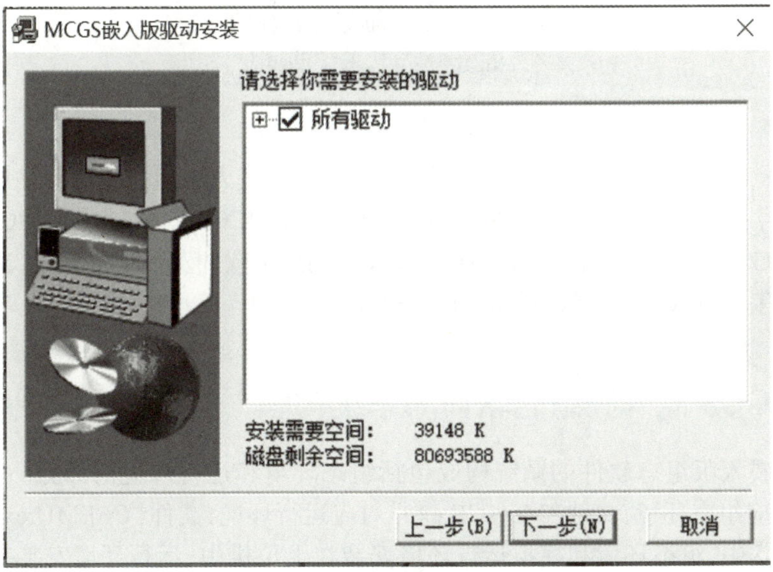

图 5-1-7　MCGS 嵌入版组态软件驱动安装选择界面

（8）在图 5-1-7 中，勾选“所有驱动”复选框，否则仪表驱动程序安装不上，单击“下一步”按钮，开始安装驱动。驱动安装完毕，弹出驱动安装成功界面，如图 5-1-8 所示。

（9）安装完成后，Windows 操作系统的桌面上添加了图 5-1-9 所示的两个图标，分别用于启动 MCGS 嵌入版组态环境和模拟运行环境。

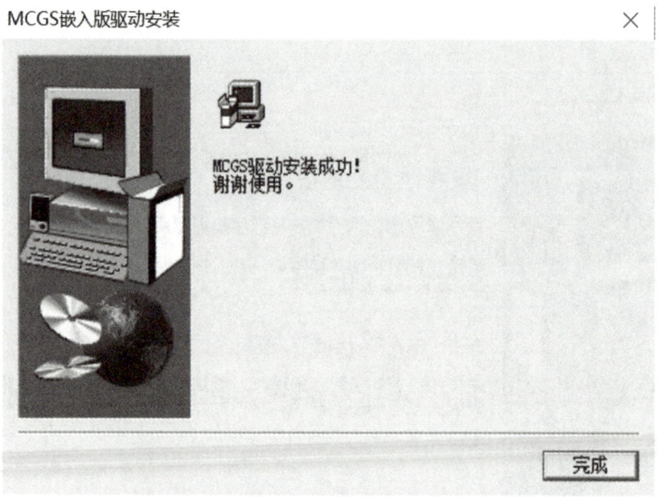

图 5-1-8　MCGS 嵌入版组态软件驱动安装成功界面

图 5-1-9　MCGS 图标

Windows 在“开始”菜单中也添加了相应的 MCGS 嵌入版组态软件程序组，此程序组包括五项内容：MCGSE 组态环境、MCGSE 模拟环境、MCGSE 自述文件、MCGSE 电子文档、卸载 MCGS 嵌入版。其中，MCGSE 自述文件描述了软件发行时的信息；MCGSE 电子文档包含了有关 MCGS 嵌入版最新的帮助信息。

5.1.3　MCGS 嵌入版组态软件的系统构成

MCGS 嵌入版组态软件的系统构成包括组态环境和运行环境两部分。文件“McgsSetE.exe”对应组态环境，文件“McgsCE.exe”对应运行环境，文件“CEEMU.exe”对应模拟运行环境。其中，组态环境和模拟运行环境安装在上位机中；运行环境安装在下位机中。组态环境是用户组态工程的平台。模拟运行环境是指在个人计算机（PC）上模拟工程的运行情况，用户可以在不连接下位机的情况下，对工程进行检查。运行环境是下位机真正的运行环境。

上位机（Host Computer）通常是指具有强大计算能力和数据处理能力的计算机系统。它负责整个控制系统的监控、指令下发、数据采集、处理分析以及用户交互。上位机作为系统的“大脑”，能够处理复杂算法，进行长期数据存储，并提供图形化界面供用户操作。

上位机的硬件通常包括个人计算机、工业计算机或服务器。这些设备配备有高性能的

CPU、较大的内存和存储空间，以及多种 I/O 接口。它们运行着完整的操作系统，如 Windows、Linux 或其他实时操作系统，以支持复杂的应用程序和网络服务。

下位机（Slave Device）是指在控制系统中直接与传感器、执行器等硬件相连的设备或控制器。它负责执行上位机发出的具体控制指令，如开关信号的输出、模拟量的调节、数据的采集等。下位机通常执行简单的逻辑判断和实时控制任务。

下位机的硬件通常包括微控制器、PLC、嵌入式控制板等。这些设备具有一定的计算能力，但远不如上位机强大。它们可能运行着简化的操作系统或无操作系统（裸机），并且具有与传感器、执行器直接连接的 I/O 接口。

下位机通过其通信接口接收上位机的控制指令，并将执行结果或采集的数据反馈给上位机。它们支持的通信协议通常较为简单，且必须与上位机的协议相匹配，以确保信息的正确传递。

运行环境是一个独立的运行系统，它按照组态工程中用户指定的方式进行各种处理，完成用户组态设计的目标和功能。运行环境本身没有任何意义，必须与组态工程一起作为一个整体，才能构成用户应用系统。一旦组态工作完成，就将组态好的工程通过串口或以太网下载到下位机的运行环境中，组态工程就可以离开组态环境而独立运行在下位机上，从而确保了控制系统的可靠性、实时性、确定性和安全性。

由 MCGS 嵌入版组态软件生成的用户应用系统由主控窗口、设备窗口、用户窗口、实时数据库和运行策略五部分构成，如图 5-1-10 所示。

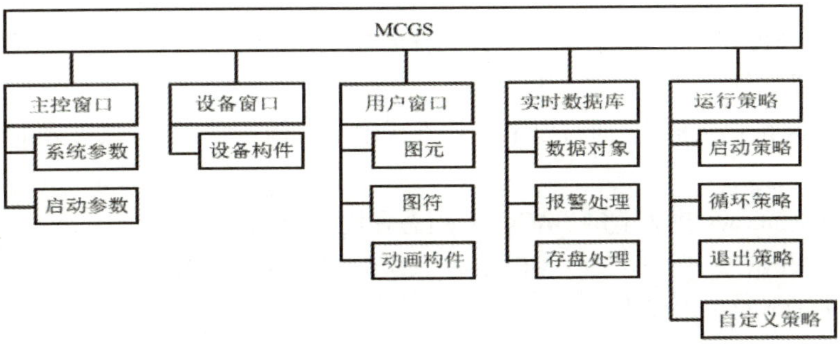

图 5-1-10　用户应用系统的组成部分

窗口是屏幕中的一块空间，是一个“容器”，直接提供给用户使用。在窗口内，用户可以放置不同的构件，创建图形对象并调整画面的布局，组态配置不同的参数以完成不同的功能。

在 MCGS 嵌入版中，每个应用系统只能有一个主控窗口和一个设备窗口，但可以有多个用户窗口和多个运行策略，实时数据库中也可以有多个数据对象。MCGS 嵌入版用主控窗口、设备窗口和用户窗口来构成一个应用系统的人机交互图形界面，组态配置各种不同类型和功能的对象或构件，同时可以对实时数据进行可视化处理。

主控窗口构造了应用系统的主框架。主控窗口确定了工业控制中工程作业的总体轮廓，以及运行流程、特性参数和启动特性等内容，是应用系统的主框架。

设备窗口是 MCGS 嵌入版系统与外围设备联系的媒介。设备窗口主要有三个功能，分别是添加触摸屏所控制的 PLC 的型号、添加变量和进行通信设置。

用户窗口实现了数据和流程的“可视化”，简单地讲就是组态绘制各种图形界面。用户窗口主要用于设置工程中人机交互的界面，如生成各种动画显示画面、报警输出、数据与曲线图表等。

实时数据库是 MCGS 嵌入版系统的核心，工程各个部分的数据交换与处理中心。实时数据库在进行数据交换与处理的同时可以对实时数据进行可视化处理。它将 MCGS 工程的各个部分连接成有机的整体。在本窗口内定义不同类型和名称的变量，作为数据采集、处理、输出控制、动画连接及设备驱动的对象。

运行策略是对系统运行流程实现有效控制的手段。本窗口主要完成工程运行流程的控制，包括编写控制程序（“if... then”脚本程序），选用各种功能构件，如数据提取、历史曲线、定时器、配方操作、多媒体输出等。

5.1.4 MCGS 嵌入版组态软件的组态过程

使用 MCGS 嵌入版组态软件生成一个实际的应用系统，首先必须在 MCGS 的组态环境下进行系统的组态生成工作，然后将系统放在 MCGS 的运行环境下运行。

1. 工程的建立

MCGS 中用“工程”来表示组态生成的应用系统，创建一个新工程就是创建一个新的用户应用系统，打开工程就是打开一个已经存在的应用系统。工程文件的命名规则和 Windows 系统相同，MCGS 嵌入版自动给工程文件名加上扩展名“.mce”。每个工程都对应一个组态结果数据库文件。

在 Windows 系统桌面上，通过以下三种方式中的任何一种，都可以进入 MCGS 组态环境：

（1）双击 Windows 桌面上的“MCGSE 组态环境”图标；

（2）选择“开始”→“程序”→“MCGS 嵌入版组态软件”→“MCGSE 组态环境”命令；

（3）按【Ctl+Alt+E】组合键。

进入 MCGS 组态环境后，单击工具栏中的“新建”按钮，或选择“文件”→“新建工程”命令，系统自动创建一个名为“新建工程 X.MCE”的新工程（X 为数字，表示建立新工程的顺序，如 1、2、3 等）。由于尚未进行组态操作，新工程只是一个包含五个基本组成部分的结构框架，接下来要逐步在框架中配置不同的功能部件，构造完成特定任务的应用系统。

如图 5-1-11 所示，MCGS 嵌入版用工作台窗口来管理构成用户应用系统的五个部分，工作台上的五个选项卡——“主控窗口”“设备窗口”“用户窗口”“实时数据库”“运行策略”，对应五个不同的窗口页面，每一个页面负责管理用户应用系统的一个部分，单击不同的选项卡可进入不同的窗口，对应用系统的相应部分进行组态操作。

在保存新工程时，可以随意更换工程文件的名称。默认情况下，所有的工程文件都存放在 MCGS 嵌入版安装目录下的“Work”子目录里，用户也可以根据自身需要指定存放工程文件的目录。

图 5-1-11　MCGS 工作台窗口

2. 组态设备窗口

设备窗口是 MCGS 嵌入版系统与作为测控对象的外围设备建立联系的后台作业环境，负责驱动外围设备，控制外围设备的工作状态。系统通过设备与数据之间的通道，把外围设备的运行数据采集进来，送入实时数据库，供系统其他部分调用，并且把实时数据库中的数据输出到外围设备，从而实现对外围设备的操作与控制。

MCGS 嵌入版为用户提供了多种类型的设备构件，作为系统与外围设备进行联系的媒介。进入设备窗口，从设备构件工具箱里选择相应的构件，配置到窗口内，建立接口与通道的连接关系，设置相关的属性，即完成设备窗口的组态工作。

运行时，应用系统自动装载设备窗口及其含有的设备构件，并在后台独立运行。对用户来说设备窗口是不可见的。

在设备窗口内用户组态的基本操作如下。

1）选择设备构件

双击“设备窗口”图标（或选中窗口图标，单击“设备组态”按钮），弹出设备组态窗口，如图 5-1-12 所示；单击工具栏中的“工具箱”按钮，弹出设备工具箱，如图 5-1-13 所示；单击设备工具箱上的“设备管理”按钮，弹出设备管理器，如图 5-1-14 所示；双击设备管理器中的设备构件，将其加载至设备工具箱，再双击设备工具箱上的设备，将设备加载至窗口。

图 5-1-12　设备组态窗口

设备工具箱内包含 MCGS 嵌入版目前支持的所有硬件设备，对系统不支持的硬件设备，需要预先定制相应的设备构件，才能对其进行操作。MCGS 嵌入版将不断增加新的设备构件，为更多硬件设备提供支持。

图 5-1-13　设备工具箱

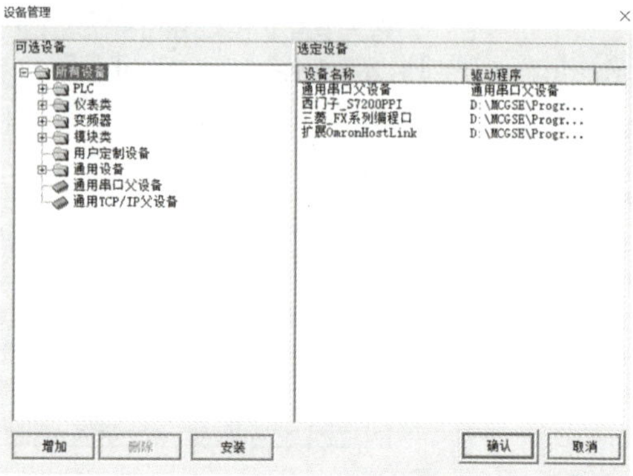

图 5-1-14　设备管理器

2）设置构件属性

选中设备构件，单击工具栏中的“属性”按钮或选择“编辑”→“属性”命令，或者双击设备构件，弹出所选设备构件的设备编辑窗口，如图 5-1-15 中左侧所示，按所列项目进行设置。不同的设备构件有不同的属性，系统各部分对设备构件的操作是以设备名为基准的，因此各设备构件不能重名。与硬件相关的参数必须正确设置，否则系统不能正常工作。

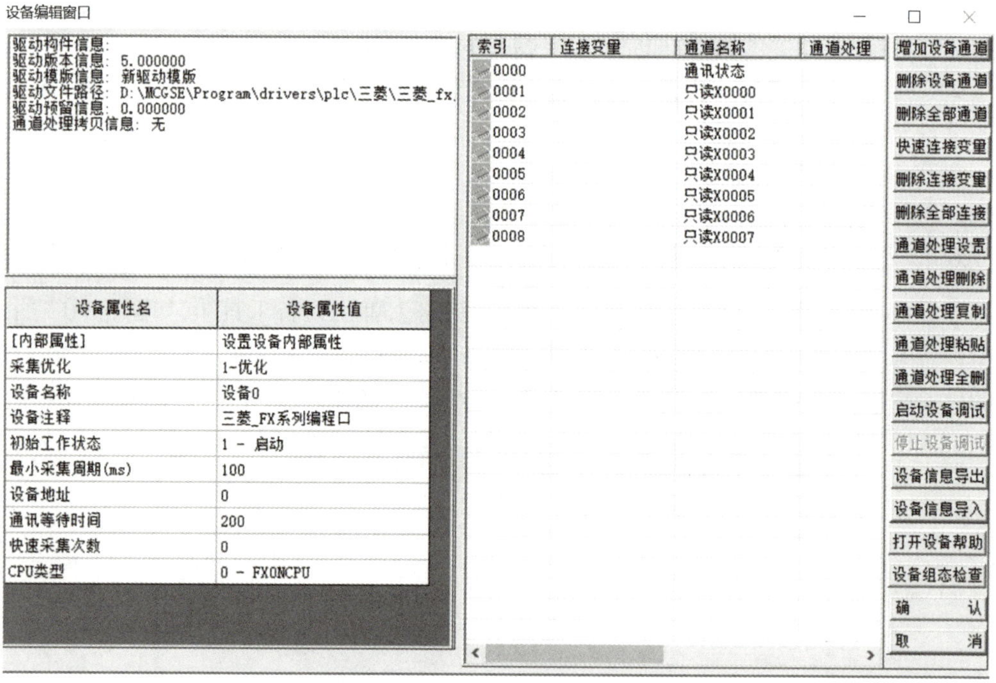

图 5-1-15　设备编辑窗口

3）设备通道连接

把输入/输出设备读取数据和输出数据的通道称为设备通道，建立设备通道和实时数据库中数据对象的对应关系的过程称为通道连接。建立通道连接的目的是通过设备构件，确定采集进来的数据送入实时数据库的什么地方，或从实时数据库中什么地方取用数据。

在图 5-1-15 所示设备编辑窗口右侧，按页面中所列项目对设备通道连接进行设置。单击“增加设备通道”按钮，弹出图 5-1-16 所示“添加设备通道”对话框，在该对话框中可添加设备通道。

微课　MCGS 组态软件与三菱 PLC 的设备组态方法

4）设备调试

设备调试作为设备窗口组态项目之一，便于用户及时检查组态操作的正确性，包括设备构件选用是否合理，设备通道连接及属性参数设置是否正确，这是保证整个系统正常工作的重要环节。在图 5-1-15 所示设备编辑窗口右侧单击“启动设备调试”按钮，可以进行设备调试。

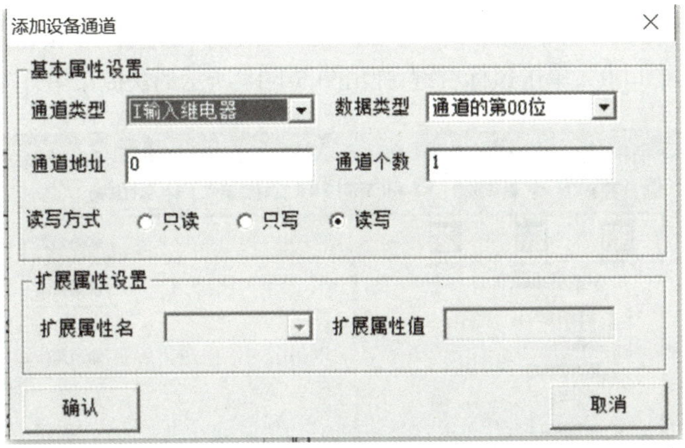

图 5-1-16　“添加设备通道”对话框

> 观看“MCGS 组态软件与三菱 PLC 的设备组态方法”微课，回答以下问题：串口通信时，PLC 在设备组态时需设置哪些信息？

3. 组态用户窗口

MCGS 以窗口为单位组建应用系统的图形界面，创建用户窗口后，通过放置各种类型的图形对象，例如图元、图符、动画构件等，定义相应的属性，为用户生成漂亮、生动，具有多种风格和类型的动画画面。组态用户窗口通常包括创建用户窗口、设置用户窗口属性、创建图形对象、编辑图形对象等步骤。

1）创建用户窗口

单击工作台的“用户窗口”选项卡，进入用户窗口。单击右侧“新建窗口”按钮，或执行菜单中的“插入”→“用户窗口”命令，即可创建一个新的用户窗口，以图标形式显示。多次单击“新建窗口”按钮，则增加多个窗口，系统默认定义的名称为“窗口 0”“窗口 1”“窗口 2”等，如图 5-1-17 所示。

2）设置用户窗口属性

新建的用户窗口只是一个空窗口，用户可以根据需要设置窗口的属性，包括用户窗口的基本属性、扩充属性、启动脚本、循环脚本和退出脚本设置。选择待设置的用户窗口图标，例如图 5-1-17 中的“窗口 0”，采用如下方法，弹出“用户窗口属性设置”对话框。

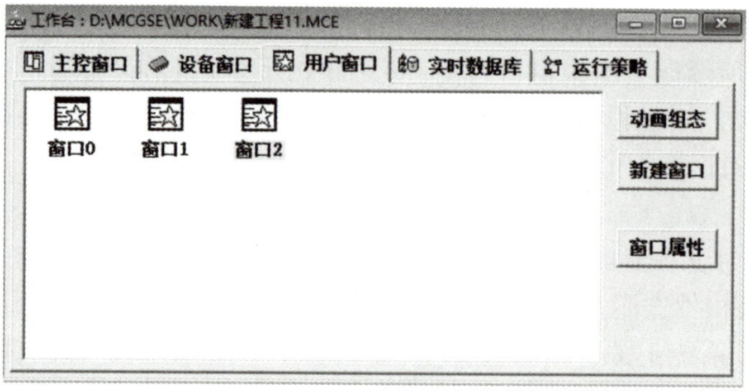

图 5-1-17　用户窗口

方法 1:选中“窗口 0”,单击图 5-1-17 用户窗口中的“窗口属性”按钮。

方法 2:选中“窗口 0”,单击鼠标右键,弹出图 5-1-18 所示的快捷菜单,选择“属性”命令。

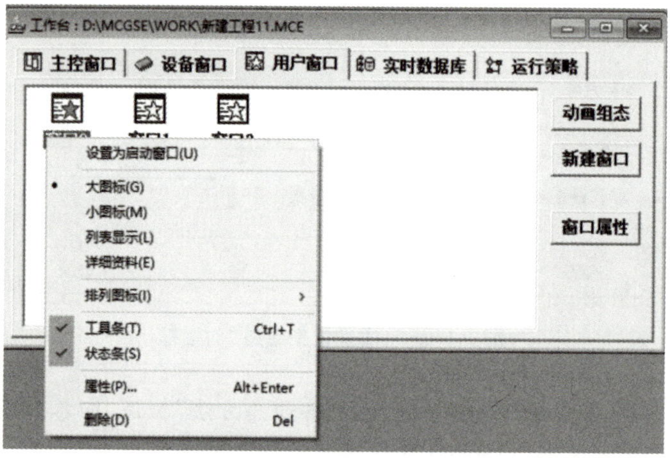

图 5-1-18　窗口快捷菜单

方法 3:单击工具条中的“显示属性”按钮。

方法 4:使用【Alt+Enter】组合键。

用户窗口属性设置的基本属性设置页面如图 5-1-19 所示,包括窗口名称、窗口标题、窗口背景、窗口位置、窗口边界等内容,其中窗口位置、窗口边界不可用。

扩充属性设置页面如图 5-1-20 所示,包括窗口外观、窗口坐标和窗口视区大小等内容。窗口视区大小是指实际可用的区域,与屏幕上所见的区域可以不同,当选择视区大于可见区时,窗口侧边附加滚动条,操作滚动条可以浏览窗口内所有的图形对象。

脚本控制包括启动脚本、循环脚本和退出脚本。启动脚本是指在用户窗口打开执行脚本,循环脚本是指在窗口打开期间以指定的间隔循环执行脚本,退出脚本则是在用户窗口关闭时退出脚本。

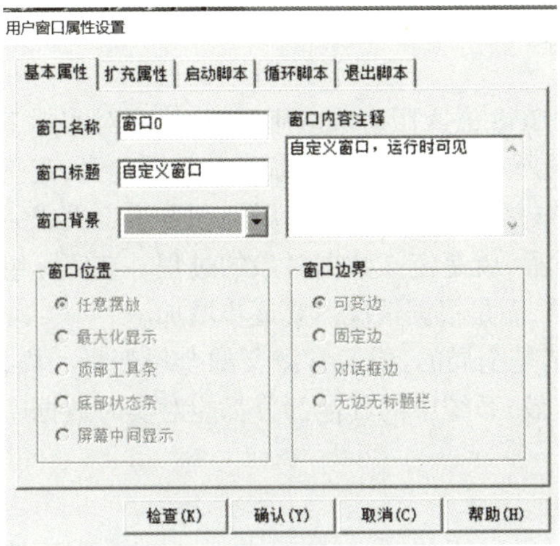

图 5-1-19　基本属性设置页面

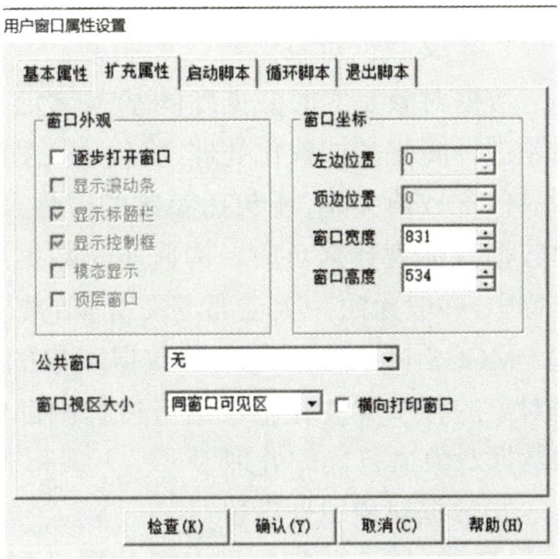

图 5-1-20　扩充属性设置页面

3）创建图形对象

MCGS 嵌入版提供了三类图形对象供用户选用，即图元、图符和动画构件。这些图形对象位于工具箱内，如图 5-1-21 所示，用户从工具箱中选择所需要的图形对象，配置在用户窗口内，可以创建各种复杂的图形。

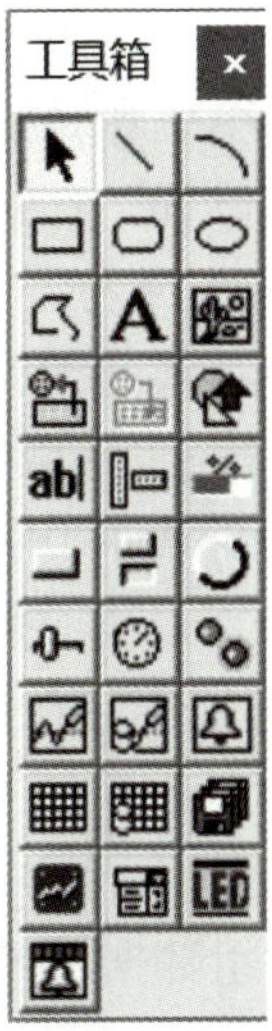

图 5-1-21
工具箱

4）编辑图形对象

图形对象创建完成后，要对图形对象进行各种编辑工作，如改变图形的颜色和大小，调整图形的位置和排列形式，进行图形的旋转及组合分解等操作。MCGS 嵌入版提供了完善的编辑工具，方便用户快速制作各种复杂的图形界面，以图形方式精确表示外部物理对象。

5）定义动画连接

定义动画连接实际上是为用户窗口内创建的图形对象与实时数据库中定义的数据对象建立对应的连接关系，通过为图形对象在不同的数值区间内设置不同的状态属性（如颜色、大小、位置移动、可见度、闪烁效果等），用数据对象的值的变化来驱动图形对象的状态改变，使系统在运行过程中，产生形象逼真的动画效果。

因此，动画连接过程可归结为对图形对象的状态属性设置的过程。

6）动画构件连接

为了简化用户程序设计工作量，MCGS 嵌入版将工程控制与实时监测作业中常用的物理器件，如按钮、操作杆、显示仪表和曲线表盘等，制作成独立的图形存储在图库中供用户调用，这些能实现不同动画功能的图形称为动画构件。

在组态时，只需要建立动画构件与实时数据库中数据对象的对应关系，就能完成动画构件的连接。例如：对实时曲线构件，需要指明该构件运行时记录哪个数据对象的变化曲线；对报警显示构件，需要指明该构件运行时显示的哪个数据对象的报警信息。

4. 建立实时数据库

实时数据库是 MCGS 嵌入版系统的核心，也是应用系统的数据处理中心，系统各部分均以实时数据库为数据公用区，进行数据交换、数据处理和实现数据的可视化处理。

1）定义数据对象

数据对象是实时数据库的基本单元。在MCGS嵌入版生成应用系统时，应对实际工程问题进行简化和抽象化处理，将代表工程特征的所有物理量作为系统参数加以定义，定义中不只包含数值类型，还包括参数的属性及其操作方法，这种把数值、属性和方法定义成一体的数据就称为数据对象。构造实时数据库的过程，就是定义数据对象的过程。在实际组态过程中，一般无法一次全部定义所需的数据对象，而是根据情况需要逐步增加。

MCGS嵌入版中定义的数据对象的作用域是全局的，像通常意义的全局变量一样，数据对象的各个属性在整个运行过程中都保持有效，系统中的其他部分都能对实时数据库中的数据对象进行操作处理。

2）数据对象属性设置

MCGS嵌入版把数据对象的属性封装在对象内部，作为一个整体，由实时数据库统一管理。对象的属性包括基本属性、存盘属性和报警属性。

（1）基本属性设置。基本属性包含对象的名称、类型、初值、界限（最大、最小）值、工程单位和对象内容注释等项内容。单击“对象属性”按钮或双击对象名，显示“数据对象属性设置”对话框的“基本属性”页，用户可按所列项目分别进行设置。数据对象有开关型、数值型、字符型、事件型、组对象五种类型，在实际应用中，数字量的输入/输出对应于开关型数据对象；模拟量的输入/输出对应于数值型数据对象；字符型数据对象是记录文字信息的字符串；事件型数据对象用来表示某种特定事件的产生及相应时刻，如报警事件、开关量状态跳变事件；组对象用来表示一组特定数据对象的集合，以便于系统对该组数据统一进行处理。

（2）存盘属性设置。MCGS嵌入版把数据的存盘处理作为一种属性或者一种操作方法，封装在数据内部，作为整体处理。运行过程中，实时数据库自动完成数据存盘工作，用户不必考虑这些数据如何存储以及存储在什么地方。用户的存盘要求在“存盘属性”页中设置，存盘方式有两种：按数值变化量存盘和定时存盘。组对象以定时的方式来保存相关的一组数据，而非组对象则按变化量来记录对象值的变化情况。

（3）报警属性设置。在MCGS嵌入版中，报警作为数据对象的属性被封装在数据对象内部，由实时数据库统一处理，用户只需按照“报警属性”页中所列的项目进行设置，如数值量的报警界限值、开关量的报警状态等。运行时，由实时数据库自动判断有无报警信息产生、什么时候产生、什么时候结束、什么时候应答，并通知系统的其他部分。也可根据用户的需要，实时存储和打印这些报警信息。

5. 组态运行策略

运行策略是指对监控系统运行流程进行控制的方法和条件，它能够对系统执行某项操作和实现某种功能进行有条件的约束。运行策略由多个复杂的功能模块组成，用来完成对系统运行流程的自由控制，使系统按照设置的顺序和条件，实时操作数据库，控制用户窗口的打开/关闭，以及控制设备构件的工作状态等，从而实现对系统工作过程的精确控制及有序的调度管理。

用户可以根据需要来创建和组态运行策略。组态运行策略的步骤请大家自行学习，此处不再赘述。

6. 组态主控窗口

主控窗口（图 5-1-22）是用户应用系统的主窗口，也是应用系统的主框架，展现工程的总体外观。主控窗口提供菜单命令，以响应用户的操作。主控窗口负责调度设备窗口的工作、管理用户窗口的打开和关闭、驱动动画图形和调度用户策略的运行等工作。主控窗口组态包括菜单设计和主控窗口属性设置。

1）菜单设计

对于一个新建的工程，MCGS 提供了一套默认菜单，用户也可以根据需要设计自己的菜单。双击“主控窗口”图标或单击“菜单组态”按钮，弹出菜单组态窗口。可以利用窗口上端工具栏的“新增下拉菜单”按钮、“新增菜单项”按钮和相关菜单项，进行菜单项的插入、删除、位置调整，设置分隔线，制作下拉式菜单等。

双击已添加的菜单项，显示“菜单属性设置”对话框，如图 5-1-23 所示，可根据实际需求完成设置。由于主控窗口的职责是调度与管理其他窗口，因此所建立的菜单命令可以完成执行运行策略、打开用户窗口等工作。

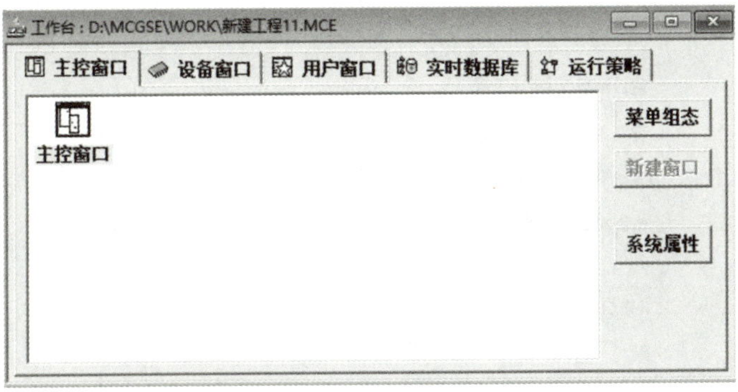

图 5-1-22　主控窗口

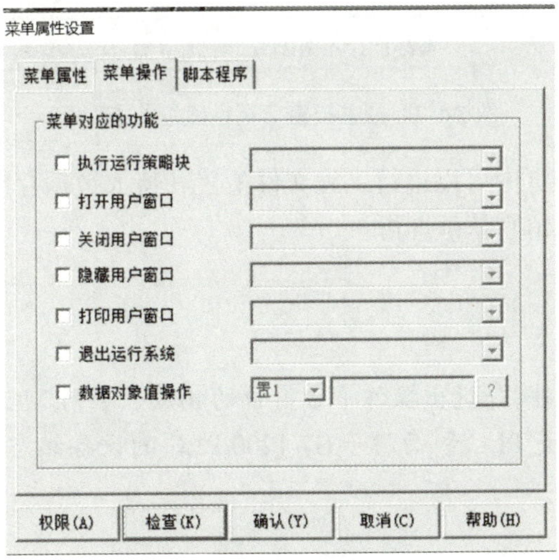

图 5-1-23　“菜单属性设置”对话框

2)主控窗口属性设置

选中“主控窗口”图标,单击工作台窗口中的“系统属性”按钮,或者单击工具栏中的“显示属性”按钮,或者选择“编辑”→“属性”命令,弹出“主控窗口属性设置”对话框,如图5-1-24所示,可按选项卡进行设置。

基本属性:指明反映工程外观的显示要求,包括工程的名称(窗口标题)、系统启动时首页显示的画面(称为软件封面)。

启动属性:指定系统启动时自动打开的用户窗口(称为启动窗口)。

内存属性:指定系统启动时自动装入内存的用户窗口。运行过程中,打开装入内存的用户窗口可提高画面的切换速度。

系统参数:设置系统运行时的相关参数,主要是周期性运作项目的时间要求。例如,画面刷新的周期时间、图形闪烁的周期时间等。建议采用默认值,一般情况下不需要修改这些参数。

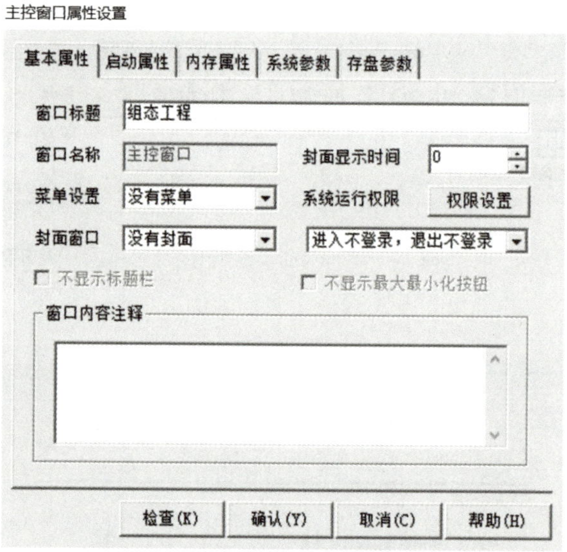

图 5-1-24 “主控窗口属性设置”对话框

存盘参数:在该属性页中可以进行工程文件配置和特大数据存储设置。通常情况下,不必对此部分进行设置,保留默认值即可。

任务实施

独立安装MCGS软件,并说出操作平台窗口的构成。利用MCGS软件新建工程,能利用设备窗口分别进行三菱PLC和西门子S7-1200 PLC的设备组态,建立用户窗口,并对其进行属性设置。

1. 设备与器材

(略)

2. 内容与步骤

(1)根据给定安装包,安装 MCGS 软件。

(2)进行三菱 PLC 的设备组态。

新建工程项目,并进行三菱 PLC 的组态,建立三个用户窗口,分别将其命名为“封面”“控制画面”“结束画面”,并将封面设置为启动窗口。

(3)西门子 S7-1200 PLC 的设备组态。

新建工程项目,并进行西门子 S7-1200 PLC 的组态,建立三个用户窗口,分别将其命名为“封面”“控制画面”“结束画面”,并将封面设置为启动窗口。

任务考核

(见“任务 5.1 考核标准”码课)

任务 5.1 考核标准

任务拓展

熟悉 MCGS 软件中工具箱内各图标的含义。

练习题

(见“任务 5.1 练习题”码课)

任务 5.1 练习题

任务 5.2 触摸屏控制自动循环正反转运行界面的制作

任务描述

在炼油、化工和制药行业中,多种液体混合是必不可少的工序,在进行液体混合时,为了使各种介质混合均匀,需要进行搅拌,因此会用到电动机正反转控制。本任务以电动机正反转控制为例,利用 MCGS 软件实现对电动机自动循环正反转控制的监控。具体要求如下:按下启动按钮,电动机正转一段时间,停一段时间后开始反转,反转一段时间后,再停一段时间,之后再次正转,如此循环 3 个周期后自动停止。其中正转运行时间、正转运行+正转停止的时间、正转运行+正转停止+反转运行时间、循环周期均可通过触摸屏设定。在运行过程中,如果按停止按钮,则电动机立刻停止;出现过载情况时,电动机也停止。

通过本任务的学习,学生能够掌握 MCGS 软件画面的制作、昆仑通态 7062Ti 触摸屏和 PLC 的连接、包含触摸屏信息的 PLC 控制程序的编写,掌握昆仑通态触摸屏、组态软件和 PLC 的联合调试方法,同时结合所学的 PLC 型号完成电动机自动循环正反转监控系统的设计与调试。

任务目标

1. 知识目标

（1）理解 MCGS 软件和 PLC 通信的原理。

（2）掌握简单画面的设计，触摸屏变量和 PLC 变量的连接。

（3）熟悉用 MCGS 软件和 PLC 调试监控系统的一般方法。

2. 能力目标

（1）能在教师的引导下进行电动机自动循环正反转监控系统的界面设计，并完成各标准按钮、指示灯、输入框等元件的连接及属性等设计。

（2）能在教师的引导下按要求编写包含触摸屏信息的 PLC 控制程序。

（3）能利用 MCGS 软件、PLC 联合调试自动循环正反转监控系统。

（4）能在教师的引导下对电动机自动循环正反转监控系统进行故障排除。

3. 素养目标

（1）鼓励学生按照自己的思路设计画面，并注意画面的美观度，提升学生的审美水平。

（2）培养学生刻苦勤奋、诚实守信、持之以恒的优良品质以及团结协作精神。

（3）在任务实施的过程中，使学生逐步养成认真细致的工作态度，提升学生的职业素养。

任务准备

5.2.1 7062Ti 触摸屏

7062Ti 是以先进的 Cortex-A8 CPU 为核心（主频 600 MHz）的高性能嵌入式一体化触摸屏。该产品设计采用了 7 英寸（约 17.8 cm）高亮度 TFT（薄膜晶体管）液晶显示屏（分辨率 800×480）和四线电阻式触摸屏（分辨率 4 096×4 096），同时预装了 MCGS 嵌入式组态软件（运行版），具备强大的图像显示和数据处理功能。其正视图如图 5-2-1 所示，背视图如图 5-2-2 所示。

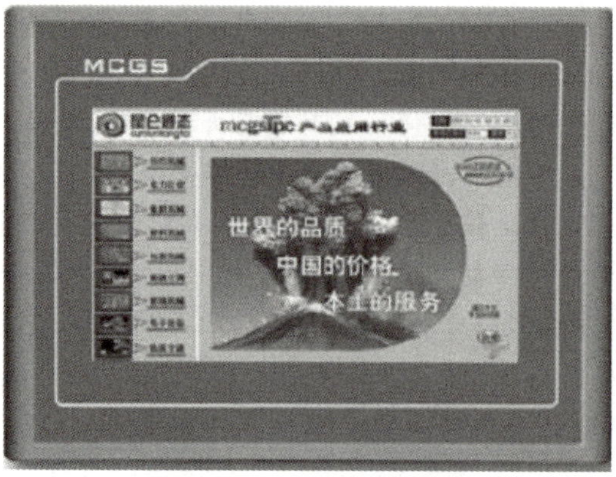

图 5-2-1 7062Ti 正视图

微课　7062Ti 触摸屏与 S7-1200 的硬件连接与组态

①—电源接口；②—串口(DB9)；③—以太网接口；④—USB1 接口；⑤—USB2 接口

图 5-2-2　7062Ti 背视图

图 5-2-2 所示电源接口是触摸屏的供电电源，7062Ti 使用 24 V 直流电源供电。串口采用九针 D 形母头，用于与西门子 S7-200、三菱 FX 系列、欧姆龙等无以太网接口的 PLC 进行通信。以太网接口适用于和具有以太网接口的 PLC 进行通信。USB1 口用于连接键盘或 U 盘(适用于 U 盘下载工程)，USB2 口用于 USB 线(一头是 USB 口，一头是图 5-2-2 中⑤所示的方口)下载工程。

7062Ti 开机启动后屏幕出现“正在启动”提示进度条，如图 5-2-3 所示，此时立刻使用触摸笔或手指快速地轻点屏幕任意位置可进入系统设置界面，如图 5-2-4 所示；否则等待 3 s，系统将自动运行触摸屏校准程序。

触摸屏校准时使用触摸笔或手指轻按十字光标中心点不放，当光标移动至下一点后抬起；重复该动作，直至提示“新的校准设置已测定”，轻点屏幕任意位置退出校准程序。

在图 5-2-4 所示系统设置画面，点击“系统维护”→“设置系统参数”→“设置 IP 地址”，可进行触摸屏 IP 地址设置。触摸屏 IP 地址需与连接的计算机在同一个网段。设置完毕后返回上级菜单，重启系统，重启完成后 IP 地址设置完成。

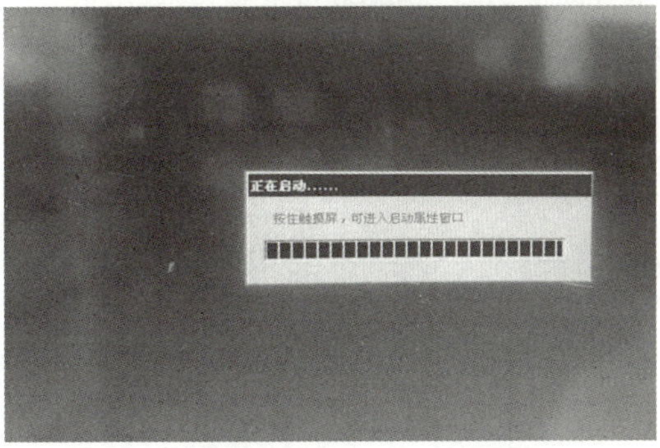

图 5-2-3　“正在启动”提示进度条界面

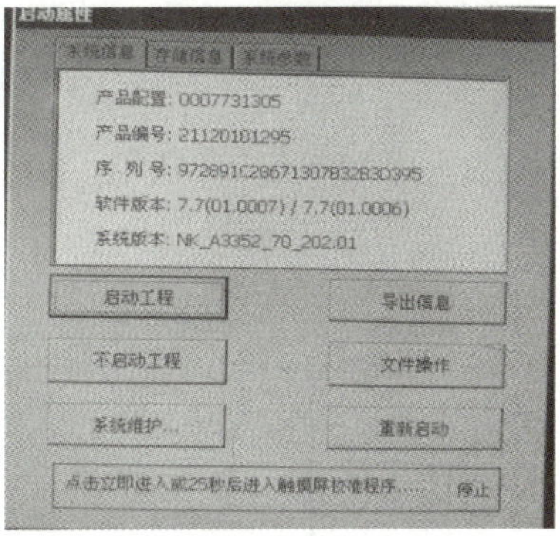

图 5-2-4　系统设置界面

5.2.2 监控系统总体设计

监控系统的总体设计框图如图 5-2-5 所示。

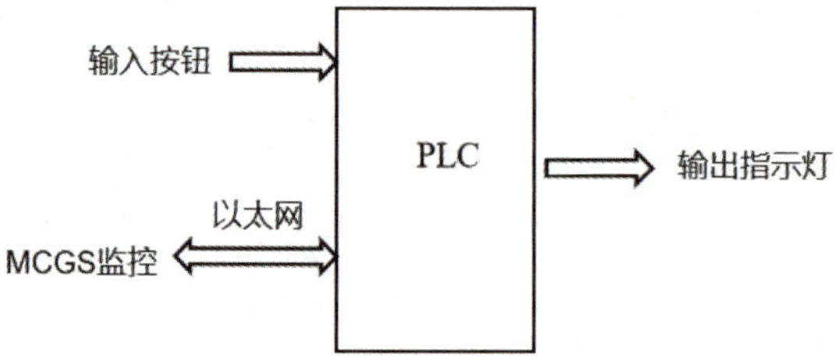

图 5-2-5 监控系统的总体设计框图

由总体设计框图可知,需用网线将触摸屏的以太网接口和 PLC 所在网络连接,同时触摸屏也需要接入计算机所在网络,因此需要用交换机将计算机、PLC、触摸屏设置在同一个网络中。

5.2.3 包含触摸屏信息的 PLC 控制程序编写

本节以电动机连续运行监控系统为例来说明包含触摸屏信息的 PLC 控制程序的编写方法。电动机连续运行控制的具体要求如下:按下启动按钮,电动机运行,经过一段时间后,电动机自动停止;任何时候按下停止按钮,电动机停止;发生过载时,电动机停止;同时可以通过触摸屏修改电动机的运行时间。其 PLC 变量表如图 5-2-6 所示。

	名称	数据类型	地址
1	启动按钮	Bool	%I0.0
2	停止按钮	Bool	%I0.1
3	过载保护	Bool	%I0.2
4	触摸屏启动按钮	Bool	%M10.0
5	触摸屏停止按钮	Bool	%M10.1
6	电动机运行指示灯	Bool	%Q0.0
7	电动机运行时间设定	DWord	%MD20

图 5-2-6 电动机连续运行监控系统的 PLC 变量表

根据变量表可以编写梯形图,如图 5-2-7 所示。

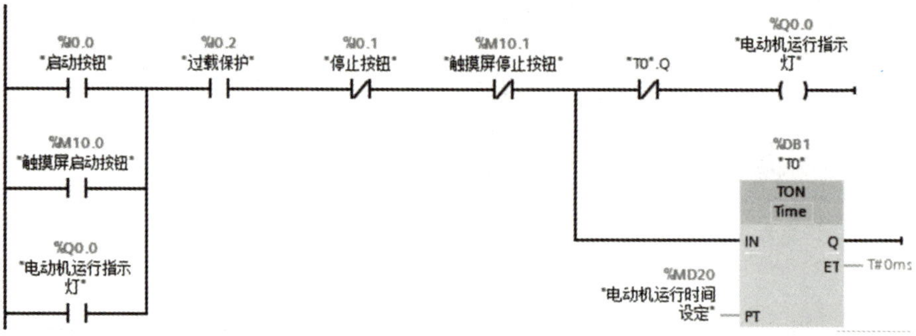

图 5-2-7 电动机连续运行监控系统的梯形图

注意：博途软件和 MCGS 进行通信时，需在博途软件中进行以下设置："属性"→"常规"→"防护与安全"→"连接机制"，勾选"允许来自远程的 PUT/GET 通信访问"复选框，如图 5-2-8 所示。如果用到数据块，还需要在该数据块的"属性"选项中，取消勾选"优化的块访问"复选框，如图 5-2-9 所示。

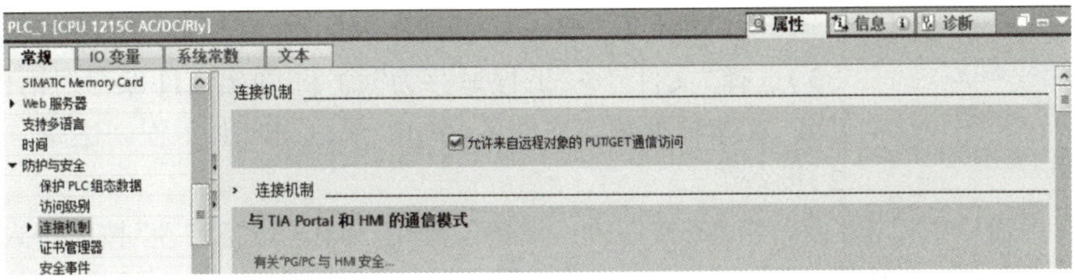

图 5-2-8　勾选"允许来自远程的 PUT/GET 通信访问"复选框

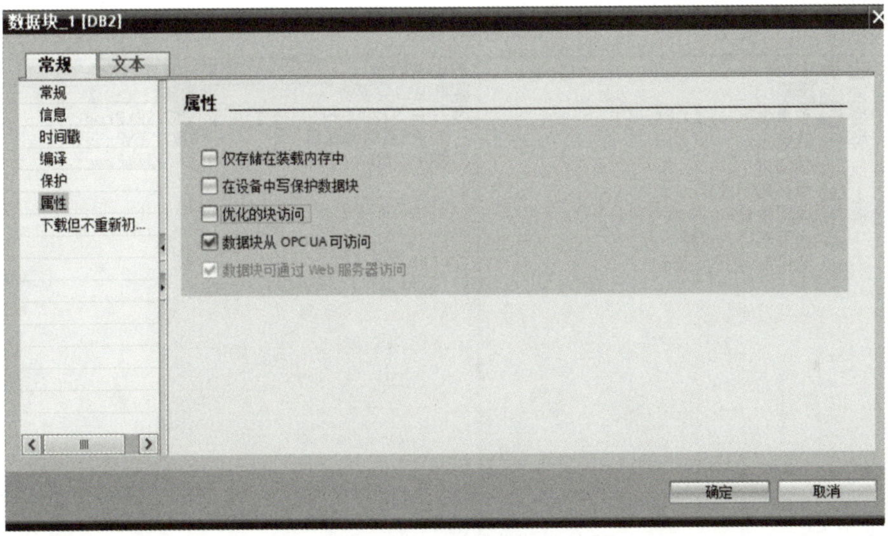

图 5-2-9　数据块属性设置

5.2.4　MCGS 软件组态和画面制作

根据任务要求，在触摸屏中需制作启动按钮、停止按钮、电动机运行指示灯、修改电动机运行时间的输入框。在触摸屏中启动按钮、停止按钮是没办法直接关联到 PLC 的输入点的，因此需要通过 MCGS 软件中的变量来实现这些按钮的功能。具体来说，可以在 MCGS 软件中，当触摸屏上的启动按钮被按下时，触发程序，将相应的信号发送给 PLC，从而启动电动机。同理，当停止按钮被按下时，也可以通过程序将相应的信号发送给 PLC，以实现电动机的停止或过载保护功能。因此，需将触摸屏中的启动按钮、停止按钮与 PLC 的内部继电器 M 连接，指示灯与 PLC 的输出继电器 Q 连接。

电动机连续运行控制监控系统的软件组态和画面制作过程如下。

1. 软件组态

微课　电动机连续运行控制监控系统的设备组态、画面制作、动画连接

1)创建工程

(1)双击桌面“MCGS 组态环境”图标,屏幕中间窗口为工作台。

(2)选择“文件”→“新建工程”命令。如果 MCGS 安装在 D 盘根目录下,则会在“D: \MCGSE\WORK”下自动生成新建工程,默认的工程名为“新建工程 X.MCE”,X 表示新建工程的顺序号(如 0、1、2 等)。

(3)选择“文件”→“工程另存为”命令,弹出文件保存对话框,可在“文件名”文本框处输入文件名,单击“保存”按钮,工程创建完毕。

2)设备组态

在设备窗口中单击“设备组态”按钮进入设备工具箱,单击“设备管理”按钮进入设备管理窗口,如图 5-2-10 所示。

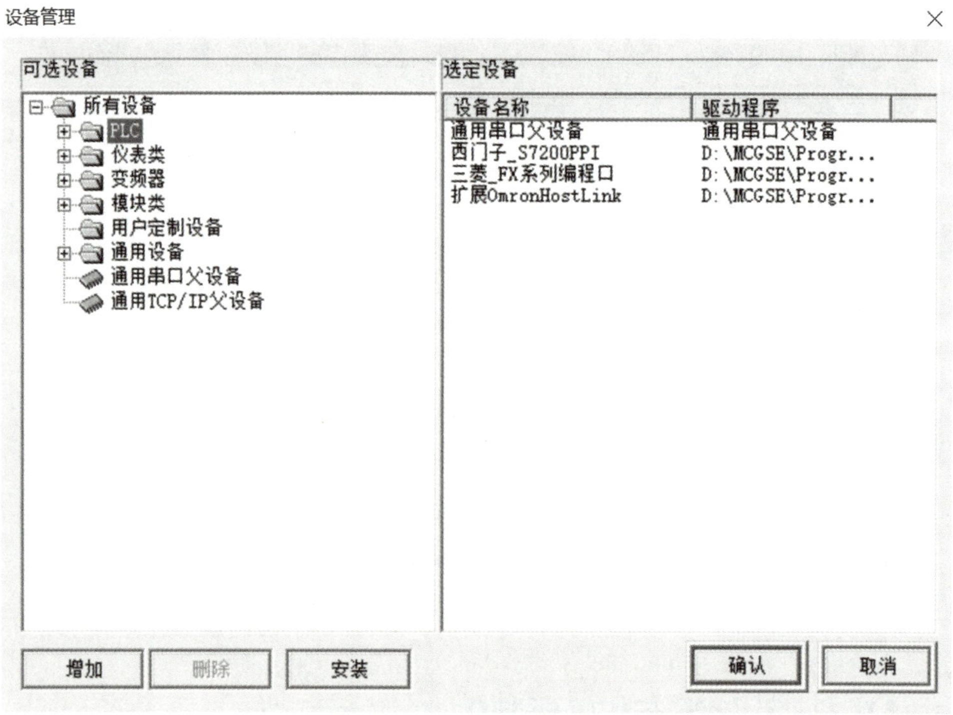

图 5-2-10　设备管理窗口

在设备管理窗口的“可选设备”中单击“PLC”→“西门子”→“Siemens_1200 以太网”→“Siemens_1200”→“确认”按钮,可将 Siemens_1200 PLC 增加至选定设备,如图 5-2-11 所示。之后单击“确认”按钮,则 Siemens_1200 PLC 增加至设备工具箱,如图 5-2-12 所示。

将设备工具箱中的“Siemens_1200”拖曳至“设备组态:设备窗口”即可,如图 5-2-13 所示。双击组态好的设备即可进入设备编辑窗口进行属性设置,如图 5-2-14 所示。

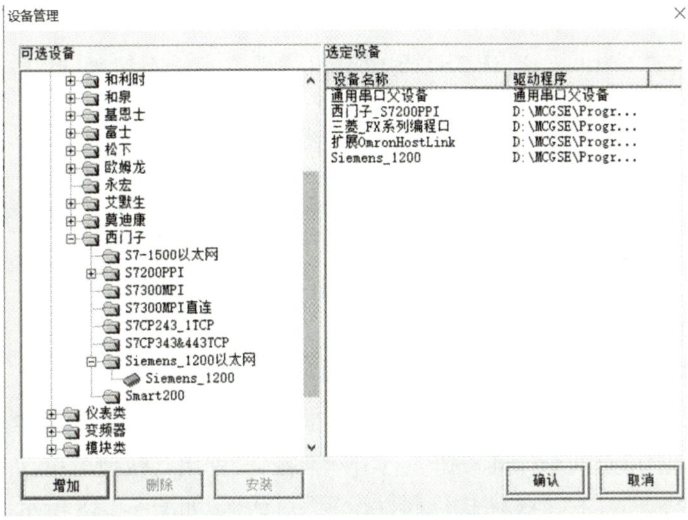

图 5-2-11　设备管理器增加新设备

图 5-2-12　设备工具箱

图 5-2-13　设备组态窗口

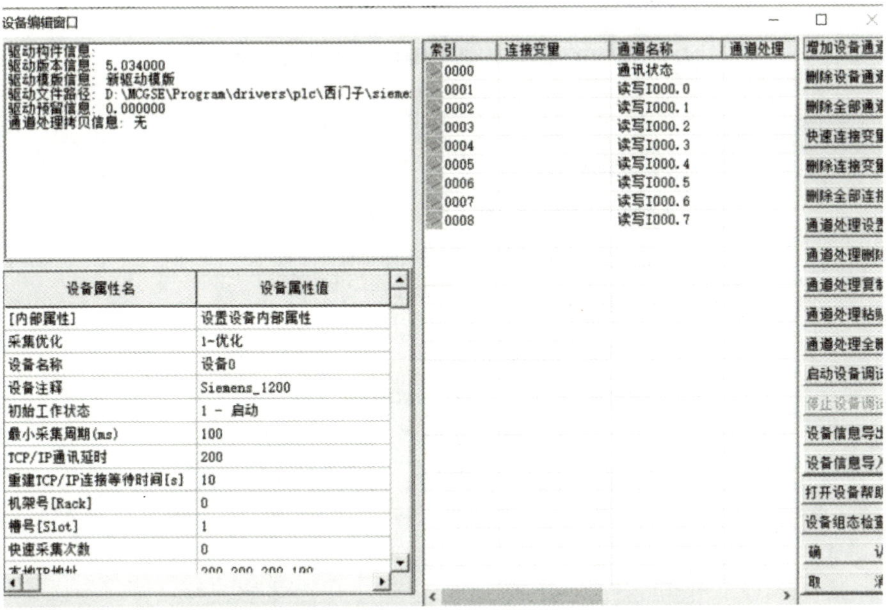

图 5-2-14　设备编辑窗口

在设备编辑窗口可进行设备属性设置，主要是进行 IP 地址的设置，如图 5-2-15 所示。

本地 IP 是触摸屏的 IP 地址，远端 IP 是 PLC 的 IP 地址。其他信息不做修改即可。

注意：触摸屏的 IP 地址、PLC 的 IP 地址、计算机的 IP 地址需要在同一个网段，且不能重复。

2. 画面制作

在用户窗口中单击“新建窗口”按钮，建立“窗口 0”，选中“窗口 0”，单击“窗口属性”按钮，弹出“用户窗口属性设置”对话框，如图 5-2-16 所示。

如需修改窗口名称和窗口标题，可在“用户窗口属性设置”对话框中进行修改。

选中“窗口 0”，单击“动画组态”按钮，可进行窗口画面制作。

1）启动按钮的制作和动画连接

单击工具栏中的“工具箱”按钮，打开绘图工具箱。单击绘图工具箱中“标准按钮”按钮，光标呈现“十”字形，在窗口中拉出两个标准按钮。右击标准按钮，弹出其快捷菜单，如图 5-2-17 所示。选择“属性”命令，进入“标准按钮构件属性设置”对话框，如图 5-2-18 所示。在“基本属性”选项卡下，将“文本”修改为“启动按钮”，第二个标准按钮改为“停止按钮”。

设备属性名	设备属性值
初始工作状态	1 - 启动
最小采集周期(ms)	100
TCP/IP通讯延时	200
重建TCP/IP连接等待时间[s]	10
机架号[Rack]	0
槽号[Slot]	1
快速采集次数	0
本地IP地址	200.200.200.190
本地端口号	3000
远端IP地址	200.200.200.180
远端端口号	102

图 5-2-15 设备属性设置

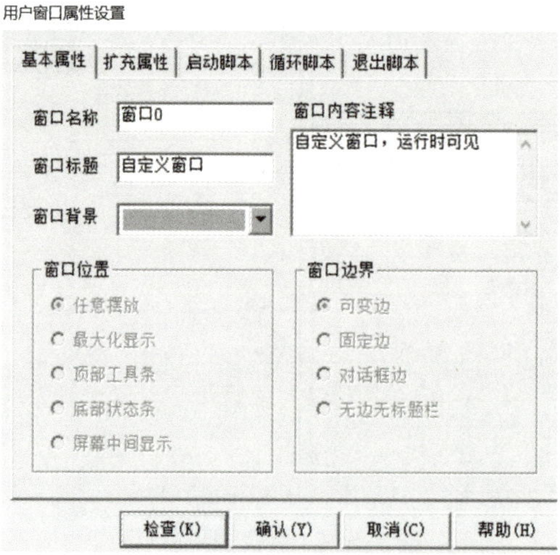

图 5-2-16 “用户窗口属性设置”对话框

在“标准按钮构件属性设置”对话框中，将“操作属性”选项卡下的“数据对象值操作”设置为“按 1 松 0”，如图 5-2-19 所示。

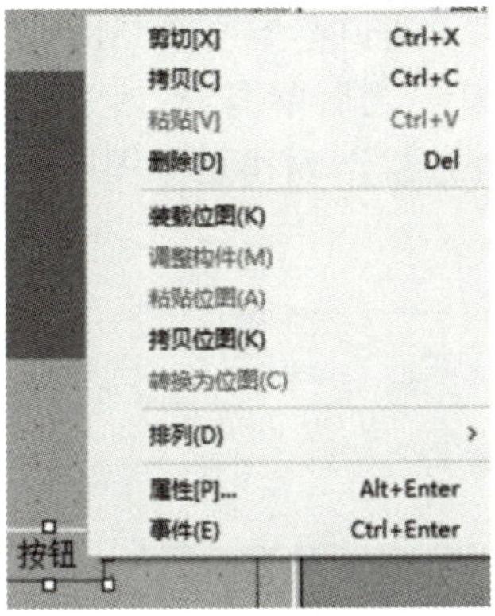

图 5-2-17　标准按钮快捷菜单

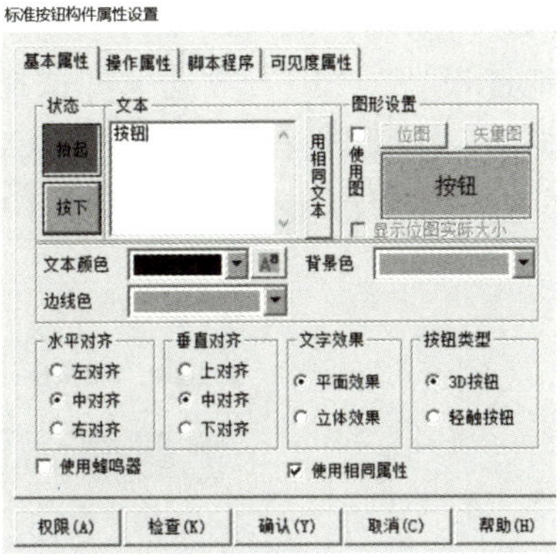

图 5-2-18　标准按钮构件属性设置（1）

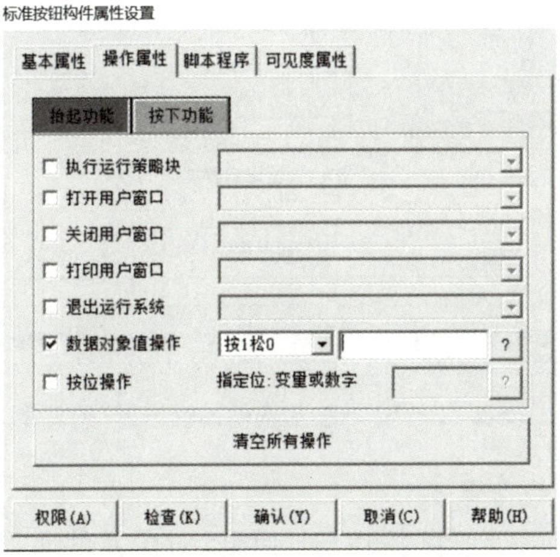

图 5-2-19　标准按钮构件属性设置（2）

单击“数据对象值操作”右侧 ? 按钮，进入“变量选择”对话框，如图 5-2-20 所示。

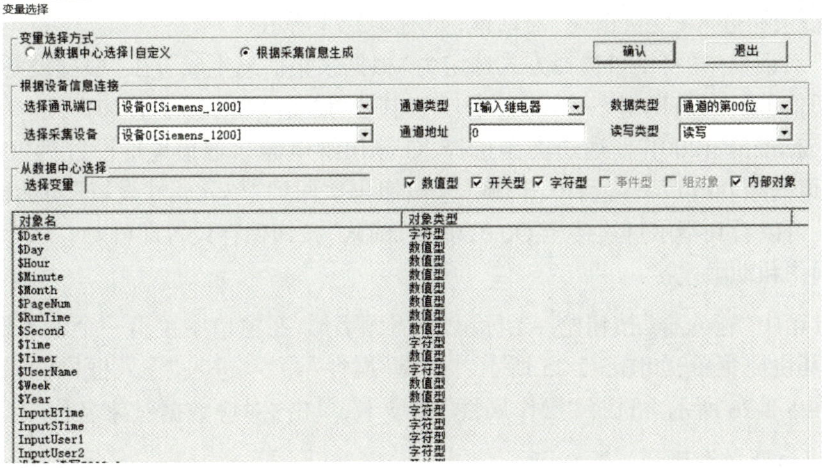

图 5-2-20　“变量选择”对话框

微课　按钮制作和连接

在图 5-2-20 所示“变量选择”对话框中，将变量选择方式选定为“根据采集信息生成”；在“根据设备信息连接”区，选择通信端口为前期组态的设备，本任务中是“设备 0[Siemens_1200]”，选择采集设备为“设备 0[Siemens_1200]”。通道类型选择“M 内部继电器”，通道地址设置为“10”，数据类型选择“通道的第 00 位”。之后单击“确认”按钮再次回到“标准按钮构件属性设置”对话框，可以看到将启动按钮连接至 M10.0，如图 5-2-21 所示，用同样的方法可将停止按钮连接至 M10.1。

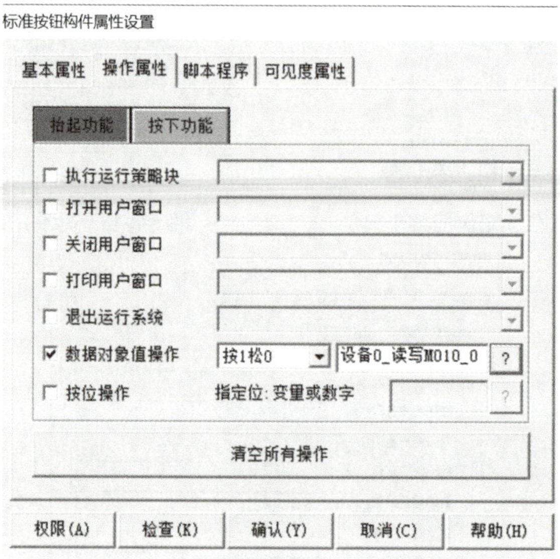

图 5-2-21 “标准按钮构件属性设置”对话框

2）指示灯的制作和动画连接

单击绘图工具箱中“插入元件”按钮，弹出“对象元件库管理”对话框，从“对象元件库管理”对话框的“指示灯”选项中选择合适的指示灯，放在适当位置。

双击指示灯，弹出“单元属性设置”对话框，单击“数据对象”选项卡，如图 5-2-22 所示。

单击右端的 ? 按钮进入“变量选择”对话框，如图 5-2-23 所示。

在“变量选择”对话框中，将变量选择方式选定为“根据采集信息生成”；在“根据设备信息连接”区，选择通信端口为前期组态的设备，本任务中是“设备 0[Siemens_1200]”，选择采集设备为“设备 0[Siemens_1200]”。通道类型选择“Q 输出继电器”，通道地址设置为“0”，数据类型选择“通道的第 00 位”。之后单击“确认”按钮再次回到“单元属性设置”对话框，如图 5-2-24 所示。可以看到指示灯连接至 Q0.0，单击“确认”按钮保存设置即可。

3）输入框的制作和动画连接

单击绘图工具箱中“输入框”按钮 abl，光标呈现“十”字形，在窗口中拉出一个输入框。右击输入框，弹出其快捷菜单，如图 5-2-25 所示。选择“属性”命令，进入“输入框构件属性设置”对话框，如图 5-2-26 所示。选择“操作属性”选项卡，单击“对应数据对象名称”区右端的 ? 按钮对其进行变量连接。

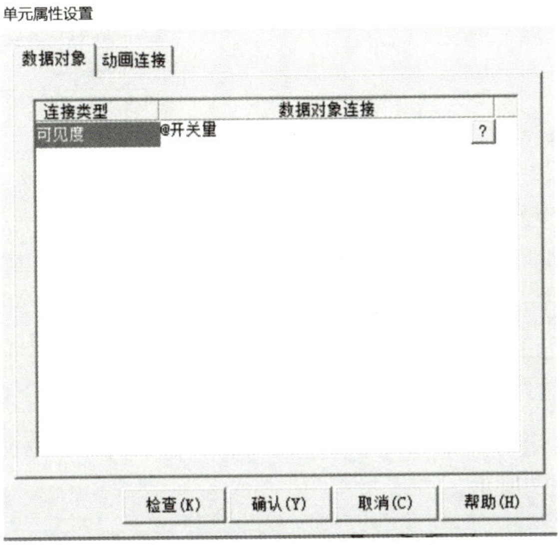

图 5-2-22 “单元属性设置”对话框的“数据对象”选项卡

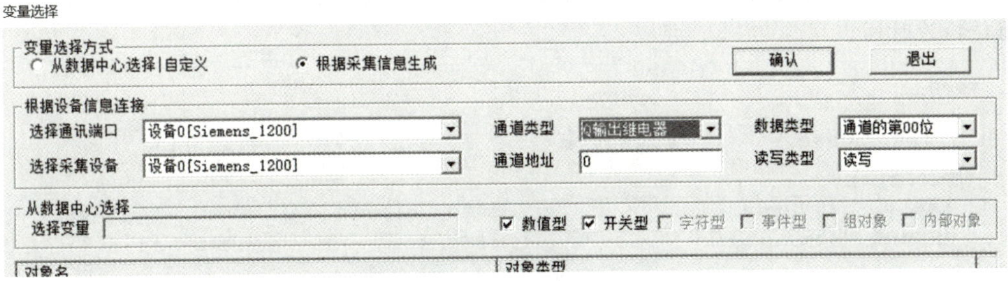

图 5-2-23 “变量选择”对话框

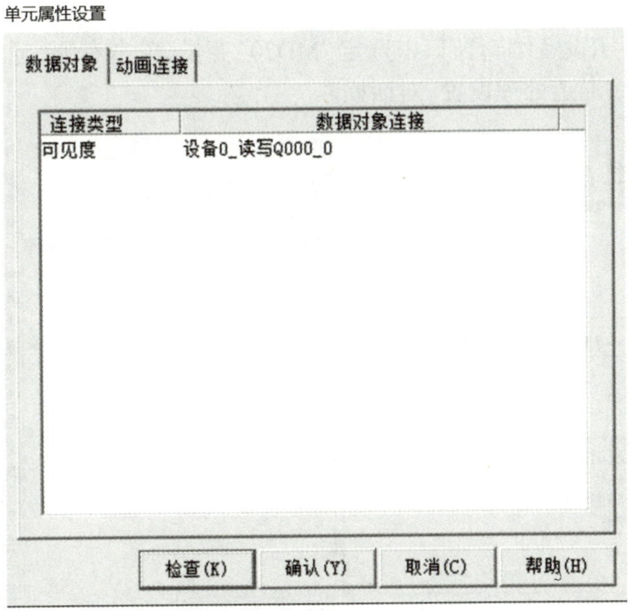

图 5-2-24 连接变量后的“单元属性设置”对话框

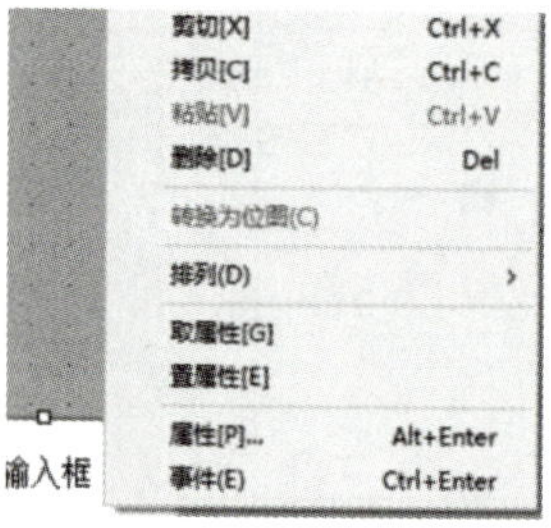

图 5-2-25 输入框快捷菜单

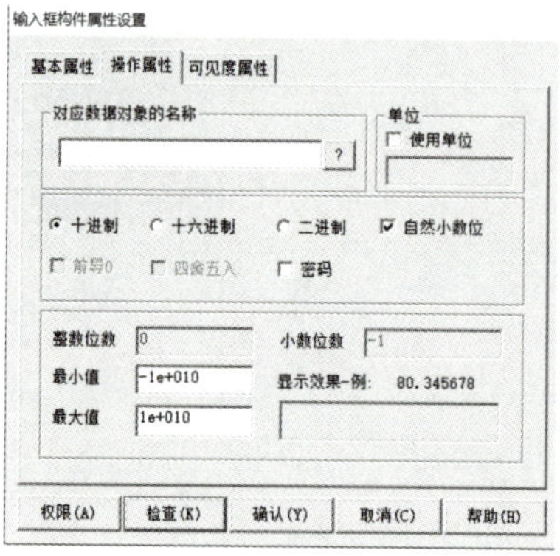

图 5-2-26 “输入构件属性设置”对话框

输入框用于修改定时器的设定值，因此需将其连接至 32 位无符号数，此处用变量 MD20 表示，如图 5-2-27 所示。

注意：此处输入框不是定时器的定时时间，是定时器的设定值，范围为 0~32 767。若想直接输入定时器的设定时间，需要对变量 MD20 进行通道处理或者数学计算，将设定值转换为时间。

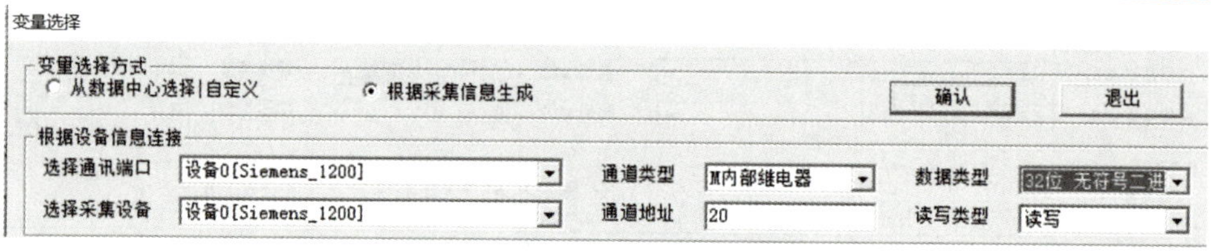

图 5-2-27 32 位无符号数的变量连接

变量 MD20 的通道处理方法如下。

在图 5-2-28 所示设备编辑窗口中选定“MD20”变量，单击右侧“通道处理设置”按钮，进入图 5-2-29 所示“通道处理设置”对话框。

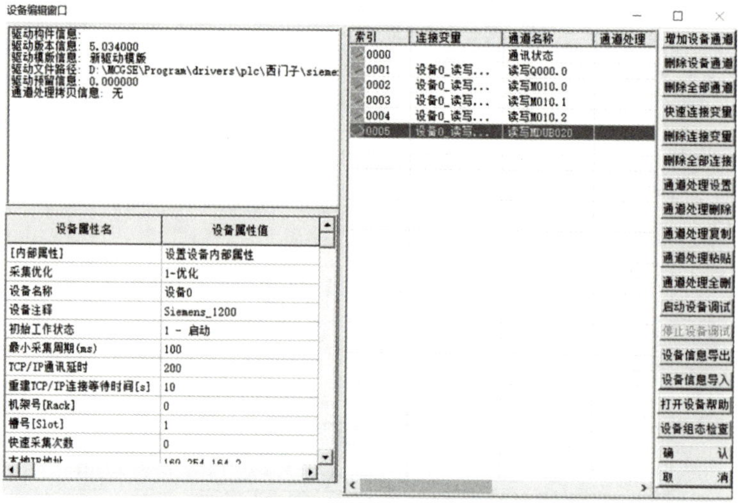

图 5-2-28 设备编辑窗口

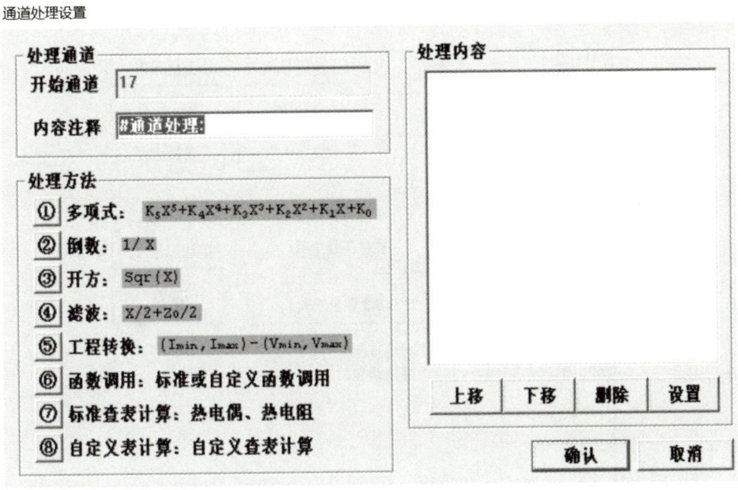

图 5-2-29　“通道处理设置”对话框

在图 5-2-29 所示“通道处理设置”对话框中，单击“⑤工程转换”，弹出“工程量转换”对话框，如图 5-2-30 所示。在“工程量转换”对话框中，将输入最大值设置定为 32 767，工程最大值设定为 3276.7，即可实现定时器设定值和定时时间的转换。

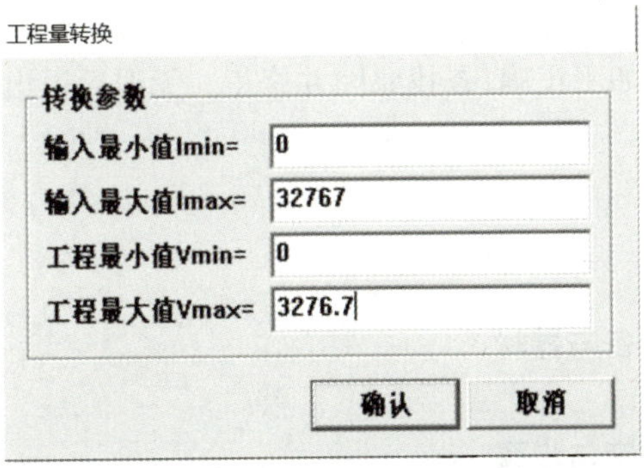

图 5-2-30　“工程量转换”对话框

5.2.5　下载和调试

在该监控系统中下位机选用西门子 S7-1215 PLC 通过以太网接口与上位机交换数据，为上位机提供现场数据，并按照指令实施具体动作。将 PLC 程序下载至 PLC，再将画面下载至触摸屏，具体方法如下。

单击工具栏中的“组态检查”按钮，组态无误后，单击工具栏“下载工程并进入运行环境”按钮，弹出存盘对话框，单击“是”按钮进入图 5-2-31 所示“下载配置”对话框。

在“下载配置”对话框中单击“连机运行”按钮，将连接方式设置为“TCP/IP 网络”，目标机名为触摸屏的 IP 地址。设置完成后单击“通信测试”按钮，无误后单击“工程下载”按钮。

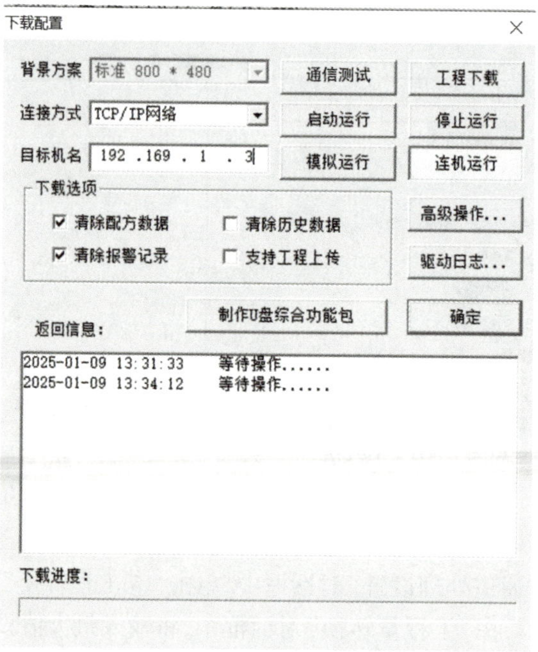

图 5-2-31 “下载配置”对话框

下载完成后可进入 MCGS 运行环境，在 MCGS 监控画面中观察电动机单向连续运行控制运行动作是否正确，如不正确，查找原因并修正。无误后退出 MCGS 运行环境，完成调试工作。

任务实施

科技强国
产业报国

1. 设备与器材

（略）

2. 内容与步骤

1）列写 I/O 地址分配表

根据以上任务描述，列写本任务的 I/O 地址分配表，如表 5-2-1 所示。

表 5-2-1 I/O 地址分配表

信号类型	描述	数据类型	I/O 地址
DI	SB1 启动按钮	Bool	I0.0
	SB2 停止按钮	Bool	I0.1
	FR 过载保护	Bool	I0.2
DQ	KM1 电动机正转运行交流接触器线圈	Bool	Q0.0
	KM2 电动机反转运行交流接触器线圈	Bool	Q0.1

2）绘制主电路和 PLC 外部接线图并进行硬件接线

电动机自动循环正反转监控系统主电路以及 PLC 外部接线图与任务 2.3 完全相同，此处不再给出。

3）编写程序

电动机自动循环正反转监控系统的梯形图如图 5-2-32 所示。

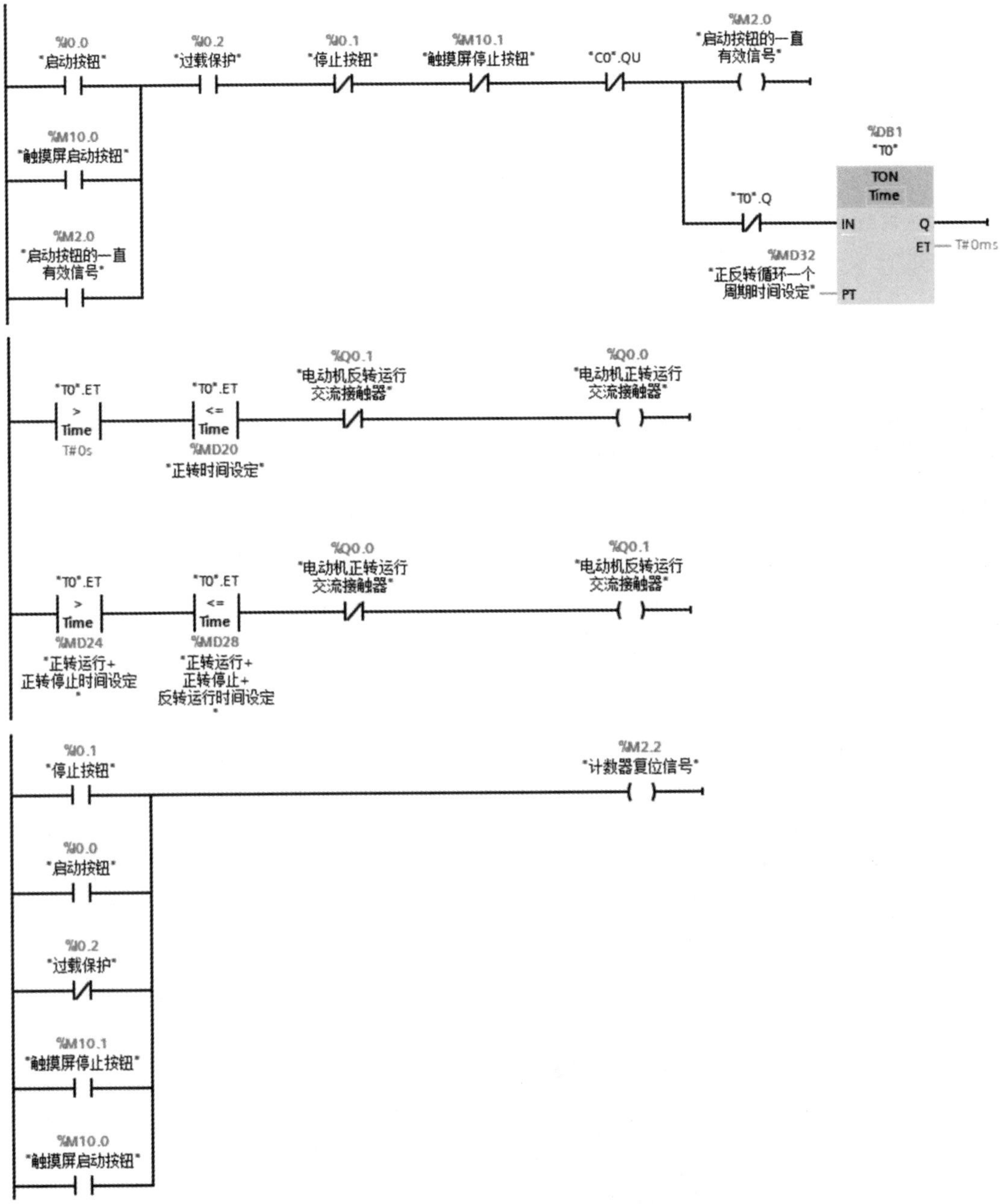

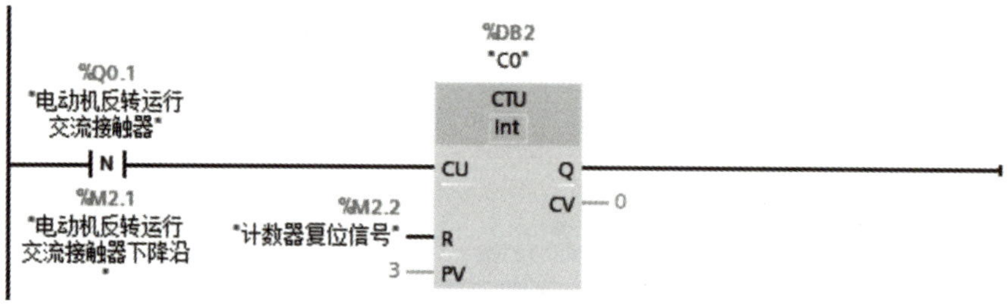

图 5-2-32　电动机自动循环正反转监控系统的梯形图

4)博途软件编程

打开博途软件,在博途视图中创建名称为“电动机自动循环正反转监控系统”的工程项目,并进行项目硬件组态、变量表建立及程序输入。本任务的 PLC 变量表如图 5-2-33 所示。

慕课　MCGS 监控自动循环正反转

1		启动按钮	ool	%I0.0
2		停止按钮	ool	%I0.1
3		过载保护	ool	%I0.2
4		触摸屏启动按钮	ool	%M10.0
5		触摸屏停止按钮	ool	%M10.1
6		电动机正转运行交流接触器线圈	ool	%Q0.0
7		启动按钮的一直有效信号	ool	%M2.0
8		电动机反转运行交流接触器线圈	ool	%Q0.1
9		计数器复位信号	ool	%M2.2
10		电动机反转运行交流接触器...	ool	%M2.1
11		正转时间设定	Word	%MD20
12		正转运行+正转停止时间设定	Word	%MD24
13		正转运行+正转停止+反转运...	Word	%MD28
14		正反转循环一个周期时间设定	Word	%MD32

图 5-2-33　PLC 变量表

5)电动机自动循环正反转监控系统的 MCGS 组态软件设备组态和画面制作

(1)创建工程。

(2)进行设备组态。

(3)建立用户窗口。

(4)进行画面制作和动画连接。

用户窗口画面效果图如图 5-2-34 所示。

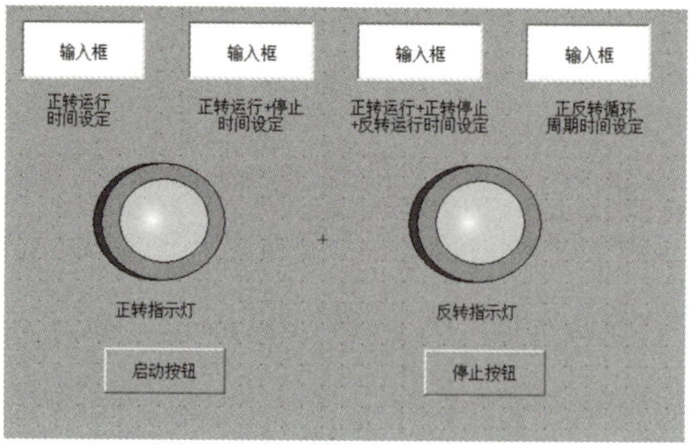

图 5-2-34　用户窗口画面效果图

在图 5-2-34 中，将启动按钮和 M10.0 连接，停止按钮和 M10.1 连接，正转指示灯和 Q0.0 连接，反转指示灯和 Q0.1 连接，输入框从左到右依次和 MD20、MD24、MD38、MD32 连接。

6）MCGS 组态软件和 PLC 软件调试

按下触摸屏启动按钮，观察 Q0.0、Q0.1 的动作状态是否符合要求，如不符合控制要求，则需要查找原因并修正，直到符合要求。无误后退出 MCGS 运行环境，完成调试工作。

注意：在进行调试时输入框必须先给定循环次数，再启动调试。

7）电动机自动循环正反转监控系统的联合联调

在进行系统软硬联调时，首先进行系统空载调试，空载调试无误后再连接电动机进行带载调试。

在系统空载调试中，观察交流接触器能否按控制要求动作，如不符合要求，则需要检查电路接线，直至交流接触器能按控制要求动作。

空载调试无误后，连接电动机（按星形连接）进行带载调试。

任务考核

（见“任务 5.2 考核标准”码课）

任务 5.2 考核标准

任务拓展

本系统中能否将正转和反转的运行时间设置为在触摸屏上可以修改的？如何实现？

练习题

（见“任务 5.2 练习题”码课）

任务 5.2 练习题

任务 5.3　触摸屏控制交通灯界面的制作

任务描述

前面介绍过交通灯控制系统，在此试着以 MCGS 嵌入版组态软件为开发平台创建一个交通灯控制系统，建立下位机 PLC 和上位机 MCGS 触摸屏之间进行数据传输的良好人机界面，使组态界面上的图形对象与现场执行设备 PLC 建立一一对应关系，以便操作员在上位机的界面上就可以对现场交通信号和实时数据进行操作与监控。

本任务采用 S7-1200 PLC 和 MCGS 嵌入版组态软件联合设计十字路口交通灯控制系

统，并对 PLC 控制的十字路口交通灯控制系统进行实时监控，使系统具有运行可靠、抗干扰能力强、方便用户修改和实时监控等特点，并具有一定的实用价值。

十字路口交通灯控制系统的时序要求如图 5-3-1 所示。

<table>
<tr><td rowspan="2">南北方向</td><td>信号灯</td><td colspan="3">红灯 Q0.0 亮</td><td>绿灯 Q0.1 亮</td><td>绿灯 Q0.1 闪烁</td><td>黄灯 Q0.2 亮</td></tr>
<tr><td>时间</td><td colspan="3">30 s</td><td>25 s</td><td>3 s</td><td>2 s</td></tr>
<tr><td rowspan="2">东西方向</td><td>信号灯</td><td>绿灯 Q0.4 亮</td><td>绿灯 Q0.4 闪烁</td><td>黄灯 Q0.5 亮</td><td colspan="3">红灯 Q0.3 亮</td></tr>
<tr><td>时间</td><td>25 s</td><td>3 s</td><td>2 s</td><td colspan="3">30 s</td></tr>
</table>

图 5-3-1 十字路口交通灯控制系统的时序要求

任务目标

1. 知识目标

（1）总结用 MCGS 软件进行用户权限设置的方法。

（2）说明用 MCGS 软件建立十字路口交通监控系统的方法。

（3）总结用 MCGS 软件和 PLC 调试监控系统的一般方法。

2. 能力目标

（1）能在教师的引导下进行十字路口交通监控系统的界面设计，并正确完成所涉及元件的动画连接及属性设计。

（2）能在教师的引导下基本上独立编写出包含触摸屏信息的 PLC 控制程序。

（3）能利用 MCGS 软件、PLC 联合调试十字路口交通监控系统。

（4）能在教师的引导下对十字路口交通监控系统中的故障进行排除。

3. 素养目标

（1）鼓励学生按照自己的思路设计画面，并注意画面的美观度，提升学生的审美水平。

（2）培养学生刻苦勤奋、诚实守信、持之以恒的优良品质以及团结协作精神。

（3）在任务实施的过程中，逐步提升学生认真细致的工作态度。

（4）以十字路口交通灯控制系统为例，激发学生的好奇心和学习兴趣，培养学生探索未知和独立思考的责任感。

任务准备

MCGS 嵌入版组态软件提供了一套完善的安全机制，用户有自由组态控制按钮、进入或退出系统的操作权限，但是只有有操作权限的操作员才能对某些功能进行操作，MCGS 嵌入版还提供了工程密码功能来保护使用 MCGS 嵌入版组态软件开发所得的成果，开发者可利用这些成果保护自己的合法权益。

MCGS 嵌入版的操作权限机制和 Windows 类似，采用用户组和用户的概念来进行操作权限的控制。在 MCGS 嵌入版中可以定义多个用户组，每个用户组可以包含多个用户，同一个用户可以隶属于多个用户组，操作权限的分配是以用户组为单位进行的，即某个用户能否对某项功能进行操作取决于该用户所在的用户组是否具备对应的操作权限。

例如，实际应用中的安全机制一般划分为操作员组、技术员组、负责人组，操作员组的成员一般只能进行简单的日常操作，技术员组负责工艺参数等功能的设置，负责人组负责对重要的数据进行统计和分析。各组的权限各自独立，但若某个用户因为工作需要可能进行所有操作，则只需把该用户同时设为隶属于三个用户组即可。

MCGS 嵌入版的用户操作权限在运行时才能体现出来。某个用户在进行操作之前首先要进行登录，登录成功后才能进行所需的操作；完成操作后退出登录时操作权限失效。用户登录、退出登录、运行时修改用户密码和用户管理等功能，都需要在组态环境中进行一定的组态工作，在脚本程序使用 MCGS 嵌入版系统内部函数提供的用户登录操作函数可以完成上述工作。

本任务只介绍用户建立和权限设置，用户登录等系统内部函数在任务 5.4 中进行介绍。

如图 5-3-2 所示，选择“工具”→“用户权限管理”命令，进入用户管理器（图 5-3-3），可以进行用户及用户组的增加和删除。

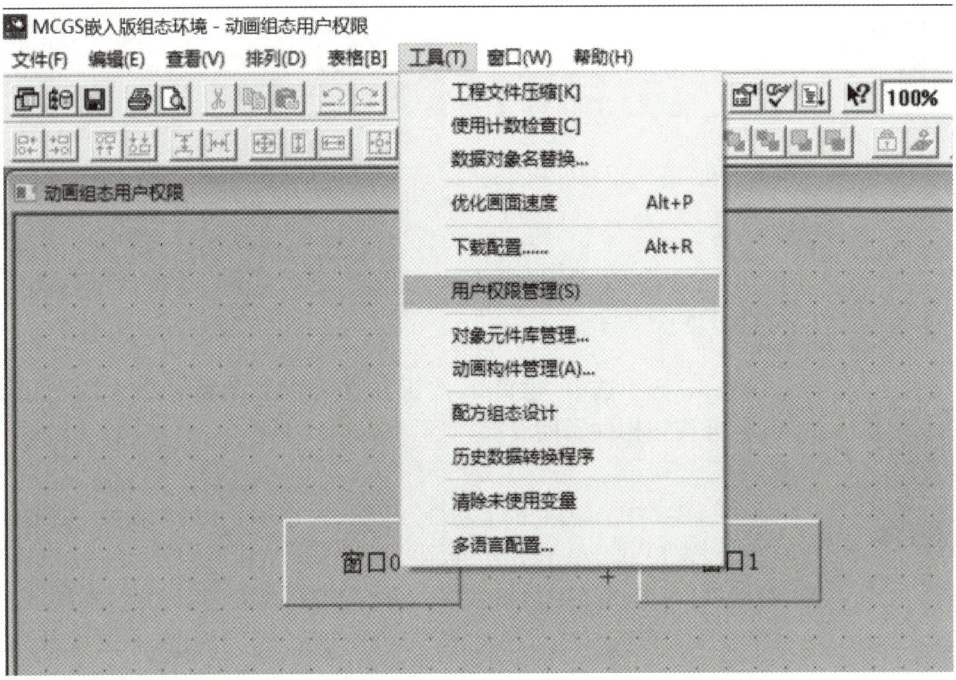

图 5-3-2　用户权限管理

在图 5-3-3 中选中“用户名”区的“负责人”后，单击“新增用户”按钮，进入图 5-3-4 所示“用户属性设置”对话框，可以设置用户名称、用户密码以及该用户隶属的用户组。

在图 5-3-3 中选中“用户组名”区的“管理员组”后，单击“新增用户组名”按钮，进入图 5-3-5 所示“用户组属性设置”对话框，可以设置用户组名以及用户组成员。

如图 5-3-6 所示，用户权限组态设置要求如下：用户 1 为负责人组，可以进入窗口 0 和窗口 1；用户 2 为操作员组，只能进入窗口 1；通过单击窗口 0 和窗口 1 的相应按钮进入窗口 0 和窗口 1。

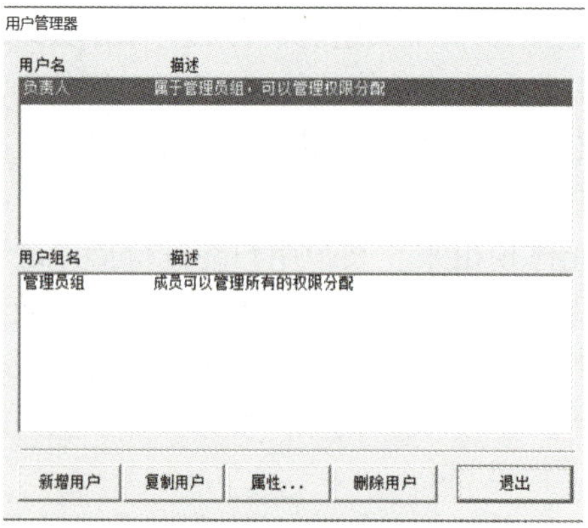

图 5-3-3　用户管理器

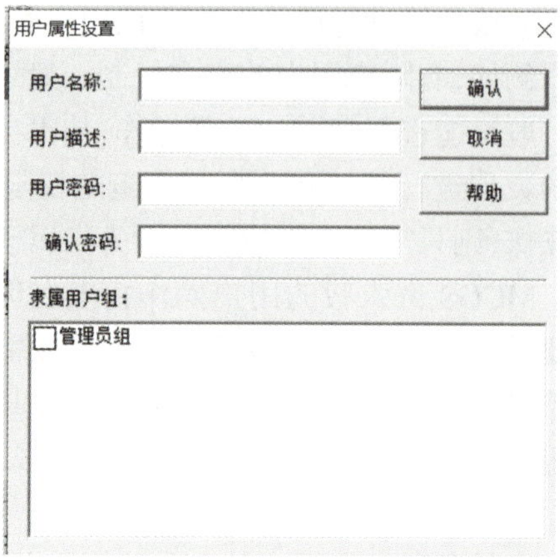

图 5-3-4　“用户属性设置”对话框(1)

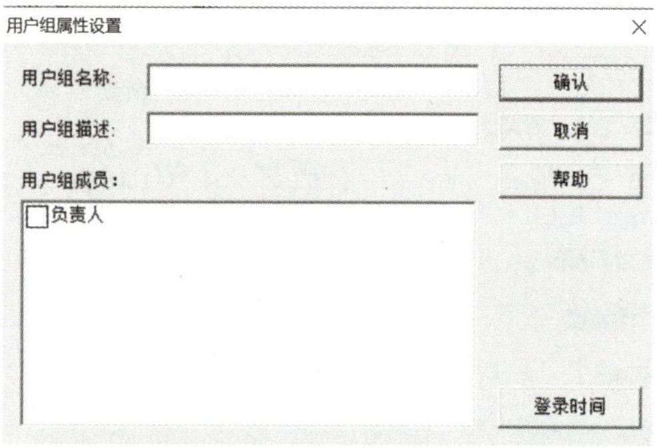

图 5-3-5　“用户组属性设置”对话框(2)

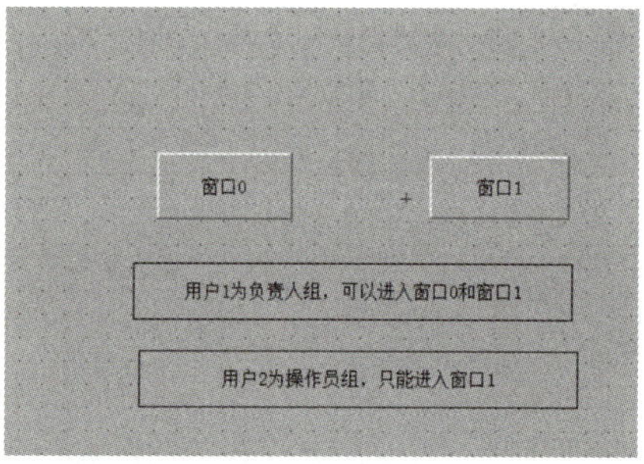

图 5-3-6　用户权限组态设置

微课　用户权限、账户建立、登录及用户名显示等的设置

在图 5-3-6 中选中“窗口 0”按钮，在右键快捷菜单中选择“属性”命令，进入“标准按钮构件属性设置”对话框，选择“操作属性”选项卡，如图 5-3-7 所示。

在图 5-3-7 中，选中“按下功能”按钮，勾选“打开用户窗口”复选框，将其设置为“窗口 0”，单击下方“权限”按钮，进入图 5-3-8 所示“用户权限设置”对话框，可以选择用户组名，从而进行用户权限设置。此处可设置为管理员组权限。以同样的方法将图 5-3-6 中“窗口 1”按钮的权限设置为所有用户都可以进入。

用户权限设置完成后，用户登录即可进行相关操作。

任务实施

1. 设备与器材

（略）

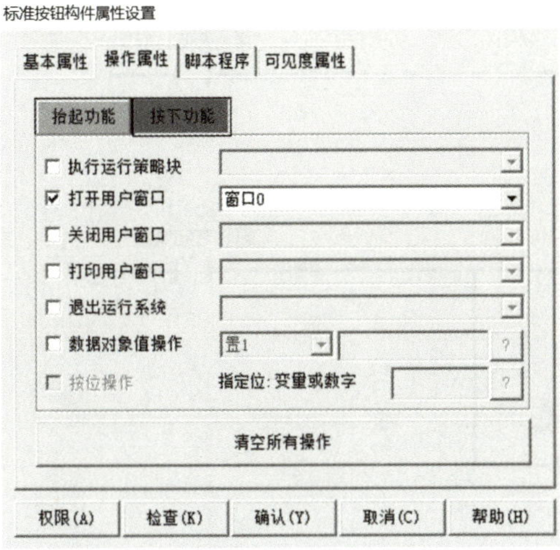

图 5-3-7 “标准按钮构件属性设置”对话框

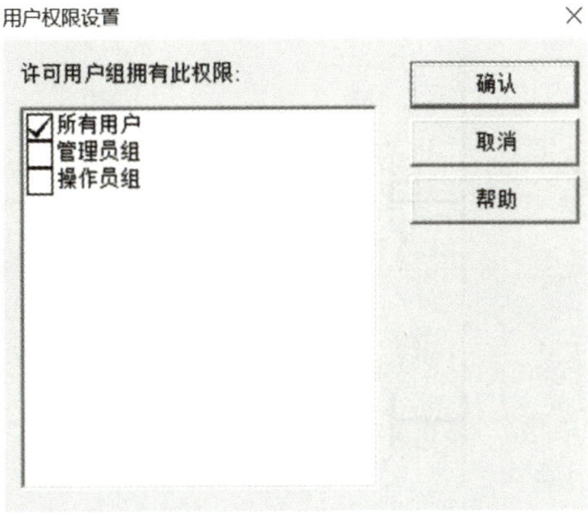

图 5-3-8 “用户权限设置”对话框

2. 内容与步骤

1)列写 I/O 地址分配表

根据 PLC 输入和输出点的分配原则以及本任务的控制要求,列写本任务的 I/O 地址分配表。由于本任务的 I/O 地址分配表与任务 3.4 完全相同,此处不再给出。

2)绘制 PLC 外部接线图并进行硬件接线

十字路口交通监控系统的 PLC 外部接线图与任务 3.4 完全相同,此处不再给出。

3)程序编写

十字路口交通监控系统的梯形图如图 5-3-9 所示。

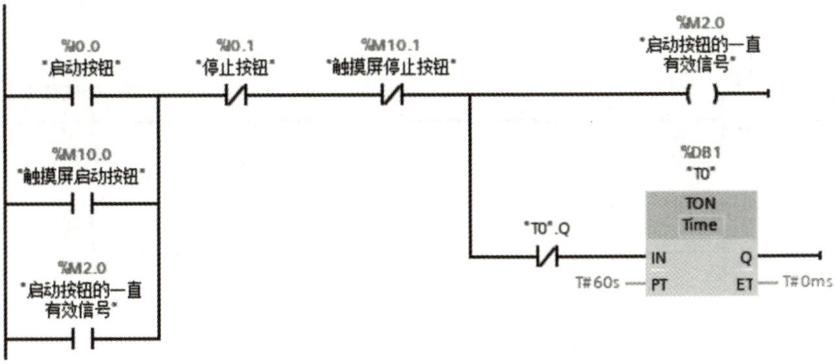

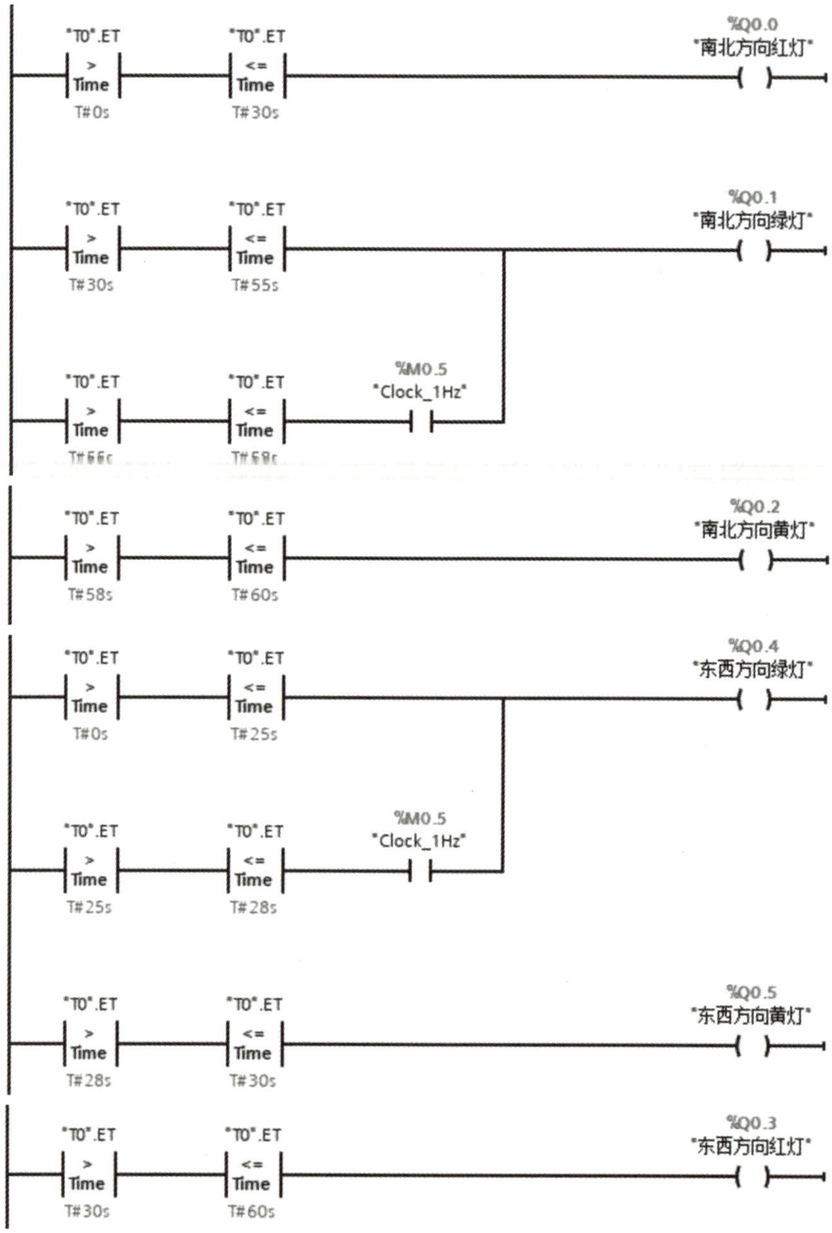

图 5-3-9　十字路口交通监控系统的梯形图

慕课　十字路口交通监控系统制作

4）博途软件编程

打开博途软件，在博途视图中创建名称为"十字路口交通监控系统"的工程项目，并进行项目硬件组态、变量表建立及程序输入。本任务的PLC变量表如图5-3-10所示。

5）十字路口交通监控系统的软件调试

在监视状态下按下按钮，观察Q0.0、Q0.1、Q0.2、Q0.3、Q0.4、Q0.5的动作状态是否与控制要求一致。如不一致，则需要检查程序，直到Q0.0、

Q0.1、Q0.2、Q0.3、Q0.4、Q0.5 的动作符合控制要求。

1		启动按钮	Bool	%I0.0
2		停止按钮	Bool	%I0.1
3		触摸屏启动按钮	Bool	%M10.0
4		触摸屏停止按钮	Bool	%M10.1
5		南北方向红灯	Bool	%Q0.0
6		南北方向绿灯	Bool	%Q0.1
7		南北方向黄灯	Bool	%Q0.2
8		东西方向红灯	Bool	%Q0.3
9		东西方向绿灯	Bool	%Q0.4
10		东西方向黄灯	Bool	%Q0.5
11		启动按钮的一直有效信号	Bool	%M2.0

图 5-3-10　PLC 变量表

6）MCGS 组态软件画面设计

（1）创建工程。

（2）进行设备组态。

（3）建立用户窗口。

（4）编辑画面。

单击工具栏中的“工具箱”按钮，打开绘图工具箱。单击绘图工具箱中的“矩形框”按钮，光标呈“十”字形，在窗口拉出矩形，并双击矩形框，打开“动画组态属性设置”对话框，对矩形框的“填充颜色”进行设置。绘制出的道路画面如图 5-3-11 所示。

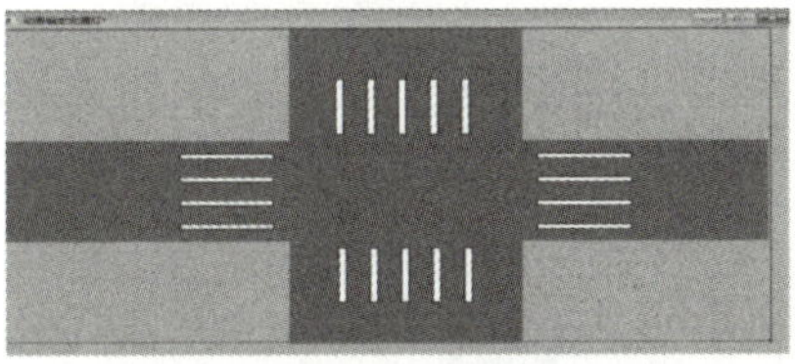

图 5-3-11　道路画面

单击绘图工具箱中的“插入元件”按钮，弹出“对象元件库管理”对话框，从“对象元件库管理”对话框的“车”选项中选择合适的车图标放置在合适的位置，从“其他”选项中选择“树”图标放置在合适的位置，从“指示灯”选项中选择合适的指示灯放在适当的位置，最终生成的画面效果图如图 5-3-12 所示。

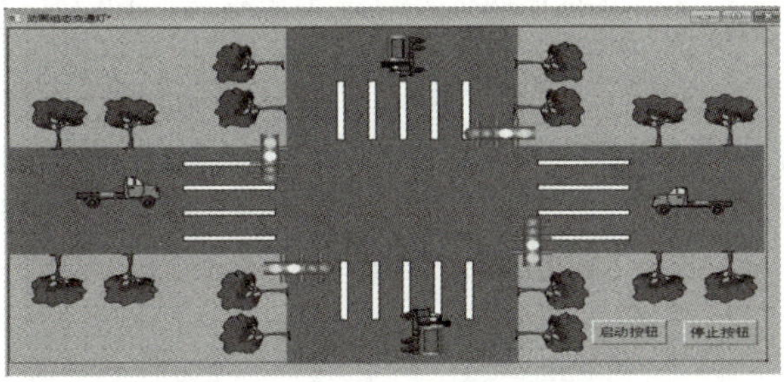

图 5-3-12　十字路口交通灯控制组态效果图

（5）动画连接。

按照任务 5.2 中所教方法，将启动按钮连接至 M10.0，停止按钮连接至变量 M10.1。

东边和西边的交通灯运行情况相同，因此交通灯的动画连接相同；南边和北边的交通灯运行情况相同，因此交通灯的动画连接相同。

在用户窗口中双击东边的交通灯，弹出“单元属性设置”对话框，单击“动画连接”选项卡，选择“图元名”标签下第一行的三维圆球，按照任务 5.2 中的指示灯连接变量的方法，将其连接至东西向红灯 Q0.3，第二行的三维圆球连接至东西向绿灯 Q0.4，第三行的三维圆球连接至东西向绿黄灯 Q0.5。至此东边的交通灯连接完成，如图 5-3-13 所示。

按照此方法可进行其他方向交通灯的连接。南边和北边交通灯的连接如图 5-3-14 所示。

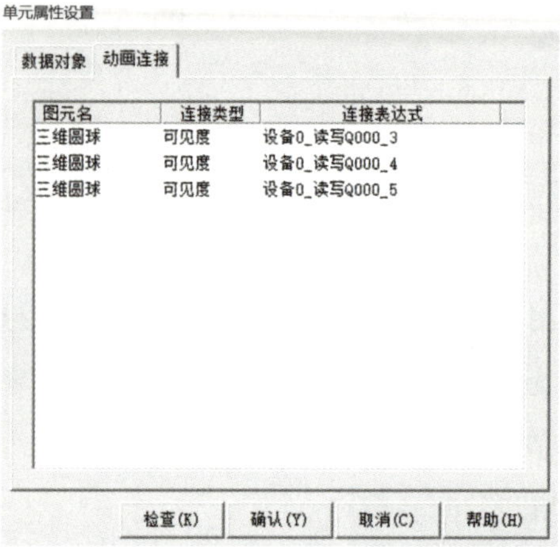

图 5-3-13　东边交通灯的连接

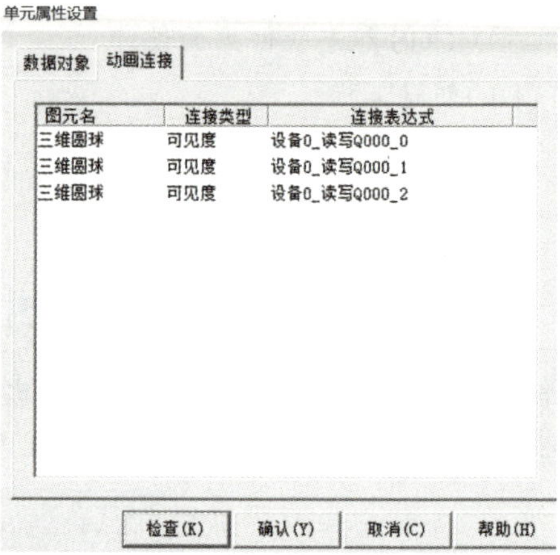

图 5-3-14　南边和北边交通灯的连接

注意：在连接变量时将表达式中的“@数值量=1”删除，之后单击“确认”按钮。

7）MCGS 组态软件和 PLC 调试

将 PLC 程序下载到 PLC 中，再将画面下载至触摸屏中。

连接方式为“TCP/IP 网络”，目标机名为触摸屏的 IP 地址。设置完成后单击“通信测试”按钮，测试无误后单击“工程下载”按钮。

下载完成后可进入 MCGS 运行环境，观察 MCGS 监控画面中东西南北方向交通灯动作是否正确，如不正确，则需要查找原因并修正。无误后退出 MCGS 运行环境，完成调试工作。

任务考核

（见“任务 5.3 考核标准”码课）

任务 5.3 考核标准

任务拓展

请在本任务中添加设计人员和操作人员账户。

练习题

（见“任务 5.3 练习题”码课）

任务 5.3
练习题

任务 5.4　触摸屏运行脚本的使用

任务描述

针对 PLC 控制系统中的数值转换以及自动化生产过程中的设备运行状态，如果需要检查控制状态和启动相应的控制措施，可以通过使用触摸屏返回 PLC 运行值来组态实现，而不通过 PLC 控制程序离线再编程来实现，这就是触摸屏脚本控制功能。

本任务通过十字路口交通灯控制系统了解脚本的使用，使学生掌握触摸屏系统函数和系统变量的使用，以及脚本控制功能。

任务目标

1. 知识目标

（1）说出 MCGS 触摸屏脚本控制运行方式和功能。

（2）说明脚本设计下的系统函数及系统变量的含义。

（3）初步利用运行脚本进行画面设计。

2. 能力目标

（1）能在教师的引导下编写脚本并组态使用。

（2）能较熟练使用系统变量、系统函数。

（3）能基本上独立实现触摸屏交互功能。

（4）能在教师的指导下完成一般难度触摸屏应用项目的画面设计和脚本程序编写。

3. 素养目标

（1）鼓励学生按照自己的思路设计程序，鼓励学生积极思考，激发学生的创新意识，培养学生的创新思维。

（2）在编写和调试触摸屏运行脚本时，一个小的语法错误或逻辑失误都可能导致脚本无法正常运行。这就要求学生在处理脚本代码时，必须保持高度的专注力和细心，严格遵循代码规范和逻辑要求，通过不断纠错和优化，逐渐养成严谨认真的科学态度。

（3）在任务实施过程中，触摸屏的运行脚本需要与 PLC 协同工作，培养学生团结协作的精神，同时在实施过程中可能出现各种问题，如运行时出现错误提示，提升学生解决问题的能力。

任务准备

5.4.1 脚本程序简介

用户脚本程序是由用户编制的用来完成特定操作和处理的程序。在 MCGS 中，脚本程序的编写方法非常类似于 Basic 语言，但在概念和使用上更加简单直观，力求做到使大多数普通用户都能正确、快速地掌握和使用。脚本程序既可以应用在运行策略中，作为一个策略功能块执行，也可以在菜单组态中作为菜单的一个辅助功能运行，还可以在动画界面的事件中应用。

5.4.2 脚本程序语言组成

MCGS 的脚本编辑器如图 5-4-1 所示。

图 5-4-1　MCGS 的脚本编辑器

从脚本编辑器可以看到 MCGS 的脚本程序包含以下几类：系统变量、系统函数、数据对象、设备、用户窗口。

1. 系统变量

MCGS 定义的内部数据对象作为系统变量，在脚本程序中可以自由使用。系统变量如

图 5-4-2 所示。在使用系统变量时，变量前面需要加“$”符号，如$Date。

2. 系统函数

MCGS 定义的内部函数作为系统函数，在脚本程序中可自由使用。系统函数分类如图 5-4-3 所示。在使用系统函数时，函数前面必须加“!”，如“! LogOn( )”。

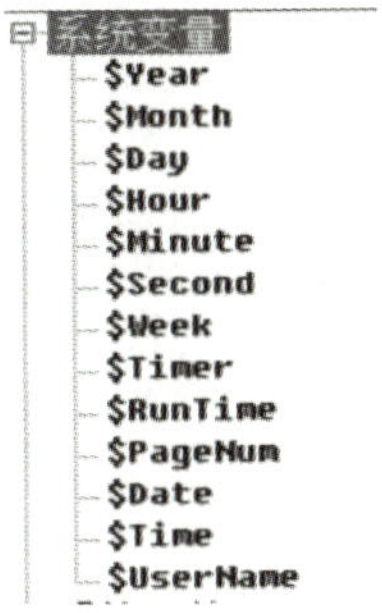

图 5-4-2　系统变量

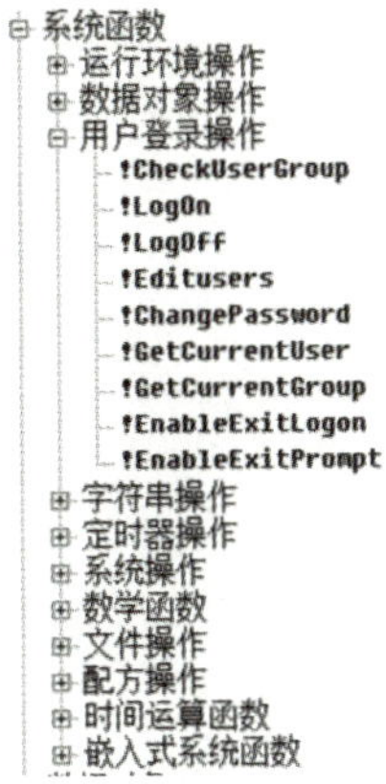

图 5-4-3　系统函数分类

3. 数据对象

MCGS 脚本程序包含三种数据类型。

开关型：表示开或者关的数据类型，通常用零表示关，非零表示开，也可以作为整数使用。

数值型：其值在 3.4E ± 38 范围内。

字符型：最多含 512 个字符组成的字符串。

4. 运算符

MCGS 脚本程序中的运算符如图 5-4-4 所示。其包含三类：算术运算符，如加法(+)、减法(-)、乘法(*)、除法(/)、取模(MOD)；比较运算符，如大于(>)、小于(<)、等于(=)；逻辑运算符，如逻辑异或(XOR)、逻辑或(OR)、逻辑与(AND)、逻辑非(NOT)。

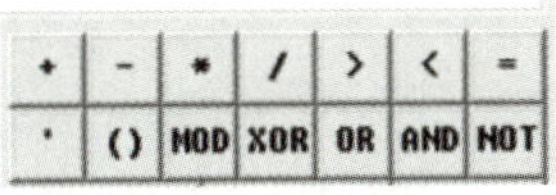

图 5-4-4　运算符

5.4.3　系统变量和系统函数的使用

如图 5-4-5 所示为系统登录界面，在用户窗口建立两个标准按钮，分别作为“用户登录”和“用户注销”按钮。单击“用户登录”按钮，可弹出“用户登录”对话框，输入账户和密码可登录系统，同时可以显示当前用户名。在任务 5.2 中已经介绍了用户的建立和权限设置，本任务不再介绍。

MCGS 系统函数介绍

在图 5-4-6 所示“标准按钮构件属性设置”对话框的“脚本程序”选项卡下，依次点击“按下脚本”和“打开脚本程序编辑器”按钮，弹出图 5-4-1 所示脚本程序界面。

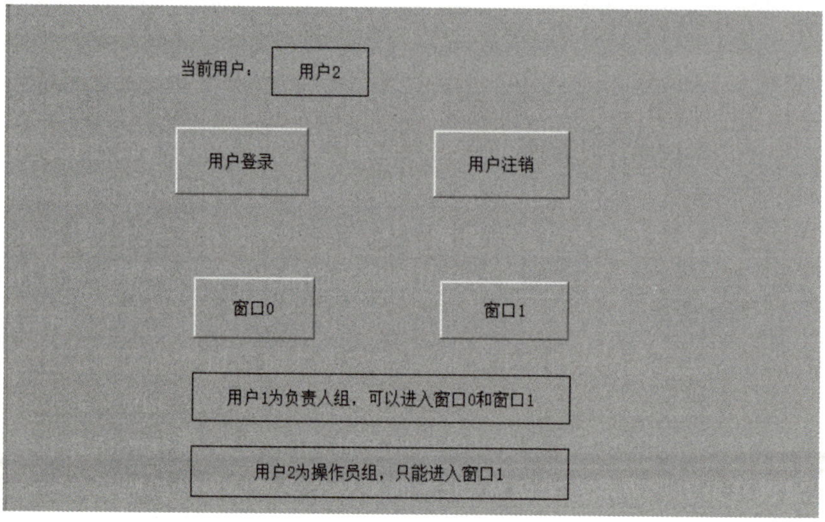

图 5-4-5　系统登录界面

图 5-4-6　“标准按钮构件属性设置”对话框

在图 5-4-1 中，双击右侧“系统函数”菜单或单击“系统函数”前面的“+”号，进入其下级菜单；双击“用户登录操作”菜单或单击“用户登录操作”前面的“+”号，可看到与用户登录操作相关的系统函数。双击“！ LogOn( )”，该函数会自动填充在左侧脚本编辑区，之后点击“确认”按钮，可看到图 5-4-7 所示内容，“用户登录”按钮的脚本已编辑为“！ LogOn( )”，再次确认即可完成“用户登录”按钮的脚本设计。

以同样的方法可以完成“用户注销”按钮的脚本设计，注意用户注销的系统函数为“！ LogOff( )”。

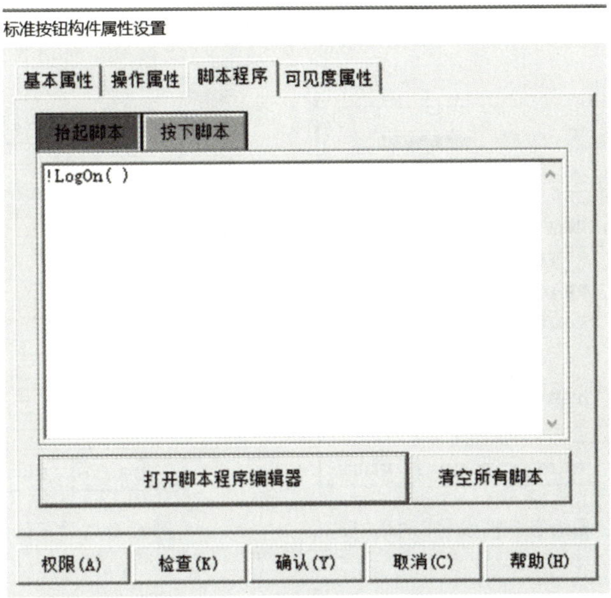

图 5-4-7　“用户登录”按钮的脚本

常见其他“用户登录函数”：“! CheckUserGroup(　)”（检查用户组别）、“! Editusers(　)”（用户管理）、“! ChangePassword(　)”（修改用户密码）、“! GetCurrentUser(　)”（获取当前用户名）、“! GetCurrentGroup(　)”（获取当前登录用户组名）、“! EnableExitLogon(　)”（权限检查）、“! EnableExitLogon(　)”（提示信息）。

显示当前用户名、当前时间、时间、运行时间等，可以直接利用系统变量实现。下面以显示当前用户名为例来进行说明。

微课　MCGS 账户中时间、日期、运行时间的显示

在用户窗口新建“标签”，并进入其属性设置对话框，如图 5-4-8 所示。在图 5-4-8 的“输入输出连接”区勾选“显示输出”复选框，则对话框出现“显示输出”选项卡，如图 5-4-9 所示。

在“显示输出”选项卡下，单击“表达式”区的?按钮可进行变量连接。在进行变量连接时，需注意变量选择方式为“从数据中心选择”，连接变量为“$UserName”，单击“确认”按钮后可看到图 5-4-10 所示界面，同时将“输出值类型”修改为“字符串输出”。至此当前用户名连接完成。

常见其他系统变量：$Year、$Month、$Day、$Hour、$Minute、$Second、$Week、$Timer、$RunTime、$PageNum、$Dater、$Time。

5.4.4　脚本程序基本语句

脚本程序中基本语句包含赋值语句、条件语句、退出语句、注释语句四类。

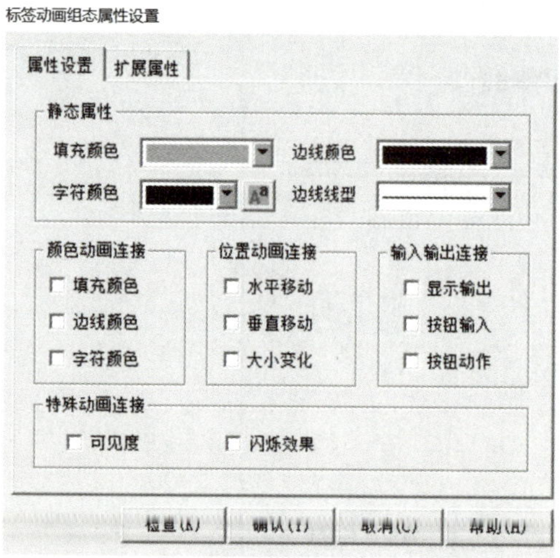

图 5-4-8 “标签动画组态属性设置”对话框

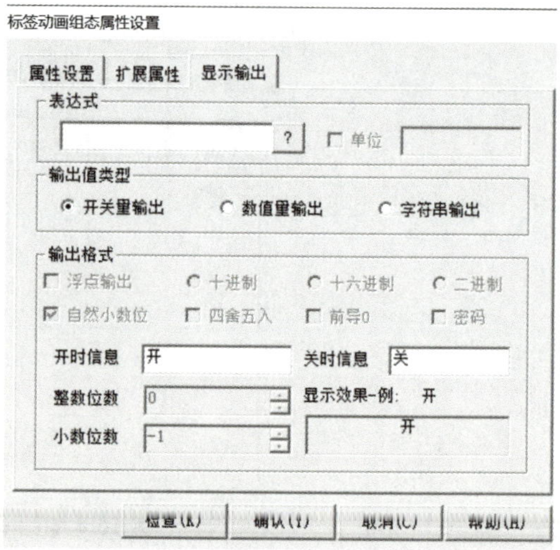

图 5-4-9 “显示输出”选项卡

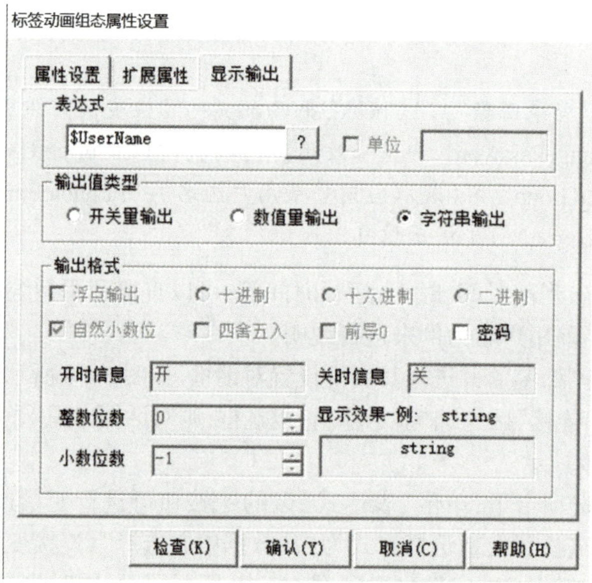

图 5-4-10 “当前用户名”连接变量

1. 赋值语句

MCGS 中赋值语句的形式为:数据对象 = 表达式。“=”为赋值号,表示把等号右边表达式的运算值赋给左边的数据对象。赋值号的右边为唯一表达式,表达式的类型必须与左边数据对象的类型相符合,否则系统会提示赋值语句类型不匹配的错误信息。

2. 条件语句

条件语句主要包含三种形式。

形式 1: If 表达式 Then 赋值语句或退出语句

形式 2: If 表达式 Then

语句
Else
语句
EndIf

形式 3：If 表达式 Then
语句
EndIf

If 语句的表达式一般为逻辑表达式，也可以是值为数值型的表达式，当表达式的值为非零时条件成立。执行 Then 后的语句，否则条件不成立，将不执行该条件块中包含的语句，而开始执行该条件块后面的语句。

注意：条件语句中的 4 个关键字 If、Then、Else、EndIf 不分大小写，如拼写不正确，检查程序时会提示出错信息。

3. 退出语句

退出语句为"Exit"，用于中断脚本程序的运行，停止执行其后面的语句。一般在条件语句中使用退出语句，以便在某种条件下停止并退出脚本程序。

4. 注释语句

以单引号（'）开头的语句称为注释语句，注释语句在脚本程序中只起到注释说明的作用，实际运行时系统不对注释语句做任何处理。

任务实施

在任务 5.3 中利用连接 PLC 变量的方法实现了交通灯控制，本任务利用脚本程序来实现交通灯的控制。

1. 设备与器材

（略）

2. 内容与步骤

1）创建工程

其具体步骤和任务 5.2 创建工程相同，此处不再赘述。

2）定义数据对象

本系统不考虑车辆的动作，至少需要 6 个数据对象，如表 5-4-1 所示。

表 5-4-1　数据对象分配表

对象名称	类型	注释
启动	开关型	启动按钮
Q0	开关型	南北向红灯
Q1	开关型	南北向绿灯
Q2	开关型	南北向黄灯

续表

对象名称	类型	注释
Q3	开关型	东西向红灯
Q4	开关型	东西向绿灯
Q5	开关型	东西向黄灯
a	数值型	定时器设定值

定义数据对象的步骤如下。

(1)单击工作台中的“实时数据库”选项卡,进入实时数据库窗口。窗口中列出了已有系统内部建立数据对象的名称。单击工作台右侧的“新增对象”按钮,在窗口的数据对象列表中增加新的数据对象。

(2)选中对象,单击右侧的“对象属性”按钮或双击对象,则打开“数据对象属性设置”对话框。根据表 5-4-1 依次设置数据对象。

3)画面制作

其画面效果和任务 5.3 相同,此处不再说明。

4)动画连接

东边和西边的交通灯运行情况相同,因此交通灯的动画连接相同;南边和北边的交通灯运行情况相同,因此交通灯的动画连接相同。

在用户窗口中双击东边的交通灯,弹出“单元属性设置”对话框,单击“动画连接”标签,选中第三行的三维圆球,在右端出现 > 按钮。单击 > 按钮进入“动画组态属性设置”对话框,首先添加“闪烁效果”选项卡,然后分别对“可见度”和“闪烁效果”设置表达式,东西向绿灯在 0~25 s 亮,25~28 s 闪烁,其设置如图 5-4-11 和图 5-4-12 所示。

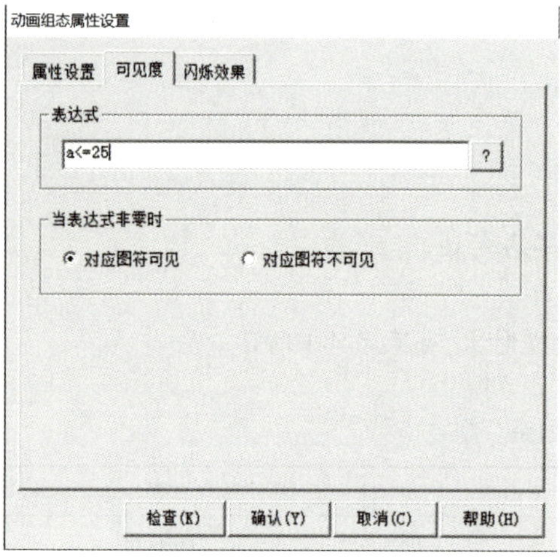

图 5-4-11　东西向绿灯可见度设置

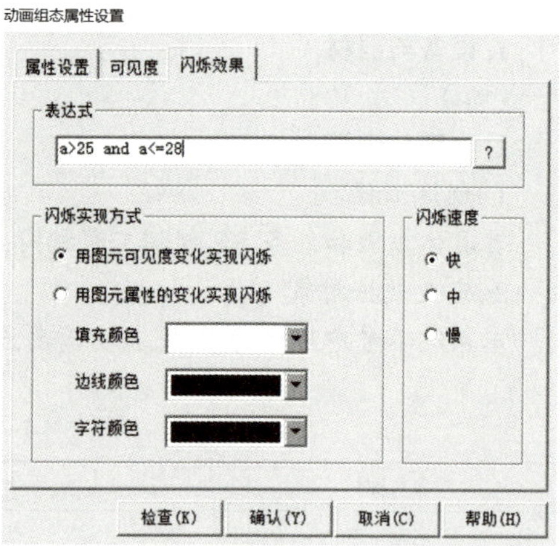

图 5-4-12　东西向绿灯闪烁效果设置

单击“动画连接”标签,选中第二行的三维圆球,在右端出现 > 按钮。单击 > 按钮进入“动画组态属性设置”对话框,选择“可见度”选项卡,设置表达式,东西向黄灯在 29~30 s

亮，其设置如图 5-4-13 所示。

单击“动画连接”标签，选中第一行的三维圆球，在右端出现 > 按钮。单击 > 按钮进入“动画组态属性设置”对话框，选择“可见度”选项卡，设置表达式，东西向红灯在 30~60 s 亮，其设置如图 5-4-14 所示。

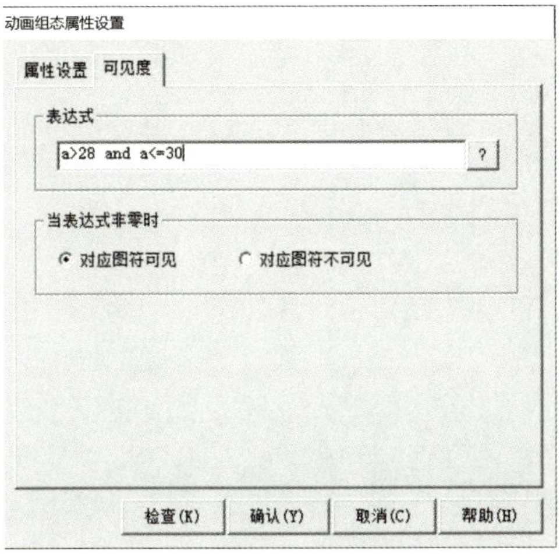

图 5-4-13　东西向黄灯可见度设置

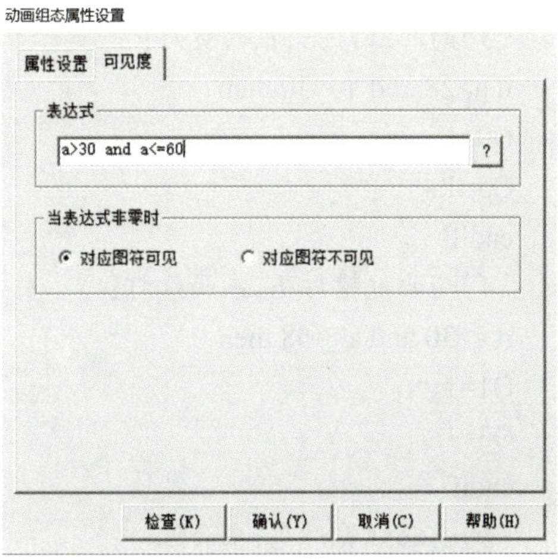

图 5-4-14　东西向红灯可见度设置

5）脚本程序

单击用户窗口，在右键快捷菜单中选择“属性”命令，进入“用户窗口属性设置”对话框，选择“启动脚本”选项卡，单击“打开脚本编辑器”按钮，进入脚本编辑窗口，输入以下脚本程序。

（1）定时器控制程序：

```
！TimerSetLimit（1,60,0）
！TimerSetOutput（1,a）
if 启动=0 then
Q0=0
Q1=0
Q2=0
Q3=0
Q4=0
Q5=0
！TimerReset（1,0）
！TimerStop（1）
endif
if 启动=1 then
！TimerRun（1）
endif
```

(2)南北红灯亮,东西绿灯:

```
if a>0 and a>=28 then
Q0=1
Q4=1
endif
```

(3)南北红灯亮,东西黄灯:

```
if a>28 and a>=30 then
Q0=1
Q5=1
endif
```

(4)南北红绿灯亮,东西红灯:

```
if a>30 and a>=58 then
Q1=1
Q3=1
endif
```

(5)南北红黄灯亮,东西红灯:

```
if a>58 and a>=60 then
Q2=1
Q4=1
endif
```

任务考核

(见“任务 5.4 考核标准”码课)

任务 5.4 考核标准

任务拓展

在本任务中添加日期、时间的显示。

练习题

(见“任务 5.4 练习题”码课)

任务 5.4 练习题

项目6

了解变频器的基础知识

项目导读

在工业生产领域，变频器凭借其卓越的调速性能、高效的节能优势以及精准的控制能力，已成为众多工业设备不可或缺的核心组件。随着工业自动化程度的不断提高，变频器的应用范围也在持续拓展，从传统制造业到新兴的高科技产业，人们都能看到它的身影。深入了解变频器在工业现场的具体应用，对于优化工业生产流程、提高生产效率和产品质量具有重要意义。

项目描述

本项目将介绍变频器的基础知识，引领学生踏上探索变频器奥秘的旅程。从变频器的基本概念、发展历程、调速原理讲起，到其内部核心的工作原理，再到变频器整流电路、滤波电路、逆变电路的深入剖析，为学生构建起一个全面且系统的知识框架。通过本项目的学习，学生能够了解变频器的基本结构与运行原理，同时能够指出并说明变频器的硬件构成及各部分功能，能够对变频器的整流电路、逆变电路进行检测，能够在教师的引导下对变频器的常见故障进行分析并提出解决方案。

项目目标

1. 知识目标

（1）说出三相交流异步电动机结构、调速原理、调速方法，以及变频器的基本概念、发展历程及分类方式。

（2）通过观察变频器实物，说出其外观结构、面板布局、接口类型及标识含义等。

（3）总结变频器的硬件结构及各部分的功能。

（4）总结交-直-交变频器整流电路、滤波电路的常用检测方法。

(5)说明变频器的铭牌及技术参数。

2. 能力目标

(1)能对照变频器的说明书,说明各部件的功能和作用。

(2)能在教师的指导下正确完成变频器与电动机的接线。

(3)能对变频器整流电路、逆变电路进行检测,能说明限流电阻及短路器件的作用。

(4)能在教师的引导下分析整流电路在运行过程中可能出现的故障原因,并提出有效的解决方案。

3. 素养目标

(1)让学生了解变频器产业对国家经济和工业自动化发展的重要性,增强学生的使命感和责任感,增强学生对电动机控制技术的认同感,为学生的专业学习和职业发展奠定基础。同时,激发学生对调速技术的兴趣,培养学生科学的学习态度和严谨的工作作风。

(2)学生在理论学习时需严谨认真,确保知识的准确性和完整性;在任务实施的过程中,要遵循操作步骤,防止违规操作引发事故。同时,要增强学生的安全意识,培养规范操作的能力,养成良好的职业安全习惯。

(3)在进行变频器主电路接线时,要求学生按照接线工艺的要求进行操作,用合适的导线进行连接,培养学生严谨认真、精益求精的工匠精神。

(4)培养学生刻苦勤奋、诚实守信、持之以恒的优良品质以及团结协作精神。

任务 6.1 学习三相交流异步电动机的结构和调速原理

任务描述

三相交流异步电动机调速控制在工业生产和日常生活中有着广泛的应用。通过调节电动机的转速,可以满足不同的工艺需求,提高生产效率,降低能耗。例如,在风机、水泵等负载中,采用调速控制可以实现流量的精确调节,避免能源的浪费。此外,在纺织、造纸等需要连续运转的生产线上,调速控制可以确保设备的稳定运行,提高产品质量。因此,掌握三相交流异步电动机的调速原理和控制方法,对提升学生的专业素养和实践能力具有重要意义。

通过本任务的学习,学生能够掌握三相交流异步电动机的调速原理和调速方法。

任务目标

1. 知识目标

(1)说出定子铁芯、定子绕组和机座在电动机中的作用。

(2)说明三相异步电动机的调速原理。

(3)说明三相交流异步电动机的基本结构。

(4)总结三相异步电动机的调速方法。

2. 能力目标

（1）能说明定子铁芯、定子绕组和机座在电动机中的作用。

（2）能够识别电动机各部件并解释其功能和作用。

（3）能够说出各种调速方法的优缺点及适用场合。

（4）能复述三相异步电动机的调速原理。

3. 素养目标

（1）增强学生对电动机控制技术的认同感，为学生未来的专业学习和职业发展奠定良好的基础。

（2）激发学生对调速技术的兴趣和热情，培养学生求真务实的科学态度和严谨的工作作风。

（3）培养学生刻苦勤奋、诚实守信、持之以恒的优良品质以及团结协作的精神。

任务准备

电气传动关系到合理地使用电动机以节约电能和控制机械的运转状态（位置、速度、加速度等），实现电能-机械能的转换，达到优质、高产、低耗的目的。电气传动系统分为不调速系统和调速系统两大类。随着电力电子技术的发展，原本不调速的机械越来越多地改用调速系统，以节约电能，改善产品质量，提高生产率。调速系统分为直流调速系统和交流调速系统两大类。

6.1.1　直流电动机的结构和直流调速系统

直流电动机的结构如图 6-1-1 所示，其主要由定子、转子和电刷装置三部分组成。定子部分包括主磁极、换向极、励磁绕组和机座等，其主要作用是产生磁场和支撑电动机结构。转子部分包括电枢铁芯、电枢绕组、换向器和转轴等，是电动机进行电能与机械能转换的核心部件。电刷装置则负责将直流电源的电能传递到转子的电枢绕组中，实现电流的换向。

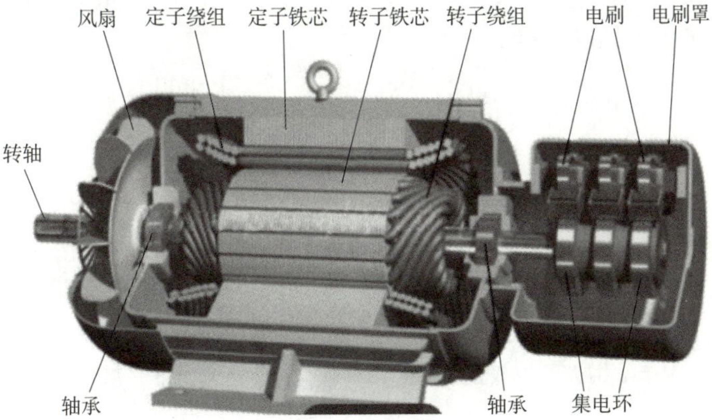

图 6-1-1　直流电动机的结构

直流电动机的定子主磁极通常由铁芯和励磁绕组构成，用于产生恒定的磁场。换向极的作用是改善换向时的电磁过程和减小换向火花，以提高电动机的运行可靠性。电刷装置通过电刷与换向器的接触,将电流传递到转子的电枢绕组中,同时实现电流的换向。

转子的电枢铁芯一般采用硅钢片叠压而成,以减少铁芯损耗和涡流损耗。电枢绕组则是圆形或矩形截面的绝缘导线绕制而成,嵌放在电枢铁芯的槽内,并与换向器连接。换向器是一个铜制的圆筒形结构,上面刻有许多换向片,用于实现电流的换向。转轴则是转子的支撑部件,通过轴承与定子部分相连,使转子能够在定子磁场中旋转。

直流调速是指通过改变直流电动机的电枢电压、励磁电流或电枢回路电阻等方式来调节电动机的转速,以满足生产机械对转速变化的需求。

电枢电压控制是最常用的一种方法,它通过调节直流电动机的电枢电压来改变电动机的转速,具有调速范围广、调速平滑、调速精度高等优点。

励磁电流控制通过改变直流电动机的励磁电流来调节电动机的转速,但这种方法调速范围相对较小,且容易引起电动机的过热和励磁饱和。电枢回路电阻控制通过改变电动机电枢回路中的电阻来改变电动机的转速,但这种方法调速范围有限,且会增加电动机的能耗和发热。

在实际应用中,需要根据生产机械的具体要求和电动机的特性来选择合适的调速方法。

直流调速具有优良的调速性能和动态响应速度,能够实现平滑的无级调速,且调速范围宽广。通过调节直流电动机的电枢电压或励磁电流,可以方便地控制电动机的转速,满足各种负载和工况的需求。同时,直流调速系统还具有较好的稳态调速精度和调速硬度,能够保证电动机在负载变化时稳定运行。

直流电动机虽然有调速性能好的优点,但也有一些固有的、难以克服的缺点,主要包括:维修工作量大,事故率高;容量、电压、电流和转速的上限值均受到换向条件的制约,在一些大容量、特大容量的调速领域无法应用;使用环境受限,特别是在易燃易爆场合难于应用。

6.1.2 三相交流异步电动机的结构

三相交流异步电动机的结构如图 6-1-2 所示,其主要由定子和转子两大部分组成,此外还有端盖、轴承、风扇等辅助部件。

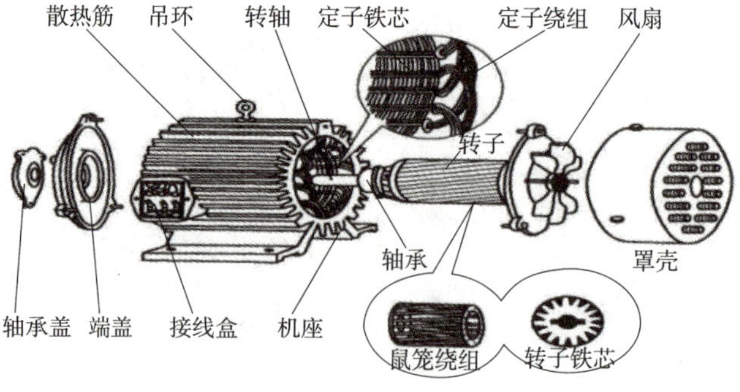

图 6-1-2 三相交流异步电动机的结构

1. 定子

定子由定子铁芯、定子绕组、机座等组成。

定子铁芯是电动机磁路的一部分，由相互绝缘的硅钢片叠压而成，内圆冲有均匀分布的槽，用以嵌放定子绕组。硅钢片的绝缘处理可以减少涡流损耗，提高电动机的效率。

定子绕组是电动机的电路部分，由三相对称绕组组成。这些绕组按照一定的规律嵌放在定子铁芯槽内，并且彼此相差 120° 电角度。当三相交流电通入定子绕组时，会产生一个旋转磁场。

机座主要用于固定和支撑定子铁芯，同时保护内部的绕组等部件。机座通常采用铸铁或铸钢制成，具有足够的机械强度和刚度。

2. 转子

转子由转子铁芯、转子绕组、转轴、端盖、轴承、风扇组成。

转子铁芯和定子铁芯一样，同样由硅钢片叠压而成，外圆上有均匀分布的槽，用来放置转子绕组。转子铁芯也是电动机磁路的一部分。

转子绕组分为笼形绕组和绕线式绕组两种类型。笼形绕组是最常见的一种转子绕组形式，它由嵌在转子铁芯槽内的铜条或铝条组成，这些导体的两端分别用短路环连接起来，形成一个闭合的回路，形状像一个笼子，因此得名。小型笼形异步电动机通常采用铸铝转子，将铝液直接浇铸在转子铁芯槽内，同时形成短路环和风扇叶片，制造工艺简单，成本较低。绕线式绕组与定子绕组相似，也是由绝缘导线绕制而成的，三相绕组一般接成星形。这种绕组的特点是可以通过滑环和电刷与外部的变阻器连接，通过改变变阻器的阻值来调节电动机的性能。

转轴通常采用优质碳素钢或合金钢制成，具有较高的强度和耐磨性。它用于支撑转子铁芯和传递转矩，使电动机能够带动负载旋转。

端盖安装在机座的两端，主要用于固定转子，并与机座一起构成电动机的外壳，起到保护内部部件的作用。端盖上还装有轴承，用于支撑转子的转动。

轴承是保证转子能够灵活转动的关键部件，它承受着转子的重量和轴向、径向的力。常用的轴承有滚动轴承和滑动轴承两种，滚动轴承具有摩擦系数小、启动灵活等优点，应用较为广泛。

风扇安装在转子轴上，随转子一起转动。风扇的作用是产生气流，对电动机进行冷却，以保证电动机在正常的温度范围内运行。

6.1.3　三相交流异步电动机的调速原理

三相交流异步电动机的转速公式为

$$n=\frac{60f}{p}(1-s)$$

式中：n 为电动机的实际转速；s 为转差率；f 是电源频率；p 是电动机的磁极对数。

大力弘扬
科学家精神

由转速公式可知，三相交流异步电动机有变极调速、变转差率调速和变频调速三种调速方法。

1. 变极调速

变极调速是通过改变电动机定子绕组的极对数来改变同步转速,从而实现调速的。这种调速方法是有级调速,即转速只能在几个固定的数值之间变化。例如,通过改变定子绕组的连接方式,可以使磁极从 2 极变为 4 极,相应的同步转速就会从 3 000 r/min(电源频率为 50 Hz 时)变为 1 500 r/min。变极调速的优点是设备简单、运行可靠,缺点是只能实现有级调速,调速范围较窄。

如双速电动机、三速电动机等,因为笼形转子磁极对数可随定子磁极对数的改变而改变,所以变极调速只适用于特殊三相笼形异步电动机。

2. 变转差率调速

变转差率调速有三种方式:降低定子电压调速、转子串电阻调速和串级调速。

降低定子电压调速适用于专门设计的具有较大转子电阻的高转差率异步电动机。这种调速方法适用于笼形异步电动机。当降低定子电压时,电动机的电磁转矩减小,转速下降,转差率增大,从而改变电动机的工作速度。降低定子电压调速的优点是设备简单、成本低,缺点是调速范围较窄,且在低速运行时损耗较大,效率较低。为改善调速特性,一般要使用闭环控制的工作方式,系统的结构复杂。

转子串电阻调速只适用于绕线式异步电动机。通过在电动机转子回路中串入不同阻值的电阻,当负载转矩一定时,转子回路电阻增大,转差率增大,电动机的转速降低。通过改变串入电阻的大小,可以实现调速。转子串电阻调速的优点是设备简单、操作方便,缺点是调速过程中能量损耗较大,且调速范围有限,只能在低于额定转速的范围内调速。

串级调速是对转子串电阻调速方式的改进,基本工作方式也是通过改变转子回路的等效阻抗改变电动机的工作特性,达到调速的目的。实现方法是在转子回路中串入一个可变的电动势,从而改变转子回路的回路电阻,进而改变电动机的转速。其优点是:可以通过某种控制,使转子回路的能量回馈到电网,从而提高效率;在适当的控制下,可以实现低同步或高同步的连续调速。缺点是只适用于绕线式异步电动机,且控制系统相对复杂。

3. 变频调速

变频调速适用于笼形异步电动机。变频调速通过改变电源的频率来改变同步转速,从而实现调速。由电动机调速公式可知,当电源频率降低时,电动机的转速降低;反之,当电源频率升高时,电动机转速升高。变频调速为了保证电动机的磁通不变,在改变频率的同时,需要相应地改变电压,以维持电压和频率的比值(简称“压频比”)基本不变。

变频调速可以在较宽的范围内实现平滑调速,因此它属于无级调速,其有以下特点:

(1)启动电流小,而启动转矩大;

(2)启动平滑,从而消除机械的冲击力,保护机械设备;

(3)对电动机具有保护功能,降低电动机的维修费用;

(4)具有显著的节电效果;

(5)通过调节电压和频率的关系方便地实现恒转矩或者恒功率调速。

变频调速技术也是交流调速中发展最快、最有潜力的技术。随着交流电动机调速理论的突破和变频器性能的不断完善,变频调速开始成为交流调速的主流。目前,交流调速系统的性能已经可以和直流调速系统相媲美,有些甚至超过直流调速系统。

6.1.4　电气传动系统的组成

电气传动系统通常由电动机、控制装置和电源装置三部分组成。一般机械设备中不调速的电气传动系统的框图如图 6-1-3 所示，变频调速的电气传动系统的框图如图 6-1-4 所示。

图 6-1-3　不调速的电气传动系统的框图

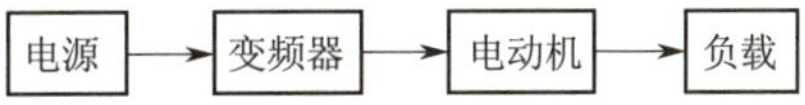

图 6-1-4　变频调速的电气传动系统的框图

任务实施

能说出直流调速、交流调速的特点。

任务考核

序号	考核内容	考核要求	评分标准	配分	得分
1	调速方法	①能说出直流调速的特点； ②能说出交流调速的方法及特点	①不能正确说出直流调速的特点，每处扣 5 分； ②不能正确说出交流调速的分类，每个扣 5 分； ③不能正确说明各类调速的特点，每处扣 5 分； ④不能正确说出变频调速的原理，扣 10 分	90	
2	素养提升	工匠精神、团结协作、5S 管理	①有科学态度和严谨的工作作风，否则扣 3 分； ②有团结协作精神，否则扣 2 分； ③工位整洁、整齐，否则扣 3 分	10	

任务拓展

三相交流异步电动机的电动势的计算公式为 $E_1 = 4.44 f N_1 \Phi_m$（f 为电源频率，N_1 为定子的绕组的匝数，Φ_m 为每极的磁通量），笼形异步电动机调速时一般希望主磁通 Φ_m 保持不变。请根据以上要求说明变频调速时，本质上是改变了哪些变量？又是如何改变的？

练习题

（见“任务 6.1 练习题”码课）

任务 6.1
练习题

任务 6.2　初识变频器

任务描述

变频器在工业自动化领域中应用广泛，它能够实现电动机的精确调速，满足不同工况下的运行需求。在风机、水泵类负载中，变频器通过调节电动机转速，实现了风量和流量的精确控制，有效降低了能耗，提高了系统效率。此外，在机械传动系统中，变频器能够平滑启动和停止电动机，减少了机械冲击和磨损，延长了设备使用寿命。同时，变频器还具备过载保护、短路保护等多种保护功能，确保了电动机运行的稳定性和安全性。

通过本任务的学习，学生能够了解变频器的基本概念、发展历程及分类方式，形成对变频器的初步认知。同时随着对变频器的硬件结构和工作原理的进一步理解，学生能够理解变频调速的本质，并在了解变频器安装方法的基础上进行变频器主电路接线，为后续深入学习电气自动化相关课程和从事相关工作奠定坚实基础。

任务目标

1. 知识目标

（1）说出变频器的基本概念、发展趋势及分类方式。

（2）说出变频器的硬件结构。

（3）说明变频器的铭牌和技术参数。

（4）说明变频器的分类方法，初步了解各类变频器的主要应用。

（5）说出变频器选型方法。

2. 能力目标

（1）观察变频器实物，了解其外观结构、面板布局、接口类型及标识含义。

（2）能在教师的指导下正确完成变频器与电动机的接线。

3. 素养目标

（1）在变频器的使用过程中，要求学生以严谨认真的态度对待每一个知识点，确保知识掌握的准确性和完整性，为今后从事相关技术工作奠定坚实的专业基础。

（2）使学生了解变频器产业在国家经济发展中的重要地位以及在推动工业自动化进程中的关键作用，激发学生的使命感和责任感。

（3）在进行变频器主电路接线时，要求学生按照接线工艺的要求进行操作，用合适的导线进行连接，培养学生严谨认真、精益求精的工匠精神。

任务准备

6.2.1 变频器的定义

变频器（Variable Frequency Drive，VFD）是应用变频技术与微电子技术，通过改变电动机工作电源频率的方式来控制交流电动机运行状况的电力控制设备。简单来说，变频器是利用电力半导体器件的通断作用，把电压和频率固定不变的交流电变为电压或频率可变的交流电的装置。这种设备广泛应用于工业自动化领域，如用于风机、水泵、压缩机等设备的调速控制，以及数控机床、电梯等设备的运动控制。变频器不仅具有节能降耗的显著效果，还能提高设备的运行效率和稳定性，是现代工业控制系统中不可或缺的重要组件。

6.2.2　变频器的发展趋势

变频器的发展趋势主要表现在两个方面：电力电子器件的更新换代和控制模块的发展方向。

坚持不懈，
创新发展

1. 电力电子器件的更新换代

电力电子器件是组成变频器的关键器件，可直接用于变频器的主电路中，实现电能的变换或控制。

变频器中的电力电子器件经过电力二极管（PD）→半控型晶闸管（SCR）→全控型器件（P- MOSFET，即电力场效应晶体管）→全控型器件（IGBT，即绝缘栅双极型晶体管）的发展，目前向着智能功率模块（IPM）方向发展。

电力二极管的主要类型有普通二极管、快恢复二极管、肖特基二极管。普通二极管又称整流二极管，多用于开关频率不高（1 kHz 以下）的整流电路中。快恢复二极管在中、高频整流和逆变场合，肖特基二极管在低压高频整流的场合，都具有不可替代的地位。

SCR 作为一种开关元件，在高电压、大电流条件下工作，被广泛应用于可控整流、交流调压、无触点电子开关、逆变及变频等电子电路中，是典型的小电流控制大电流的设备。

P-MOSFET 是一种全控型器件，用栅极电压来控制漏极电流，驱动电路简单，需要的驱动功率小，开关速度快，工作频率高，但是电流容量小，耐压低，一般只适用于功率不超过 10 kW 的电力电子装置。

IGBT 作为一种较典型的全控型器件，既有 MOSFET（金属氧化物半导体型场效应晶体管）的高速交换功能（工作频率高），又有双极型晶体管的高电压、大电流处理能力。

IPM 是一种先进的功率开关器件，具有 GTR（大功率晶体管）高电流密度、低饱和电压和耐高压的优点，以及 MOSFET 高输入阻抗、高开关频率和低驱动功率的优点。而且 IPM 内部集成了逻辑、控制、检测和保护电路，使用起来方便，不仅减小了系统的体积，缩短了开发时间，而且大大增强了系统的可靠性，顺应了当今功率器件的发展方向——模块化、复合化和功率集成电路（PIC），在电力电子领域得到了越来越广泛的应用。

2. 控制模块的发展方向

（1）智能化：方便使用操作、工作状态显示、故障诊断与排除，甚至部件自动转换，利用互联网实现遥控监视，多台变频器程序联动以及最优化的综合管理控制系统。

（2）专门化：风机、泵类、起重机；电梯控制、张力控制和空调。

（3）一体化：参数辨识系统、PID 调节器、PLC 控制和通信单元。如电动机与 PLC 的一体化设备。

（4）环境化：节能、无公害、低噪声和谐波。

6.2.3　交-直-交变频器的结构

变频器的结构根据主电路的构成可以分为交-交变频器和交-直-交变频器，大多数变频器都是交-直-交变频器，因此本节只介绍交-直-交变频器的结构。

交-直-交变频器由 AC/DC、DC/AC 两类基本的电力变换电路组合形成。

图 6-2-1 是电压型交-直-交变频器的组成框图。三相电源的输入端 L1、L2、L3，经过交-直-交电能变换电路的处理，输出频率可调的三相交流电 U、V、W 作用于电动机。该电路由整流电路、滤波电路、逆变电路、控制电路四大部分组成。

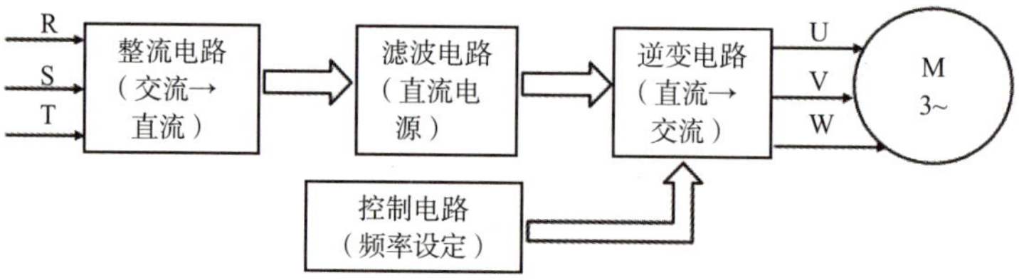

图 6-2-1　电压型交-直-交变频器的组成框图

1. 整流电路

整流电路是将变频器中交流电转换为直流电的关键环节，为后续的逆变过程提供稳定的直流电源。在交-直-交变频器中，整流电路通常采用桥式整流电路，由二极管或可控硅构成，能够将交流电转换为脉动的直流电。一般对于小功率应用，使用单相 220 V 输入；对于大功率应用，则使用三相 380 V 输入以提高电能转换效率。

2. 滤波电路

变频器虽然利用整流电路可以从电网的交流电源得到直流电压或直流电流，但是这种电压或电流含有频率为电源频率 6 倍的纹波，因此逆变后的交流电压、电流也产生纹波。所以，必须对整流电路的输出进行滤波，以减少电压或电流的波动。

滤波电路作为中间环节，其作用是平滑整流后的直流电，去除其中的脉动成分，确保逆变电路得到高质量的直流输入。

3. 逆变电路

逆变电路是变频器的核心，它将直流电再次转换为可调频率的交流电，以驱动电动机。逆变电路主要由 IGBT 组成，根据 IGBT 导通顺序的不同，逆变器可分为 120° 导电型和 180° 导电型。120° 导电型适合星形负载，而 180° 导电型适合三角形负载。逆变过程中，三极管的开关控制是通过控制电路实现的，这通常涉及脉宽调制（PWM）等技术，用于精确控制输出电压的频率和幅度。

4. 控制电路

控制电路负责接收外部信号，根据预设的参数和算法，对整流、滤波和逆变过程进行精确调控，确保变频器能够按照要求输出所需的交流电源。这四大部分相互协作，共同构成了变频器复杂而精细的结构体系。

6.2.4　变频器的分类

变频器是将固定频率的交流电变换成频率连续可调的交流电的装置。变频器的种类很多，下面按照不同的分类方法进行分类。

1. 按变频器的用途分类

变频器按照用途可以分为通用变频器和专用变频器两种。

2. 按变频器的工作原理分类

变频器按照工作原理可分为交-直-交变频器和交-交变频器两类。

交-直-交变频器先将工频交流电通过整流器变成直流电，再经过逆变器变成电压和频率可调的交流电。

交-交变频器把频率固定的交流电变换成频率连续可调的交流电。其优点是没有滤波环节，故变频器的效率高。但其连续可调的频率范围窄，最高输出频率是电网频率的1/3~1/2，一般应用于大功率设备低速运行的拖动。

3. 按滤波电路的储能方式分类

按照滤波电路的储能方式的不同，交-直-交变频器又分为电压型和电流型两种。

在交-直-交变频器中，滤波电路采用大电容滤波，故输出电压波形比较平直，在理想情况下可以看成一个内阻为零的电压源，逆变电路输出的电压为矩形波或阶梯波，因此这类变频器也叫电压型变频器。电压型变频器多用于不要求正反转或者快速加减速的通用变频器中。

在交-直-交变频器中，滤波电路采用大电感进行滤波时，直流电流波形比较平直，因而电源内阻很大，对负载来说基本上是一个电流源，逆变电路输出的电流为矩形波或阶梯波，因此这类变频器也叫电流型变频器。电流型变频器适用于频繁可逆运转的变频器和大容量的变频器中。

4. 按调压方式分类

根据调压方式的不同，交-直-交变频器又分为脉幅调制和脉宽调制两种。

脉幅调制（Pulse Amplitude Modulation，PAM）是指通过调节输出脉冲的幅值来调节输出电压的一种方式。在调节过程中，逆变器负责调频，相控整流器或直流斩波器负责调压。目前在中小容量变频器中很少采用。

脉宽调制（Pulse Width Modulation，PWM）是通过改变输出脉冲的宽度和占空比来调节输出电压的一种定式。在调节过程中，逆变器负责调频和调压。目前普遍使用的是脉宽按正弦规律变化的正弦波脉宽调制方式，即 SPWM 方式。中小容量的通用变频器几乎全部采用此类调压方式。

5. 按变频器的控制方式分类

变频器按照控制方式分类可分为恒压频比控制变频器、转差频率控制变频器、矢量控制变频器、直接转矩控制变频器。

恒压频比控制变频器的基本特点是对变频器输出的电压和频率同时进行控制，通过保持压频比恒定使电动机获得所需的转矩特性。这种控制方式控制电路成本低，多用于精度要求不高的通用变频器中。

转差频率控制变频器是在压频比控制基础上改进的一种闭环控制方式。采用这种控制方式，变频器通过电动机、速度传感器构成速度反馈闭环调速系统。变频器的输出频率由电动机的实际转速与转差频率之和自动设定，从而在调速控制的同时也使输出转矩得到控制。

其优点是调速精度与转矩的动特性较好。但是这种控制需要在电动机的轴上安装速度传感器,并需要依据电动机特性调节转差,故通用性较差。

矢量控制变频器的基本思想是模仿直流电动机的控制方法,将异步电动机的定子电流分解为产生磁场的电流分量(励磁电流)和与其垂直的产生转矩的电流分量(转矩电流),并分别加以控制。在这种控制方式下,必须同时控制异步电动机定子电流的幅值和相位,即控制定子电流矢量,故称之为矢量控制变频器。

直接转矩控制变频器直接在定子坐标系下分析交流电动机的数学模型,控制电动机的定子磁链和转矩。它不需要将交流电动机转换为等效的直流电动机,因而省去了矢量旋转变换中的许多复杂计算。

6.2.5 变频器的铭牌

变频器的铭牌是变频器的重要标识,上面标注了变频器的各项技术参数和性能指标。通过阅读铭牌,用户可以了解到变频器的额定功率、额定电压、额定电流、额定频率等关键信息,这些信息对变频器的正确选型、安装和使用至关重要。同时,铭牌上还会标注变频器的生产厂家、生产日期、型号规格等信息,以便用户在使用和维护过程中进行参考。因此,在使用变频器之前,务必仔细阅读铭牌上的各项参数和说明。

变频器的铭牌一般粘贴在变频器侧面外壳上,如图 6-2-2 所示。

图 6-2-2　变频器的铭牌

6.2.6 变频器的安装

1. 变频器安装要求

对变频器安装的空间和方向有以下几点要求。

(1)变频器在运行中会发热,为了保证散热良好,必须将变频器用螺栓垂直安装到坚固的物体上,从正面可以看见变频器操作面板的文字位置,不要上下颠倒或平放安装。

(2)变频器在运行中会发热,要确保冷却风道畅通,由于变频器内部热量从上部排出,所以不要安装到不耐热器件下面。

(3)变频器内部装有冷却风扇以强制风冷,其上下左右与相邻的物品和挡板(墙)必须保持足够的空间。

(4)变频器在运转中,散热片的附近温度可上升到 90 ℃,变频器背面要使用耐温材料。

（5）安装在控制箱（柜）内时，最好将发热部分露于箱（柜）之外以降低柜内温度。若不具备将发热部分露于柜外的条件，可将其装在柜内，但要注意充分换气，防止变频器周围温度超过额定值。不要将变频器放在散热不良的小密闭箱（柜）内。

注意：由于冷却风扇是易损品，某些 15 kW 以下变频器的风扇控制采用温度开关控制，当变频器内温度大于温度开关设定的温度时，冷却风扇才运行；一旦变频器内温度小于温度开关设定的温度时，冷却风扇停止。因此，变频器刚开始运行时，冷却风扇处于停止状态，这是正常现象。

2. 变频器的布线原则

变频器应用时往往需要一些外围设备与之配套，如控制计算机、测量仪表、传感器、无线电装置及传输信号线等，为使这些外围设备正常工作，布线时应采取以下措施。

（1）当外围设备与变频器共用同一供电系统时，由于变频器产生的噪声沿电源线传导，可能使系统中挂接的其他外围设备产生误动作。安装时要在输入端安装噪声滤波器，或将其他设备用隔离变压器或电源滤波器进行噪声隔离。

（2）当外围设备与变频器装入同一控制柜中且布线又很接近变频器时，可采取以下方法抑制变频器干扰。

①将易受变频器干扰的外围设备及信号线远离变频器安装，信号线使用屏蔽电缆线，屏蔽层接地。亦可将信号线套入金属管中。信号线穿越主电源线时要确保正交。

②在变频器的输入输出侧安装无线电噪声滤波器或线性噪声滤波器（铁氧体共模扼流圈）。滤波器的安装位置要尽可能靠近电源线的入口处，并且滤波器的电源输入线在控制柜内要尽量短。

③变频器到电动机的电缆要采用 4 芯电缆并将电缆套入金属管中，其中一根的两端分别接到电动机外壳和变频器的接地侧。

④避免信号线与动力线平行布线或捆扎成束布线；易受影响的外围设备应尽量远离变频器安装；易受影响的信号线应尽量远离变频器的输入输出电缆。

⑤当操作台与控制柜不在一处或具有远方控制信号线时，要对导线进行屏蔽，并特别注意各连接环节，以避免干扰信号串入。

3. 电缆的接地

弱电压电流回路（4~20 mA，1~5 V）有接地线，该接地线不能作为信号线使用。使用屏蔽电缆时，其接地线需采取绝缘措施，以免屏蔽金属与被接地的通道或金属管接触。若控制电缆的接地设在变频器一侧，则使用专设的接地端子，不与其他接地端子共用。

4. 变频器的电气安装

电源和电动机端子的接线如图 6-2-3 所示。在变频器与电动机和电源线连接时必须注意以下事项。

（1）三相交流输入电源与主回路端子（R/L1、S/L2、T/L3）之间的连线一定要接一个无熔丝的开关，最好能串联一个接触器，以便在交流电动机保护功能动作时能切断电源。

（2）在变频器与电源线连接或更换变频器的电源线之前，应完成电源线的绝缘测试。

（3）确保电动机与电源电压正确匹配。

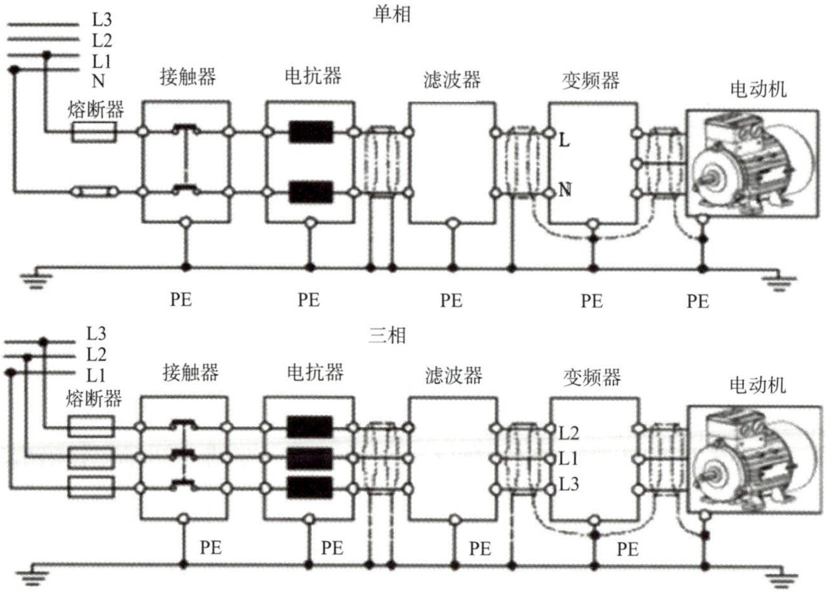

图 6-2-3　电源和电动机端子的接线

（4）变频器不可以和电焊机等大电流负载共同接地，而必须分别接地。

（5）确保供电电源与变频器之间已经正确接入与额定电流相应的断路器、熔断器。

（6）变频器的输出端不能接浪涌吸收器。

（7）变频器和电动机之间的连线过长时，线间分布电容产生较大的高频电流，从而引起变频器过电流故障。因此，容量小于或等于 3.7 kW 的变频器至电动机的配线应小于 20 m，更大容量的变频器至电动机的配线应小于 50 m。

变频器电气安装的注意事项有以下几点。

（1）变频器的控制电缆、电源电缆和电动机的连接电缆的走线必须相互隔离，禁止它们放在同一电缆线槽中或电缆架上。

（2）变频器必须可靠接地，如果不将变频器可靠接地，可能会发生人身伤害事故。

（3）变频器在供电电源的中性点不接地的情况下是不允许使用的。电源（中性点）不接地时需要从变频器中拆掉星形连接的电容器。

5. 电磁干扰的防护

（1）将机柜内的所有设备用短而粗的接地电缆可靠地连接到同一个接地母线。

（2）将与变频器连接的任何控制设备（例如 PLC）用短而粗的接地电缆连接到同一个接地网，形成星形接地。

（3）将电动机返回的接地线直接连接到控制电动机的变频器的接地端子（PE）上。

（4）接触器采用扁平的触头，因为它们在高频状态下阻抗较低。

（5）截断电缆的端头时应尽可能整齐，保证未经屏蔽的线段尽可能短。

（6）控制电缆的布线应尽可能远离供电电源线，使用单独的走线槽，在必须与电源线交叉时，相互呈 90° 交叉。

（7）无论何时，与控制电路的连接线都应采用屏蔽电缆。

（8）确保机柜内安装的接触器是带阻尼的，即在交流接触器的线圈上连接有 RC 阻尼电路，在直流接触器的线圈上连接有续流二极管。

（9）与电动机的连线应采用屏蔽电缆，并用电缆接线卡子将屏蔽层的两端接地。

任务实施

结合给定的变频器说出其型号，并完成变频器和电动机的接线。

1. 设备与器材

设备与器材如表 6-2-1 所示。

表 6-2-1　设备与器材

序号	名称	型号规格	数量
1	西门子变频器	V20	1 台
2	三菱变频器	M50	1 台
3	施耐德变频器	ATV320	1 台

2. 内容与步骤

（1）指出图 6-2-4 中变频器的型号，并说明其铭牌信息。

图 6-2-4　变频器示例

（2）完成变频器和电动机的接线。

①断开电源，确保安全。

②根据变频器的接线图和电气图纸，确认主电路的输入和输出端子。

③使用合适的工具，如螺丝刀或扳手，将输入电源线连接到变频器的输入端子，确保连接牢固可靠。

④将电动机的电缆连接到变频器的输出端子。

在接线过程中，注意检查电缆的屏蔽层是否完好，并按照要求将屏蔽层接地，以减少电磁干扰。

⑤仔细检查所有接线是否正确，确保没有松动或错误连接。

任务考核

（见“任务 6.2 考核标准”码课）

任务 6.2 考核标准

任务拓展

观察实验室中变频器的铭牌,说明铭牌上各信息的含义。

练习题

任务 6.2
练习题

(见“任务 6.2 练习题”码课)

任务 6.3 交-直-交变频器整流及滤波电路的分析与检测

任务描述

变频器能够将固定频率的交流电转换为频率和电压均可调节的交流电,以满足不同负载的需求。常用的变频器根据工作原理分为交-直-交变频器和交-交变频器两种。其中交-直-交变频器由整流电路、滤波电路、逆变电路、控制电路组成。

整流电路是交-直-交变频器的重要组成部分,其作用是将输入的交流电转换为直流电;滤波电路将整流后得到的脉动的直流电变为恒定的直流电,为后续的逆变电路提供稳定的直流电源。整流、滤波电路的性能直接影响变频器的整体运行效果和可靠性。因此,对其进行深入分析和准确检测具有重要的实际意义。

通过本任务的学习,学生能够学会如何利用专业工具对整流元件进行性能测试;在掌握整流元件检测的基础上,进一步深入理解变频器滤波电路的工作原理,掌握限流电阻和短路器的作用。此外,了解电源指示灯的作用,能够帮助确保变频器维护、维修工作中的安全。

任务目标

1. 知识目标

(1)说明整流电路的结构特点和工作原理。

(2)说出整流电路各元件的作用。

(3)说明交-直-交变频器中滤波电路的工作原理和结构特点。

(4)总结限流电阻及短路器的作用。

(5)说出主控板上电源指示灯的作用。

2. 能力目标

(1)能总结变频器整流电路和滤波电路各元件的作用。

(2)能对变频器整流电路进行检测。

(3)能在教师的引导下准确分析整流电路在运行过程中可能出现的故障原因,并提出有效的解决方案。

3. 素养目标

（1）对变频器整流电路进行检测时，要求学生按照规定步骤进行操作，避免因违规操作引发电气事故，树立安全意识，养成规范操作的习惯，培养良好的职业安全素养。

（2）在任务实施的过程中，要求学生遵守安全用电规范，提升学生的安全意识。

任务准备

6.3.1　整流电路的工作原理

整流电路按电源的相数可以分为单相和三相两类。这里以三相整流电路为例介绍整流电路的工作原理。

不可控整流电路使用的元件为功率二极管，三相桥式整流电路如图 6-3-1（a）所示。三相桥式整流电路共有 6 个整流二极管，其中 VD_1、VD_3、VD_5 3 个管子的阴极连接在一起，称为共阴极组；VD_2、VD_4、VD_6 3 个管子的阳极连接在一起，称为共阳极组。共阴极组 3 个二极管 VD_1、VD_3、VD_5 在 t_1、t_3、t_5 时换流导通；共阳极组 3 个二极管 VD_2、VD_4、VD_6 在 t_2、t_4、t_6 时换流导通。一个周期内，每个二极管导通 1/3 周期，即导通角为 120°。图 6-3-1（b）给出了三相桥式整流电路输出电压波形图。

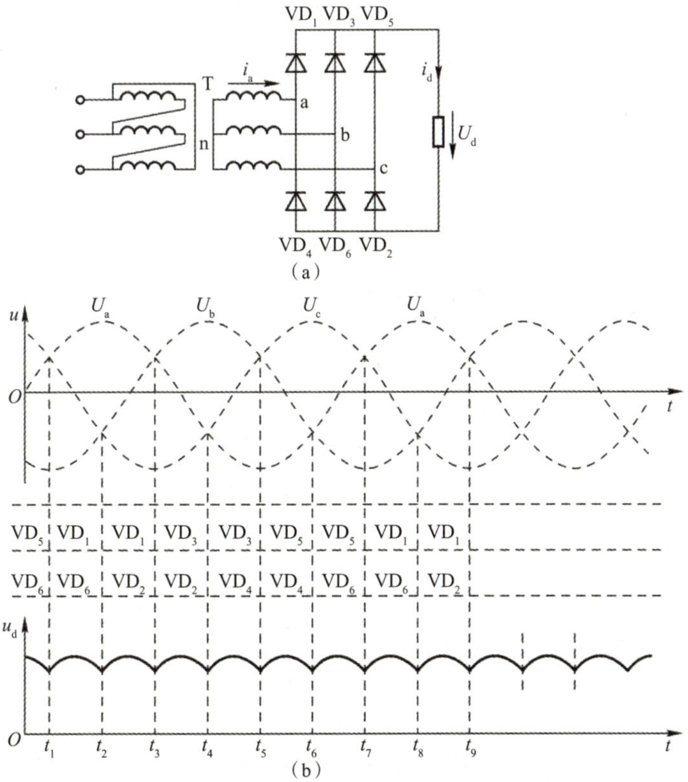

图 6-3-1　三相桥式整流电路及其输出电压波形图

（a）三相桥式整流电路　（b）输出电压波形图

三相桥式全控整流电路由 6 个晶闸管组成，如图 6-3-2（a）所示。阴极连接在一起的 3 个晶闸管（VT_1、VT_3、VT_5）构成共阴极组，阳极连接在一起的 3 个晶闸管（VT_2、VT_4、VT_6）构成共阳极组。分析晶闸管的触发角 α=0° 时的情况。对于共阴极组的 3 个晶闸管，阳极所接交流电压值最大的一个导通；对于共阳极组的 3 个晶闸管，阴极所接交流电压值最低（或者说负得最多）的导通。任意时刻共阳极组和共阴极组中各有 1 个晶闸管处于导通状态。

从相电压波形［图 6-3-2（b）］看，共阴极组晶闸管导通时，u_{d1} 为相电压的正包络线，共阳极组导通时，u_{d2} 为相电压的负包络线，$u_d=u_{d1}-u_{d2}$ 是两者的差值，为线电压在正半周的包络线。

三相桥式全控整流电路有以下特点。

（1）两管同时导通形成供电回路，其中共阴极组和共阳极组各 1 个，且不能为同一相器件。

（2）对触发脉冲的要求：按 $VT_1 \rightarrow VT_2 \rightarrow VT_3 \rightarrow VT_4 \rightarrow VT_5 \rightarrow VT_6$ 的顺序，相位依次差 60°，共阴极组 VT_1、VT_3、VT_5 的脉冲依次差 120°，共阳极组 VT_2、VT_4、VT_6 也依次差 120°，同一相的上下两个桥臂，即 VT_1 与 VT_4、VT_3 与 VT_6、VT_5 与 VT_2，脉冲相差 180°。

（3）u_d 一周期脉动 6 次，每次脉动的波形都一样，故该电路为 6 脉波整流电路。

（4）保证同时导通的 2 个晶闸管均有脉冲，可采用两种方法：一种是宽脉冲触发，另一种是双脉冲触发（常用）。

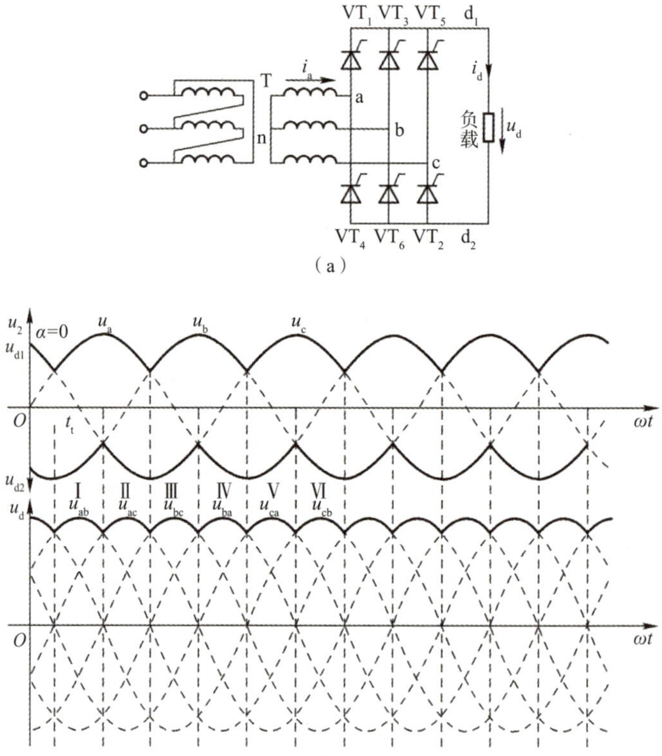

图 6-3-2　三相桥式全控整流电路及其输出电压波形图

（a）三相桥式全控整流电路　（b）输出电压波形图

6.3.2　交–直–交变频器整流电路的检测

交-直-交变频器整流电路及滤波电路如图 6-3-3 所示，可以看到，整流电路输入是变频器的 R、S、T 端子（有的变频器是 L1、L2、L3 端子），该端子接入的是三相不可调电压。整流电路的输出是直流母线正极 P、直流母线负极 N（有的变频器是 DC+和 DC-端子）。

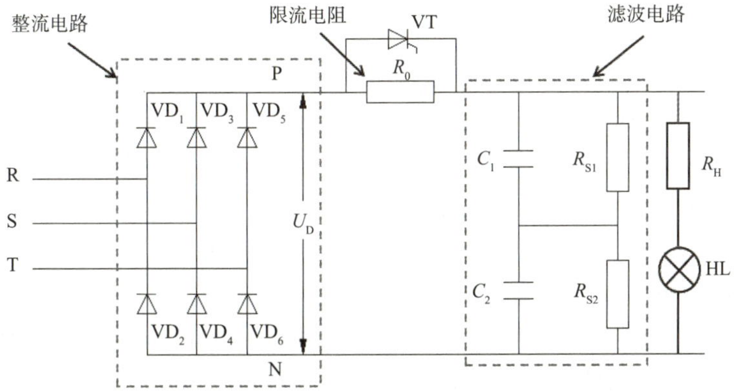

图 6-3-3　变频器整流电路及滤波电路

整流电路中 VD_1~VD_6 都是二极管，每个二极管都需要单独测试。以二极管 VD_1 的检测为例说明整流电路元件的检测方法。

VD_1 连接在输入端子 R 与内部直流电路的正极 P 之间，并且 R 为二极管的正端，P 为二极管负端，利用数字万用表即可判断其好坏。具体检测方法如下。

首先将数字万用表黑表笔安装在 COM 插孔，红表笔安装在 V/Ω 插孔，并将万用表设置为二极管测试模式。正常情况下，黑表笔接 R 端，红表笔接 P 端时，二极管处于截止状态、阻值很大；反之，黑表笔接 P 端，红表笔接 R 端，则二极管处于导通状态。如此则说明 VD_1 正常。

在交-直-交变频器中，整流模块的主要作用是将输入的三相交流电整流成直流电。输入的三相交流电压为 380 V，经整流模块输出的直流电压为 513~537 V。

三相桥式整流电路的 6 个二极管封装为一体，构成整流模块，该整流模块为 5 端元件，其外观、端子图与内部结构如图 6-3-4 所示。

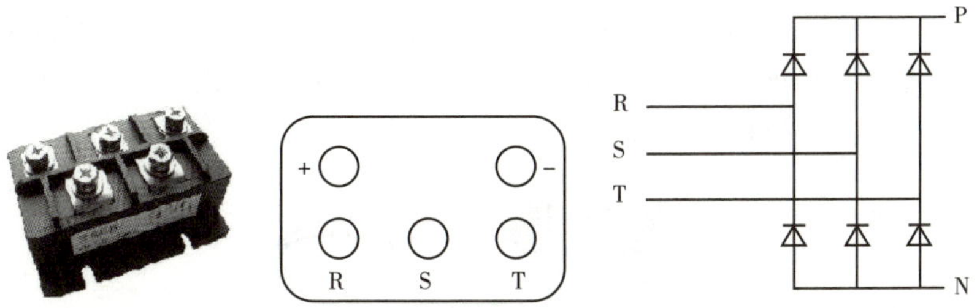

（a）　（b）　（c）

图 6-3-4　整流模块外观、端子图与内部结构

（a）外观　（b）端子图　（c）内部结构

结合数字万用表的使用方法，回答以下问题：

（1）在检测 VD_1 时，黑表笔接 R 端，红表笔接 P 端，万用表的显示内容是什么？

（2）在检测 VD_1 时，黑表笔接 P 端，红表笔接 R 端，万用表的显示内容是什么？

（3）请说明利用变频器的整流模块如何检测 VD_1~VD_6 的好坏。

6.3.3 滤波电路的构成

变频器后面逆变出来的三相交流电，要求在 50 Hz 时的电压能够和前面的电源电压一般大。因此变频器滤波电路采用图 6-3-3 所示的阻容滤波电路。图中 C_1 和 C_2 是滤波电容，R_{S1} 和 R_{S2} 为均压电阻。

滤波电容在变频器的直流侧起滤波作用，其额定电压一般选取 400 V 系列，整流出的直流电压在 500 多伏，因此选用两个电容串联进行滤波。滤波电容的外观如图 6-3-5 所示。

变频器的滤波电容是电解电容，电解电容的电容量离散性很大，即使同一个厂家、同一批次、同一型号的电解电容，电容量上下相差 20% 都是合格的，这样滤波电容在充电的过程中，其两组（两个）电容器两端电压分配不平衡，导致电容器寿命不一致。因此，在滤波电容两端会并联电阻，使其电压平衡，电阻可以做得比较精致，保证均压效果。均压电阻的外观如图 6-3-6 所示，均压电阻外形颜色一般是白色的。

图 6-3-5　滤波电容的外观

图 6-3-6　均压电阻的外观

图 6-3-3 中 C_1 和 R_{S1} 并联，C_2 和 R_{S2} 并联，之后两组电容器又进行了串联，为什么要采用这种结构呢？

在图 6-3-3 中整流电路和滤波电路之间串联了一个限流电阻 R_0，为什么要添加限流电阻呢？

在合闸的瞬间，相当于 P、N 之间短路，出现很大的冲击电流，若不限制此电流的大小，会将整流电路电子元器件烧坏；同时这一瞬，电网电压瞬间降到 0 V，影响同一网络的其他设备的正常运行。因此，在滤波电路前加入限流电阻 R_0，不仅减小了通电时的冲击电流，而且将瞬间电压降限制在该电阻上，从而改善了电源侧的电压波形。限流电阻的外观如图 6-3-7 所示，其外壳是铝材料，便于散热。

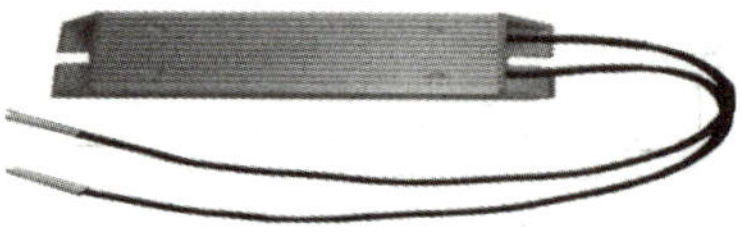

图 6-3-7　限流电阻的外观

和限流电阻并联的短路器件（如接触器或晶闸管）的作用是当电容充了电、两端电压达到一定值时，将限流电阻短路。

若限流电阻不短接，当变频器输出端接入负载工作时，由于限流电阻分压，直流母线 P、N 之间电压低于要求电压（500 多伏），变频器将会出现欠电压故障，从而影响工作。因此，当滤波电容充满电后，变频器内部 CPU 检测到其端电压在 500 多伏时，就会发出 24 V 直流电压触发接触器或晶闸管，使接触器触点 K 闭合或晶闸接通，从而短接限流电阻。

6.3.4　变频器主控板上的指示灯

变频器主控板上的指示灯如图 6-3-3 中 HL 所示，其作用是显示变频器断电后，滤波电容器上的电荷有没有放完，它是为保护维修人员人身安全而设置的。

当变频器发生故障，打开机箱检查时，虽然变频器已经断了电，但如果滤波电容器上的电荷没有放完的话，将是很危险的。所以，千万注意，一定要等指示灯完全熄灭后，才能用手去触摸里面的元器件。

任务实施

结合实验室的变频器，对其整流电路进行检测。

1. 设备与器材

（略）

2. 内容与步骤

（1）绘制出变频器主电路的原理图。

（2）打开变频器接线端盖。

（3）将数字万用表打在__________或__________挡位，并将红、黑表笔短接后使用。

（4）断电情况下，按表 6-3-1 进行检测和记录。

表 6-3-1　检测记录表

操作事项		万用表显示	结论
将黑表笔放在 S 端	红表笔放在 P 端		
将黑表笔放在 P 端	红表笔放在 R 端		
将黑表笔放在 S 端	红表笔放在 P 端		
将黑表笔放在 P 端	红表笔放在 S 端		
将黑表笔放在 T 端	红表笔放在 P 端		
将黑表笔放在 P 端	红表笔放在 T 端		
将黑表笔放在 R 端	红表笔放在 N 端		
将黑表笔放在 N 端	红表笔放在 R 端		
将黑表笔放在 S 端	红表笔放在 N 端		
将黑表笔放在 N 端	红表笔放在 S 端		

续表

操作事项		万用表显示	结论
将黑表笔放在T端	红表笔放在N端		
将黑表笔放在N端	红表笔放在T端		

（5）检测结束后，将数字万用表挡位打在__________挡，将变频器接线端盖盖好，将实训桌面收拾整齐。

（6）除此之外，还可对变频器进行上电检测，具体方法如下。

①直流电压检测（上电状态）：使用数字万用表测量直流母线P(+)与N(-)端子间的电压，分别在带负载和空载状态下进行测量。若直流电压正常，则整流电路工作无误；若异常，则需进一步排查。

②示波器检测：通过示波器观察整流电路的输出波形，正常情况下，三相电源输入后，输出端在每个周期内应出现6个波头。若波头数量减少，可能意味着有桥臂发生断路或电源缺相。

③动态检测（通电状态）：在确保安全的前提下，给变频器通电，使用万用表测量整流电路的输出直流电压，观察其是否在正常范围内。使用示波器观察整流电路的输入交流电压波形和输出直流电压波形，分析波形的特征和变化规律，判断电路的工作状态是否正常。

任务考核

（见“任务6.3考核标准”码课）

任务6.3考核标准

任务拓展

电工小孙从仓库里领出了一台变频器——这台变频器是一年多前买来的新变频器，小孙打算配用到鼓风机上。按照规定，带负载通电前应先空载通电测试。谁知一通电，就发现冒烟，小孙立刻切断了电源，把盖打开后，发现有一个电阻很烫。

小孙想，在开盖情况下再通电观察一次。这一次，电阻倒是不冒烟了，但不一会儿变频器便因欠电压而跳闸了。小孙用万用表一量，那个电阻已经烧断了。

请对该案例中的故障原因进行分析并说明解决方案。

根据本任务所学知识回答以下问题。

（1）在实际生产中，所有的设备在投入运行前先进行不带电的外观检测及重要参数测量，接着进行空载通电测试，最后才允许带负载运行。因此，案例中电工小孙“带负载通电前应先空载通电测试”的做法是否正确？

（2）小孙立刻切断了电源，把盖打开的做法是否安全？为什么？

（3）案例中限流电阻烧断的可能原因有哪些？解决办法有哪些？

练习题

（见“任务 6.3 练习题”码课）

任务 6.3
练习题

任务 6.4　交-直-交变频器逆变电路的分析与检测

任务描述

逆变电路是交-直-交变频器的核心部分，其性能直接影响整个变频器的输出效果。

逆变电路的主要功能是将直流电转换为交流电，并通过控制开关器件的通断来实现变频和调压。在实际应用中，逆变电路的设计和优化需考虑多种因素，如效率、谐波含量、电磁干扰等。通过对逆变电路的深入分析，我们可以更好地理解其工作原理。同时，准确的检测对于及时发现逆变电路中的故障和问题至关重要，有助于保障变频器的稳定运行。

因此，我们需要综合运用电力电子技术等多方面的知识来对逆变电路进行检测，以确保逆变电路的稳定性和可靠性。

通过本任务的学习，学生能够了解 IGBT 的工作特点，同时学会利用专业工具对逆变电路进行测试；能够快速判断逆变电路的工作状态，提高故障排查的效率。

任务目标

1. 知识目标

（1）说出晶闸管和 IGBT 的工作特点。

（2）说明交-直-交变频器逆变电路的工作原理、结构特点。

2. 能力目标

（1）能总结变频器的逆变电路各元件的作用。

（2）能对变频器逆变电路进行检测。

（3）能在教师的引导下准确分析逆变电路在运行过程中可能出现的故障原因，并提出有效的解决方案。

3. 素养目标

（1）对变频器逆变电路进行检测时，要求学生按照规定步骤进行操作，避免因违规操作引发电气事故，树立安全意识，养成规范操作的习惯，培养良好的职业安全素养。

（2）在任务实施的过程中，要求学生遵守安全用电规范，提升学生的安全意识。

任务准备

6.4.1 逆变电路分析

在交-直-交变频系统中，根据直流滤波方式逆变器可分为电压型与电流型两种。电压型主要采用大电容滤波，逆变器的直流电源阻抗小，类似于电压源，逆变输出的电压比较平直，波形为交变矩形波，而输出电流接近正弦波。电流型则主要采用大电感滤波，电源呈现高阻抗，类似于电流源。表 6-4-1 列出了电压型和电流型逆变器的比较。

表 6-4-1 电压型和电流型逆变器的比较

比较项目	变频器类别	
	电压型	电流型
滤波环节	大电容滤波	大电感滤波
输出电压波形	矩形波	取决于负载，对异步电动机负载近似于正弦波
输出电流波形	取决于负载的功率因数，有较大的谐波分量	矩形波
输出阻抗	小	大
回馈制动	需在电源侧设置并联逆变器	方便，主电路不需要附加设备
调速动态响应	慢	快
晶闸管	关断时间短，一般耐压要求低	耐压高，对关断时间无特殊要求
适用范围	多电动机拖动，稳频稳压电源	单电动机拖动，可逆拖动

三相桥式电压逆变电路如图 6-4-1 所示。三相桥式逆变电路可以看成由三个半桥逆变电路组成，采用大功率晶体管(GTR)作为开关器件，有 6 个桥臂。

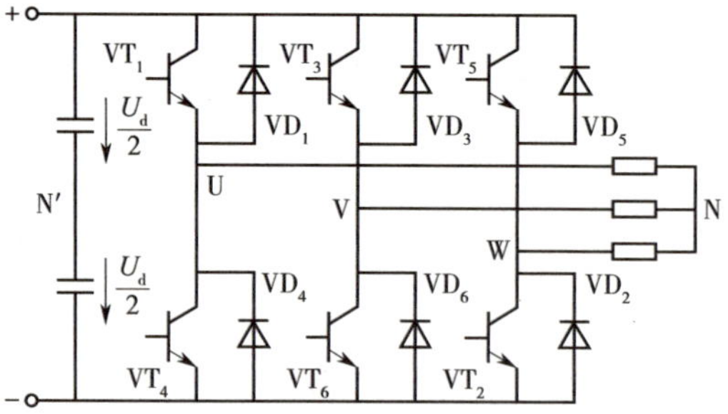

图 6-4-1 三相桥式电压逆变电路

对于 U 相输出来说，当 VT_1 导通时 $U'_{UN}=U_d/2$，当 VT_4 导通时 $U'_{UN}=-U_d/2$，U'_{UN} 的波形是幅值为 $U_d/2$ 的矩形波。V、W 两相的情况和 U 相类似。三相桥式电压逆变电路的工作波形图如图 6-4-2 所示。

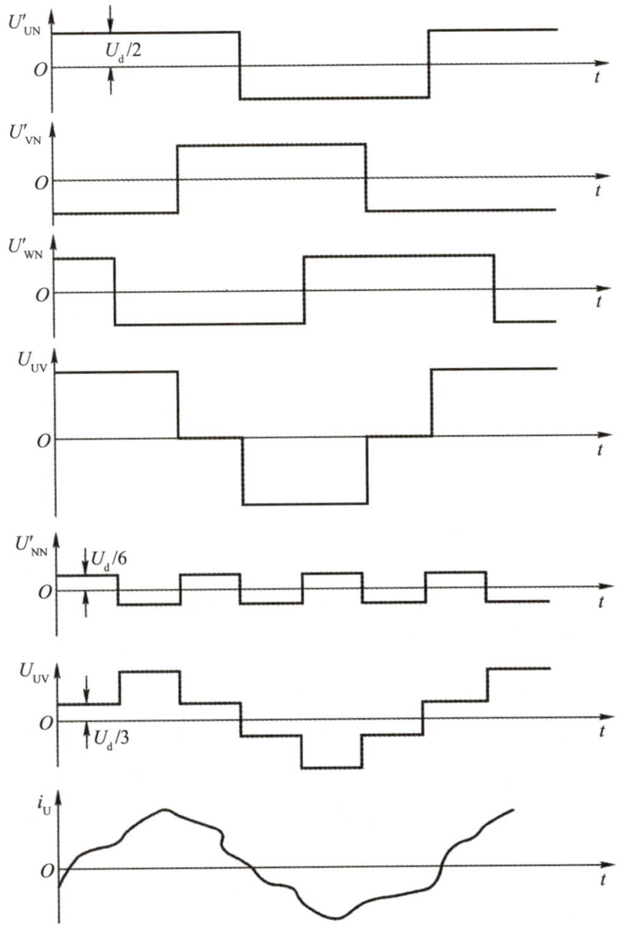

图 6-4-2　三相桥式电压逆变电路的电压波形图

电压型逆变电路有以下特点。

（1）直流侧为电压源或并联大电容，直流侧电压基本无脉动。

（2）输出电压为矩形波，输出电流因负载阻抗不同而不同。

（3）当交流侧为阻感负载时需提供无功功率。为了给交流侧向直流侧反馈的无功能量提供通道，逆变桥各臂都并联了反馈二极管。

6.4.2　逆变电路的检测

随着电力电子器件的发展，比 GTR 更新的电力开关器件绝缘栅双极型晶体管（IGBT）已经在广泛应用。IGBT 综合了 MOS 场效应管（MOSFET）和大功率晶体管（GTR）的优点。IGBT 的栅极输入高电阻抗，是场控器件，这一点是 MOSFET 的特性。另外 IGBT 的输出饱和电压降低，这一点是 GTR 的特性，目前 IGBT 的容量已达到 GTR 的水平，而且它的驱动简单，保护容易，不用缓冲电路，开关频率高，这些都使得 IGBT 比 GTR 有更广泛的应用领域。事实上，在电动机驱动、中频和开关电源以及要求快速、低损耗的领域，IGBT 已经处于主导地位。在通用变频器中 IGBT 正在取代 GTR。利用 IGBT 实现的三相桥式逆变电路如图 6-4-3 所示。

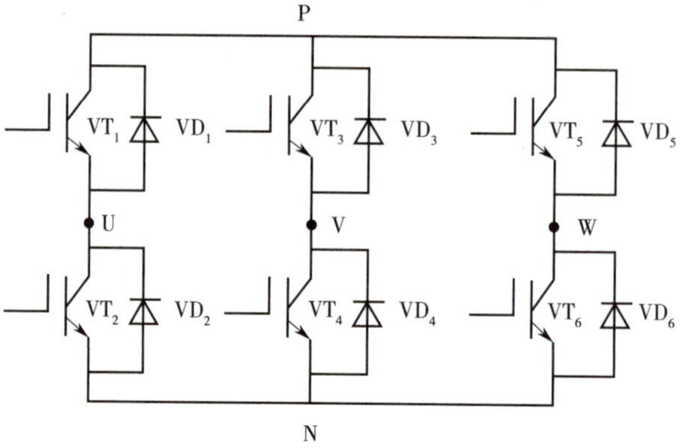

图 6-4-3　利用 IGBT 实现的三相桥式逆变电路

大电流高电压 IGBT 已模块化，图 6-4-4 是 IGBT 逆变模块实物图。逆变模块是变频器主电路中很重要的单元，这一部件价格高，且不耐高温，因此为了保护此模块，变频器中设置了风扇、散热铝板以及测温模块。一个 IGBT 逆变模块由两个 IGBT 构成，三个接线端中两个端子接直流母线 P、N 端，另一端接电动机，两个螺帽处是两个 IGBT 的控制极。对于三相交流电动机的驱动，逆变单元需要三个这样的逆变模块。

IGBT 的电路符号如图 6-4-5 所示。其中 G 为栅极，C 为漏极（又称集电极），E 为源极（又称发射极）。ICBT 的接通和关断由栅极控制。当对栅极施以正电压时，IGBT 接通，最低栅极阈值电压 $U_{EC(th)}$ 一般为 3~6 V。当栅极上的电压为零或施以负压时，IGBT 关断。

图 6-4-4　IGBT 逆变模块实物图

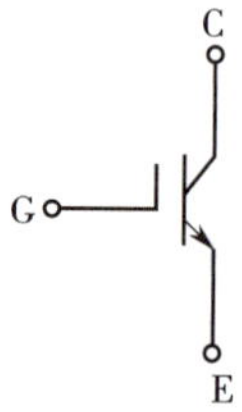

图 6-4-5　IGBT 的电路符号

图 6-4-3 中 VT_1~VT_6 两端反向并联了二极管 VD_1~VD_6，该二极管为续流二极管，用作开关期间产生的反向电流的路径。

当在 U、V、W 之间接入电动机时，VT_1 和 VT_4 接通，电流流向为 P → VT_1 → U →负载 R → V → VT_4 → N，形成回路。当 VT_1 和 VT_4 关断时，由于定子绕组的存在，电路中的电流不会突然变为零，这个时候，如果没有续流二极管存在，电路中就会产生很大的“反电动势”，这个电动势会施加在 VT_1 和 VT_4 上，将 VT_1 和 VT_4 击穿。但因为续流二极管的存在，电路中的电流就会从 VT_3 上的续流二极管通过。因此该反向二极管为电流充电提供了一条途径。

任务实施

结合实验室的变频器，对其逆变电路进行检测。

1. 设备与器材

（略）

2. 内容与步骤

（1）绘制利用 IGBT 实现的逆变电路原理图。

（2）打开变频器接线端盖。

（3）将数字万用表打在________挡位，并将红、黑表笔短接后使用。

（4）断电情况下，按表 6-4-2 进行检测和记录。

表 6-4-2　检测记录表

操作事项		万用表显示	结论
将黑表笔放在 P 端	红表笔放在 U 端		
将黑表笔放在 U 端	红表笔放在 P 端		
将黑表笔放在 P 端	红表笔放在 V 端		
将黑表笔放在 V 端	红表笔放在 P 端		
将黑表笔放在 P 端	红表笔放在 W 端		
将黑表笔放在 W 端	红表笔放在 P 端		
将黑表笔放在 U 端	红表笔放在 N 端		
将黑表笔放在 N 端	红表笔放在 U 端		
将黑表笔放在 V 端	红表笔放在 N 端		
将黑表笔放在 N 端	红表笔放在 V 端		
将黑表笔放在 W 端	红表笔放在 N 端		
将黑表笔放在 N 端	红表笔放在 W 端		

（5）检测结束后，将数字万用表打在________挡位，将变频器接线端盖盖好，将实训桌面收拾整齐。

任务考核

（见“任务 6.4 考核标准”码课）

任务 6.4 考核标准

任务拓展

根据图 6-4-3 说明三相桥式逆变电路的工作原理，并绘制出其电压波形。

练习题

（见“任务 6.4 练习题”码课）

任务 6.4 练习题

项目 7
G120 变频器的应用

项目导读

西门子变频器是由德国西门子公司研发、生产、销售的知名变频器品牌，主要用于控制和调节三相交流异步电动机的速度，并凭借稳定的性能、丰富的组合功能、高性能的矢量控制技术、低速高转矩输出、良好的动态特性、超强的过载能力、创新的 BiCo（内部功能互联）功能以及无可比拟的灵活性，在变频器市场占据着重要的地位。

西门子新一代变频器包括三个系列的产品：V 系列、G 系列和 S 系列。V 系列提供用于运动/伺服控制的产品；G 系列属于通用型变频器，可用于一般的调速控制场合；S 系列属于高端变频器，既可用于速度控制，也可用于运动/伺服控制。

SINAMICS G 系列包括 G120 和 G150。G120 变频器是一种可满足多样化要求的模块化变频器，组件采用模块化设计，功率范围宽（0.55~250 kW），可确保组合出一种满足要求的理想变频器。该系列变频器提供三种电压型号，可连接 200 V、400 V 和 690 V 电网。

G120 变频器由控制单元和功率模块组成。

控制单元用来控制并监测与其连接的电动机。控制单元有很多类型，可以通过不同的现场总线（比如 MODUBUS-RTU、PROFIBUS-DP、PROFINET、DEVICENET 等等）与上层控制器（PLC）进行通信。G120 变频器的控制单元包括 CU230 系列、CU240 系列和 CU250 系列。

功率模块用来为电动机和控制模块提供电能，实现电能的整流与逆变功能，其铭牌上有额定电压、额定电流等技术数据。G120 变频器的功率模块包括 PM230、PM240 和 PM250。

G120C 紧凑型变频器在许多方面为同类变频器的设计树立了典范，比如紧凑的尺寸、便捷的快速调试、简单的面板操作、方便友好的维护以及丰富的集成功能，而且它具有集成安全功能和适合各种应用的广泛功能。

本项目以 SINAMICS G120C 为载体，使学生熟悉 G120C 变频器的主要硬件构成，掌握其安装与接线，BOP 参数设置，利用外部端子实现变频器的启动、停止、速度调节等基本控制功能。这将为学生在今后实际工程项目中应用 G120 系列变频器打下坚实的基础。同时通过以上任务的学习和实践，学生将学会如何查阅变频器用户手册，学会如何排查和解决变频器使用中可能遇到的问题，提升解决实际问题的能力。

项目描述

本项目主要介绍 G120C 变频器的安装和接线，利用 BOP 进行参数设置和监控的方法，利用外部端子实现变频器的启动、停止、速度调节的方法等，使学生掌握 G120C 变频器的基本使用方法。

项目目标

1. 知识目标

（1）说明 G120C 的端子并掌握 G120C 变频器的接线方法。

（2）说明 BOP 各按键的功能。

（3）总结 G120C 快速调试和参数设置的方法。

（4）总结利用外部端子实现 G120C 变频器启动、停止、速度调节的方法。

2. 能力目标

（1）能说出 G120C 各端子的功能，并进行 G120C 的接线。

（2）能利用 BOP 对 G120C 变频器进行参数设置和监控。

（3）能利用外部端子实现变频器的启动、停止、速度调节。

3. 素养目标

（1）在任务实施过程中培养学生严谨求实的精神。

（2）培养学生搜集信息和总结信息的能力。

（3）培养学生刻苦勤奋、诚实守信、持之以恒的优良品质以及团结协作精神。

任务 7.1　学习 G120 变频器的安装与接线

任务描述

SINAMICS G120C 是专门为满足用户对高性价比和节省空间的要求而设计的变频器，同时它还具有操作简单和功能丰富的特点。这个系列的变频器与同类相比，在相同的功率下具有更小的尺寸，并且安装快速，调试简便。友好的用户接线方式和简单的调试工具都使它与众不同，同时它集成了先进的矢量控制技术，并具备多种控制模式，包括标量控制、矢量控制以及伺服控制。这些功能使得 G120C 变频器能够适应从简单的速度调节到复杂的定位控制等各种应用需求。G120C 变频器广泛应用于各行各业，包括但不限于制造业、输送系统、楼宇自动化以及风力发电等领域。

本任务以 G120 系列中的 G120C 变频器为例，旨在深入了解 G120 系列变频器的端子布局，并指导 G120C 变频器的安装与接线过程。

在执行 G120C 变频器的安装与接线任务之前，首先务必仔细研读相关技术手册和安装指南，确保对设备的安装要求和接线规范有准确的理解。其次，准备必需的工具和材料，如螺丝刀、电缆、接线端子等。

在安装过程中，确保变频器被放置在适宜的位置，避免高温和潮湿环境，并预留足够的空间以便于维护和散热。接线时，依照手册中的指导，正确连接电源线、电动机线及控制线，并确保所有接线均牢固且稳定。并且，注意遵守变频器的接地规范，以保障设备和操作人员的安全。

通过本次任务的学习，学生能够掌握变频器端子的标注及功能，同时学会如何搜集信息，并从中提炼出有价值的内容。这将有助于学生迅速理解变频器的端子功能和接线方法，从而提升故障诊断的效率。

任务目标

1. 知识目标

(1)说明 G120C 变频器端子的标注。

(2)说出 G120C 变频器的安装方法。

(3)总结 G120C 变频器的接线方法。

2. 能力目标

(1)能说出 G120C 变频器各端子的功能。

(2)能进行 G120C 变频器的电源接线以及变频器与电动机的接线。

3. 素养目标

(1)在变频器接线过程中培养学生严谨求实的精神。

(2)培养学生搜集信息和总结信息的能力。

任务准备

7.1.1 G120C 端子认知

G120C 变频器的接口图如图 7-1-1 所示。

G120C 变频器各端子名称及其接线说明如表 7-1-1 所示。

表 7-1-1 G120C 变频器各端子名称及其接线说明

端子编号	端子名称	接线说明
31、32	+24 V IN、GND IN	外接 24 V 直流电，可不连接
1	+10 V OUT	变频器对外+10 V 输出，相对于 2 号端子，最大 10 mA
2	GND	总参考电位，相对于 1 号端子
3	AI 0+	模拟量输入 0(−10~10 V，0/4~20 mA，−20~20 mA)

续表

端子编号	端子名称	接线说明
4	AI 0-	模拟量输入 0 的参考电位
12	AO 0+	模拟量输出 0(0~10 V,0~20 mA)
28	GND	总参考电位,相对于 12 号端子
21	DO 1 POS	数字量输出 1 的正极,0.5 A/30 V,一般用于报警
22	DO 1 NEG	数字量输出 1 的负极,0.5 A/30 V,一般用于报警
14	T1 MOTOR	电动机温度传感器(PTC、KTY84、Pt1000、双金属常闭开关)
15	T2 MOTOR	电动机温度传感器(PTC、KTY84、Pt1000、双金属常闭开关)
69	DI COM1	数字量输入 0、2 和 4 的参考电位(基于端子 5、7、16)
34	DI COM2	数字量输入 1、3 和 5 的参考电位(基于端子 6、8、17)
5、6、7、8、16、17	DI 0~DI 5	数字量输入 0、数字量输入 1、数字量输入 2、数字量输入 3、数字量输入 4、数字量输入 5
18	DO 0 NC	继电器输出常开触点,0.5 A/DC 30 V,用于变频器故障
19	DO 0 NO	继电器输出常闭触点,用于变频器故障
30	DO 0 COM	继电器输出公共触点,用于变频器故障
9	+24 V out	对外输出 24 V,参考电位为 GND,最大 200 mA
13	GND	总参考电位,相对于 9 号端子

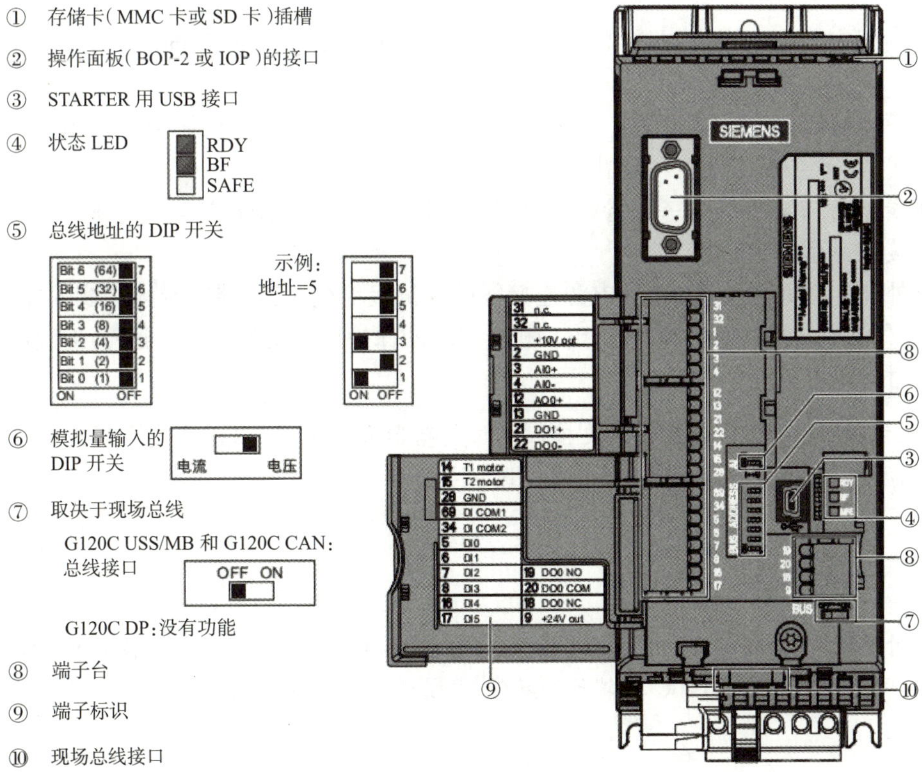

图 7-1-1　G120C 变频器的接口图

7.1.2 G120C 变频器的安装和接线

G120C 变频器功率接口的接线图如图 7-1-2 所示。

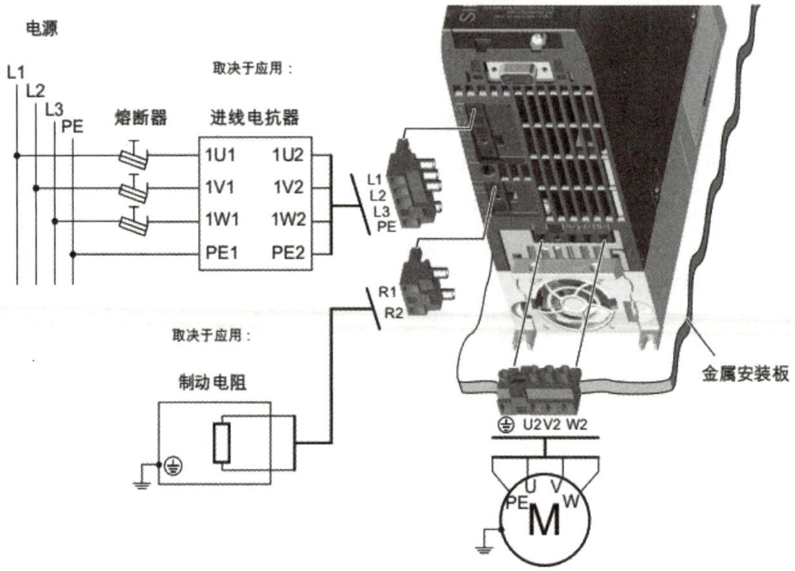

图 7-1-2 G120C 变频器功率接口的接线图

变频器安装在一块金属安装板上，安装板必须裸露，没有喷漆，同时具有良好的导电能力。

以下连接需要使用屏蔽电缆：电动机和电动机温度传感器的接线、制动电阻接线、现场总线接线、数字量/模拟量输入/输出接线。

接线时，一个端子接入一根导线。将屏蔽层和安装板或屏蔽板导电良好地、尽可能大面积地连接在一起。

此外在连接保护接地线（如电源连接线的保护接地线、变频器电源连接线的保护接地线、PE 和机柜之间的保护接地线、电动机连接线的保护接地线等）时，要遵守运行现场高放电电流时的规定。

注意：在电源与变频器之间要接入低压断路器和接触器，以便在发生故障时能迅速切断电源；同时也要接入短路保护，用于保护电路。

任务实施

针对 G120C 变频器，指出其电源接口、PE 接口、电动机接口、制动电阻接口、通信接口的位置，同时能够说出 G120C 各端子的功能，并能进行电源和电动机连接。

任务考核

序号	考核内容	考核要求	评分标准	配分	得分
1	G120C 的接口	能指出各接口的功能	①不能指出面板各接口的功能,每处扣 2 分; ②不能说明各状态指示灯功能,每处扣 2 分; ③不能说明各开关的功能,每处扣 2 分	20	
2	G120C 的端子	能正确说出各端子的功能	①不能正确说出电源端子的功能,每处扣 2 分; ②不能正确说出数字量输入和输出端子的功能,每处扣 2 分; ③不能正确说出模拟量输入和输出端子的功能,每处扣 2 分	20	
3	G120C 电源和电动机的接线	能进行电源和电动机接线	①不会进行三相电源和地线的连接,扣 10 分; ②不会电动机的连接,扣 10 分; ③不会进行通信线的连接,扣 10 分; ④不会正确选择工具,扣 10 分	40	
3	安全操作	确保人身设备安全	不遵守实验室安全文明操作规程,擅自上电,扣 10 分	10	
4	素养提升	规范操作、5S 管理	①按照规定连接保护接地线,否则扣 5 分; ②工具归位,工位整洁、整齐,否则扣 5 分	10	

任务拓展

查阅资料说明 G120 和 G120C 在结构上的不同。

练习题

（见“任务 7.1 练习题”码课）

任务 7.1
练习题

任务 7.2 熟悉 G120 变频器基本操作面板(BOP)的使用

任务描述

基本操作面板(BOP)是变频器的一种人机交互界面,它提供了变频器运行状态的显示和参数设置的功能。通过 BOP,用户可以方便地监控变频器的运行情况,如电动机转速、电流、电压等关键参数;并且可以根据实际需要调整变频器的运行参数,如频率、加速时间、减速时间等。BOP 的设计直观易懂,操作简便,是 G120 变频器日常维护和调试的重要工具。

通过本任务的学习,学生能够熟悉并掌握 G120C 变频器基本操作面板(BOP)的使用,为变频器的调试、运行监控和参数设置提供有力支持。

任务目标

1. 知识目标

总结 BOP 各按键的功能及屏幕图标的含义。

2. 能力目标

(1)能说出 BOP 各按键的功能。

(2)能根据 BOP 屏幕图标说出变频器的状态。

3. 素养目标

通过对 BOP-2 相关知识的学习,培养学生的观察能力和对新知识的接受能力。

任务准备

7.2.2 G120C 的操作面板

G120C 的外观如图 7-2-1 所示。其操作面板分为基本操作面板 2(BOP-2)和智能操作面板(IOP),其中基本操作面板 2(BOP-2)的外观和布局如图 7-2-2 所示,智能操作面板(IOP)的外观和布局如图 7-2-3 所示。本节主要介绍基本操作面板 2(BOP-2)。

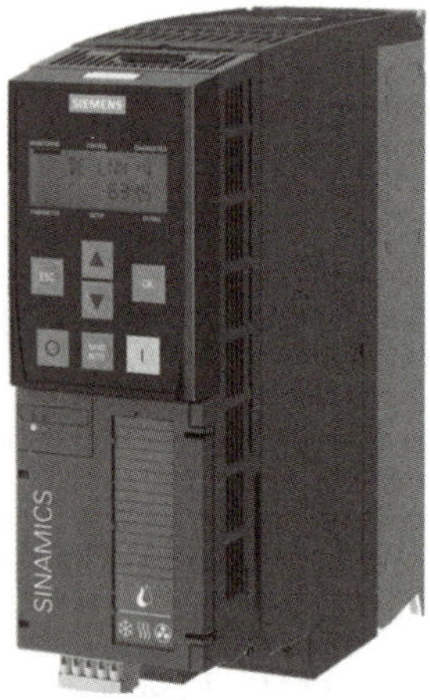

图 7-2-1 G120C 的外观

①—7 个操作按键;②显示屏;③—卡扣;
④—柜门安装螺钉槽;⑤—RS-232 连接器;⑥—产品铭牌

图 7-2-2 BOP-2 的外观和布局图

①—图形显示屏；②—旋钮；③—5 个操作按键；

④—USB 连接；⑤—RS-232 连接器；⑥—产品铭牌

图 7-2-3　IOP 的外观和布局图

1. BOP-2 的显示屏

BOP-2 的显示屏如图 7-2-4 所示，图中 1 是菜单条，用于显示当前选中的菜单功能；2 提供有关选定功能的信息或显示实际值；3 是显示数值。

图 7-2-4　BOP-2 的显示屏

G120C 的菜单条有以下几个信息：

MONITORING——监控菜单，用于显示变频器/电动机系统的实际状态；

CONTROL——控制菜单，可以激活设定值、点动和反向模式；

DIAGNOSTICS——诊断菜单，可以确认故障和报警，显示历史和状态；

PARAMETER——参数菜单，可以查看并更改参数值；

SETUP——设置菜单，可以对变频器执行基本调试；

EXTRAS——附加菜单，可以执行附加功能，如通过 BOP-2 保存和复制数据集。

2. BOP-2 的屏幕图标

在 BOP-2 显示屏的左侧显示很多表示变频器当前状态的图标。这些图标的说明如表 7-2-1 所示。

表 7-2-1　BOP-2 屏幕图标的说明

功能	状态	符号	备注
命令源	手动		当 HAND 模式启用时，显示该图标；当 AUTO 模式启用时，无图标显示

续表

功能	状态	符号	备注
变频器状态	运行		图标不旋转
点动	点动功能激活	JOG	
故障/报警	故障或报警等待（闪烁的符号=故障，稳定的符号=报警）		如果检测到故障，变频器将停止，用户必须采取必要的纠正措施，以清除故障。报警是一种状态（例如过热），它并不会停止变频器运行

3. BOP-2 的按键

BOP-2 是变频器基本的输入和显示设备，用于调试、诊断（故障检测）和显示变频器的状态。最多可以同时连续监测 2 个状态值。菜单结构合理、清晰，操作按键功能明确，使菜单浏览变得非常简单。

在图 7-2-1 中，可以看到基本操作面板有 7 个按键。这些按键的功能说明如表 7-2-2 所示。

表 7-2-2　BOP-2 按键功能说明

按键	功　能
OK	【OK】键（即确认键）表示确认选择，其功能如下： ①浏览菜单时，按【OK】键确定选择一个菜单项； ②进行参数操作时，按【OK】键允许修改参数，再次按【OK】键确认输入的值并返回上一页； ③在故障屏幕，该键用于清除故障
▲	【Up】键（即向上键）表示改变选择，其功能如下。 ①当浏览菜单时，该键将光标向上移选择当前菜单下的显示列表。 ②当编辑参数值时，按下该键增大数值。 ③如果激活 HAND 模式和点动功能，同时长按向上键和向下键有以下作用： • 表示当反向功能开启时，关闭反向功能； • 表示当反向功能关闭时，开启反向功能
▼	【Down】键（即向下键）表示改变选择，其功能如下： ①当浏览菜单时，该键将光标向下移选择当前菜单下的显示列表； ②当编辑参数值时，按下该键减小数值
ESC	【ESC】键表示返回上一屏幕，其功能如下： ①短按（不超过 2 s），则 BOP-2 返回到上一页，如果正在编辑数值，新数值不会被保存； ②长按（超过 3 s），则 BOP-2 返回到状态屏幕。 在参数编辑模式下使用【ESC】键时，除非先按确认键，否则数据不能被保存
I	【ON/RUN】键（即开机键）表示在手动模式下启动电动机，其功能如下： ①在 AUTO 模式下，开机键未被激活，即使按下它也会被忽略； ②在 HAND 模式下，变频器启动电动机，操作面板屏幕显示驱动运行图标
O	【OFF】键（即关机键）表示在手动模式下停止电动机，其功能如下： ①在 AUTO 模式下，关机键不起作用，即使按下它也会被忽略； ②在 HAND 模式下，长按（>2 s）或者 3 s 内连续按 2 次，变频器将执行 OFF2 命令、自由停车； ③在 HAND 模式下，3 s 内只按 1 次，变频器将执行 OFF1 停车（在参数 P1121 中设置的减速时间内停机）
HAND AUTO	【HAND/AUTO】键表示在 HAND 和 AUTO 模式之间切换命令源，其功能如下： ①在 HAND 模式下，按【HAND/AUTO】键将变频器切换到 AUTO 模式，并禁用开机和关机键； ②在 AUTO 模式下，按【HAND/AUTO】键将变频器切换到 HAND 模式，并启用开机和关机键。 在电动机运行时也可切换 HAND 模式和 AUTO 模式

任务实施

指出 BOP-2 各按键的功能，并从屏幕图标说明变频器的工作状态。

任务考核

序号	考核内容	考核要求	评分标准	配分	得分
1	BOP-2 的按键	能说出各按键的功能	不能正确说出按键功能，每处扣 5 分	35	
2	BOP-2 的屏幕图标	能根据图标说出变频器的运行状态	①不能正确说出屏幕图标的含义，每处扣 5 分； ②不能正确说出菜单条各信息的含义，每处扣 5 分	50	
3	安全操作	确保人身和设备安全	不遵守实验室安全文明操作规程，擅自上电，扣 10 分	10	
4	素养提升	5S 管理	工具归位，工位整洁、整齐，否则扣 5 分	5	

任务拓展

通过菜单条可选择监控菜单，监控菜单下允许用户轻松访问各种显示系统实际状态的屏幕。请回答：监控屏幕显示的信息有哪些？

练习题

（见“任务 7.2 练习题”码课）

任务 7.2
练习题

任务 7.3　熟悉 G120 变频器的快速调试及其参数的设置

任务描述

快速调试是变频器安装和调试过程中的关键步骤，通过这一过程，可以迅速配置变频器的基本参数，以适应各种不同的负载需求和运行环境。在执行快速调试的过程中，用户必须依据变频器的具体型号以及负载的特性，挑选出恰当的参数进行配置。这些参数通常涵盖了电动机的额定功率、额定电压、额定电流以及最高运行频率等多个方面。正确无误地设置这些参数，对于确保变频器在实际运行中能够展现出稳定的工作性能和较高的能效是至关重要的。此外，快速调试还能够协助用户及时地识别并解决潜在的故障问题，从而显著提升设备的可靠性和安全性。

本任务以 G120C 变频器作为研究对象，在深入学习其参数配置的基础上，对其展开快速调试的实践操作。通过这一过程，学生能够掌握如何根据实际应用需求，对变频器进行精确的参数设置，以期达到最佳的运行效果。

任务目标

1. 知识目标

（1）说明常用快速调试参数的含义。

（2）总结参数设置的步骤。

（3）总结变频器快速调试的基本步骤。

2. 能力目标

（1）能说出 G120C 变频器使用 BOP 进行快速调试的步骤。

（2）能利用 BOP 对 G120C 进行快速调试。

3. 素养目标

（1）通过变频器的调试和参数设置过程，培养学生的耐心、细心和责任心，让他们意识到每一个细节都关系到设备的正常运行和安全。

（2）培养学生团队合作、共同解决问题的能力，以及积极探究的精神。

任务准备

严谨细致的作风

7.3.1 变频器参数设置的步骤

变频器使用时需要设置相关参数，设置参数的步骤如下：

（1）初始化，即恢复出厂设置；

（2）匹配电动机参数，即进行快速调试；

（3）设置变频器参数。

7.3.2 G120C 变频器恢复出厂设置

初次使用变频器或变频器在调试过程中出现异常或变频器已经使用过，需要再重新调试时，都需要将变频器恢复到出厂设置。通过 BOP-2 恢复出厂设置可以采用两种方式：一种是通过“EXTRAS”菜单项的“DRVRESET”实现，另一种是在快速调速“SETUP”菜单项中集成的“RESET”实现。

通过“EXTRAS”菜单项的“DRVRESET”实现恢复出厂设置的步骤如下：

（1）按 ESC 键进入菜单选择，通过 ▲ 和 ▼ 键，将光标移动至“EXTRAS”菜单条。

（2）按 OK 键进入“EXTRAS”菜单，通过 ▲ 和 ▼ 键找到“DRVRESET”。

（3）按 OK 键激活恢复出厂设置，按 ESC 键取消恢复出厂设置。

（4）按OK键后开始恢复参数，此时 BOP-2 显示屏上显示“BUSY”。

（5）复位完成后，BOP-2 显示屏上显示“DONE”。

至此恢复出厂设置完成。

通过“SETUP”菜单项中集成的“RESET”实现恢复出厂设置的步骤如下：

（1）按ESC键进入菜单选择，通过▲和▼键，将光标移动至“SETUP”菜单条。

（2）按OK键进入“SETUP”菜单，使用通过▲和▼键找到“RESET”。

（3）按OK键激活恢复出厂设置，按▲和▼键选择“YES”。

（4）按OK键后开始恢复参数，此时 BOP-2 显示屏上显示“BUSY”。

（5）复位完成后，BOP-2 显示屏上显示“DONE”。

此外，还可以通过参数来进行 G120C 变频器的恢复出厂设置，我们在后面任务实施中进行介绍。

7.3.3　G120C 变频器的参数

1. 参数简介

G120 系列变频器的参数编号由 4 个或 5 个数字组成，以“r”开头的参数是写保护参数，只用于显示某个数值，而无法通过它写入另一个数值；以“P”开头的参数值可以直接修改，如果参数值有物理单位，则在方括号里给出；[下标]指出参数是否带有下标，带有哪些下标，0...*n* 表明参数有 *n*+1 位，每个位可以单独使用或连续使用。

例如：P2051[0...13] 表示可调参数 2051，其下标为 0 到 13；

P1001[0...*n*] 表示可调参数 1001，其下标为 0 到 *n*（*n* 可配置）；

r2129.0...15 表示显示参数 2129，数组从位 0（最低位）到位 15（最高位）。

2. 常用参数

G120C 变频器的参数很多，本任务只列出和快速调试有关的参数及其功能。

1）调试参数筛选——P0010

该参数可以筛选出在不同调试阶段可写入的参数。0 表示就绪；1 表示快速调试；30 表示参数复位。

2）复位参数——P0970

P0970 默认值为 0。P0970=1 时启动参数复位。

3）电动机标准设置参数——P0100

P0100 参数用于确认电动机额定频率及额定功率。0 表示 50 Hz 电源，单位 kW；1 表示 60 Hz 电源，单位 HP（马力）；2 表示 60 Hz 电源，单位 kW；

4）电动机参数设置的相关参数

P0300：选择电动机类型。1 表示异步电动机；2 表示同步电动机。

P0304：电动机额定电压（V）。

P0305：电动机额定电流（A）。

P0306：设置使用一个电动机数据组同时运行的电动机数量。

P0307：电动机额定功率（kW）。

P0308：电动机额定功率因数（cos φ）。

P0310：电动机额定频率（Hz）。

P0311：电动机额定转速（r/min）。

P0322：最大电动机转速（r/min）。

P0323：设置电动机的最大电动机电流（A）。

P1080：设置允许的电动机最小转速（r/min）。

P1082：设置允许的电动机最大转速（r/min）。

P1120：设置斜坡函数发生器的斜坡上升时间。在该时间内斜坡函数发生器的转速设定值从静止（设定值 =0）运行到最大转速。

P1121：设置斜坡函数发生器的斜坡下降时间。在该时间内斜坡函数发生器的转速设定值从最大转速运行到静止（设定值 =0）。

7.3.4 G120C 变频器的快速调试

G120C 变频器快速调试的基本步骤如下。

（1）设定电动机的控制方式。根据实际需求选择速度控制、转矩控制、PID 控制或其他控制方式，并根据控制精度进行静态或动态辨识。

（2）选择电源频率。

（3）确认电动机参数。在变频器中设定电动机的功率、电流、电压、转速、最大频率等参数，这些参数可以从电动机的铭牌中直接得到。

任务实施

利用 BOP-2 对 G120C-PN 变频器进行快速调试。

1. 设备与器材

（略）

微课　恢复出厂设置及快速调试

2. 内容与步骤

1）恢复出厂设置

通过“SETUP”菜单项中集成的“RESET”实现恢复出厂设置。

2）根据 BOP-2 提示进行快速调试

（1）设置应用级：P96=1（专家级）。

（2）选择电源频率：P0100=0（50 Hz）。

（3）设置变频器供电电压：P0210=变频器的供电电压（单相时 230 V，三相时 400 V）。

（4）选择电动机类型：P0300=1（异步电动机）。

（5）是否 87 Hz 工作：No。

（6）输入电动机数据。

根据电动机铭牌填写。具体参数设置如表 7-3-1 所示。

表 7-3-1　具体参数设置

序号	参数	含义	设定值
1	P0304	电动机额定电压（V）	
2	P0305	电动机额定电流（A）	
3	P0307	电动机额定功率（kW）	
4	P3010	电动机额定频率（Hz）	
5	P0311	电动机额定转速（r/min）	

（7）电动机冷却方式：P335=0（自冷却）。

（8）应用等级：P501=0（标准驱动）。

（9）宏参数：P15=7（默认值）。

（10）电动机最大最小转速和上升下降时间设置，具体参数设置如表 7-3-2 所示。

表 7-3-2　电动机最大最小转速和上升下降时间参数设置

序号	参数	含义	设定值
1	P1080	设置允许的电动机最小转速（r/min）	
2	P1082	设置允许的电动机最大转速（r/min）	
3	P1120	设置斜坡函数发生器的斜坡上升时间（s）	
4	P1121	设置斜坡函数发生器的斜坡下降时间（s）	
5	P1135	OFF3 斜坡下降时间（s）	

（11）电动机数据检测及旋转检测：P1900=0（禁用）。

参数设置完成后，屏幕出现“FINISH”字样，选择“YES”即可完成快速调试。未写出的参数取默认值即可。

如果想要逐位调整所有闪烁数值（使用【Up】和【Down】键可能需要过长的时间），长按【OK】键超 2 s。松开按键后，即可使用【OK】（移至下一位）、【ESC】（移至上一位）、【Up】（增加数值）和【Down】（减小数值）键更改任一单个数位。

快速调试也可以通过修改参数的方法来实现，具体如表 7-3-3 所示。

表 7-3-3　修改参数快速调试方法

序号	参数	含义	设定值
1	P0010	进入快速调试	
2	P0304	电动机额定电压（V）	
3	P0305	电动机额定电流（A）	
4	P0306	并联电动机的数量	

续表

序号	参数	含义	设定值
5	P0307	电动机额定功率（kW）	
6	P0308	电动机额定功率因数	
7	P3010	电动机额定频率（Hz）	
8	P0311	电动机额定转速（r/min）	
9	P0323	电动机最大电流（A）	
10	P0322	电动机最大转速（r/min）	
11	P1120	加速时间（s）	
12	P1121	减速时间（s）	
13	P0010=0 或 P3900=1	结束快速调试	

3）保存参数

（1）使用菜单条浏览“EXTRAS”功能。

（2）按【OK】键。

（3）按【DOWN】键，直至弹出“TO BOP”。

（4）按【OK】键。

任务考核

序号	考核内容	考核要求	评分标准	配分	得分
1	参数设置步骤	能说出变频器参数设置步骤	不能正确说出参数设置步骤，每处扣 5 分	5	
2	恢复出厂设置和快速调试、保存参数	能利用各种方法对变频器进行恢复出厂设置	①不能正确利用各种方法对变频器恢复出厂，扣 5 分； ②不能对变频器进行快速调试，参数错误每处扣 5 分； ③不能将参数保存至 BOP-2，扣 10 分	55	
3	快速调试相关参数	能说出各参数的含义	不能正确说出各参数的含义以及不同取值的含义，每处扣 5 分	20	
4	安全操作	确保人身和设备安全	不遵守实验室安全文明操作规程，擅自上电，扣 10 分	10	
5	素养提升	认真细致、5S 管理	①电动机参数必须与铭牌相同，不能出错，否则扣 5 分； ②工具归位，工位整洁、整齐，否则扣 5 分	10	

任务拓展

某些时候需要将变频器的参数从 BOP 恢复到变频器，这个过程称为下载参数，该如何操作呢？

练习题

（见“任务 7.3 练习题”码课）

任务 7.3
练习题

任务 7.4　应用 G120 变频器 BOP 实现电动机转速控制

任务描述

G120 变频器是西门子自动化系列中的一款高性能变频器，广泛应用于工业控制领域。在工业自动化生产过程中，电动机作为常用的动力设备，其转速的精确控制对于保证生产效率、产品质量以及设备运行稳定性至关重要。利用 G120C 变频器 BOP-2 的快速调试功能，能够方便快捷地实现对电动机转速的控制。

具体要求如下：按下绿色按钮 I ，电动机正转运行；按下红色按钮 O ，电动机停止运行。此外，通过 BOP-2 还可以实现电动机反向运行。

本任务旨在通过 BOP-2 及快速调试设置，实现对电动机转速的平稳精确控制，使学生进一步掌握 BOP-2 的使用，熟悉快速调试参数的设置。

任务目标

1. 知识目标

（1）说明变频器 BOP-2 控制的参数要求。

（2）总结变频器参数设置的方法。

（3）设计用 BOP-2 实现电动机转速控制的方案。

2. 能力目标

（1）能利用 BOP-2 进行相关参数设置。

（2）能启动、停止电动机，并调节电动机转速。

3. 素养目标

通过参数的正确设置，培养学生认真细致的工作态度。

任务准备

7.4.1 G120C 变频器“CONTROL”菜单

“CONTROL”菜单提供了三个功能。

（1）SETPOINT：设置变频器启停操作的运行速度。

（2）JOG：使能点动控制。

（3）REVERSE：设定值反向。

可利用“CONTROL”菜单的“SETPOINT”和“REVERSE”功能实现 BOP-2 控制变频器的正反转运行，同时利用“JOG”功能可实现点动控制。

任务实施

利用 BOP-2 实现电动机的正反转控制。

本任务中宏参数取默认值，即 P15=7。

微课 BOP-2 控制电动机正反转运行

1. 设备与器材

（略）

2. 内容与步骤

1）手动运行实现变频器正向运行

将变频器切换至“CONTROL”菜单，点击面板的操作按钮，面板上出现小手掌，表示变频器进入手动模式。

设置“CONTROL”菜单的“SETPOINT”为固定数值，如 750 r/min，点击面板上绿色的开机键出现选择标签，变频器开始输出，点击▲、▼键修改输出的转速，控制变频器频率的输出。点击红色的关机键，变频器输出停止。

注意：

（1）此处修改的是交流电动机的转速，而交流电动机的转速是由同步转速公式 $N=60f/P$ 计算得出，电动机极对数为 2，故 1 500 r/min 对应频率为 50 Hz；

（2）手动模式下默认的最大频率为 50 Hz，最小频率为 0 Hz。

2）手动运行实现变频器反向运行

在“CONTROL”菜单下进入手动模式，通过向上和向下键找到“REVERSE”，按键进入其设定界面，将其设置为 ON，即可开启反向功能，此时变频器会把启停操作方式的速度设定值反向。再次通过上下按钮找到“SETPOINT”，按键进入其设定界面，利用向上键和向下键进行转速设定。

设定完成后，点击面板上绿色的开机键，变频器开始反向输出，点击▲、▼键修改输出的转速，控制变频器频率的输出。点击红色的关机键，变频器停止输出。

任务考核

序号	考核内容	考核要求	评分标准	配分	得分
1	反向功能的开启	能利用 BOP-2 实现正反转控制	①不能利用 BOP 实现电动机正转，扣 30 分； ②不能开启反向功能，扣 10 分； ③不能利用 BOP 实现电动机反转，扣 30 分	80	
2	安全操作	确保人身和设备安全	不遵守实验室安全文明操作规程，擅自上电，扣 10 分	10	
3	素养提升	操作规范、5S 管理	①变频器操作按步骤进行，否则扣 4 分； ②工具归位，工位整洁、整齐，否则扣 3 分	10	

任务拓展

利用 BOP-2 如何实现变频器的点动运行？

练习题

（见“任务 7.4 练习题”码课）

任务 7.4
练习题

任务 7.5　应用 G120 变频器的外部端子实现电动机的正反转点动运行

任务描述

电动机的正反转控制既可以利用操作面板实现，也可以利用外部端子实现。

外部端子控制是指在变频器的数字量输入端口接上按钮或开关，用其通断来控制电动机的正反转及停止。外部端子控制的优点是便于进行远距离和自动化控制。对于不同的变频器，端口有三种具体表现形式。

（1）专用的端口：每个端口固定一种功能，不需要进行参数设置，在运转时不会造成误会。专用端口在较早期的变频器中较为常见。

（2）多功能端口：用参数定义来进行设置，灵活性好。在端口较少的小型经济型变频器中采用较多，例如东芝 VF-S9、日立 SJ100 等。

（3）专用端口和多功能端口并用：正转、反转用专用的端口，其余的如点动、复位等用多功能端口参数定义来设置。例如三菱 STF（正转）、STR（反转）为专用端口，其余要设置。大部分变频器采用这种混合型端口设置。

本任务旨在通过配置 G120C 变频器的参数，利用外部端子实现电动机的正转、反转以及点动运行，使学生掌握利用外部端子实现电动机正反转、点动控制的方法。

G120C 变频器利用外部端子实现电动机正反转、点动控制的具体要求如下：电动机以固定转速 1（500 r/min）正转运行，以固定转速 2（750 r/min）反转运行。

任务目标

1. 知识目标

（1）说明 G120C 变频器数字量输入端子信号的含义。

（2）总结数字量输入端子的参数设置。

（3）设计用数字量输入实现电动机正反转控制的方案。

2. 能力目标

（1）能绘制数字量输入控制变频器运行的原理图。

（2）能根据具体任务要求进行数字量输入参数的设置。

（3）能利用数字量输入端子实现电动机正反转控制。

3. 素养目标

（1）通过参数的正确设置，培养学生认真细致的工作态度。

（2）在进行硬件连接的过程中，要求学生严格遵循行业标准，培养学生严谨的工作态度。

任务准备

7.5.1 预定义接口宏

SINAMICS G120 为满足不同的接口定义提供了多种预定义接口宏，每种宏对应着一种接线方式。选择其中一种宏后变频器会自动设置与其接线方式相对应的一些参数，这样极大地方便了用户的快速调试。在选用宏功能时请注意以下两点。

（1）如果其中一种宏定义的接口方式完全符合实际的应用要求，那么按照该宏的接线方式设计原理图，并在调试时选择相应的宏功能即可方便地实现控制要求。

（2）如果所有宏定义的接口方式都不能完全符合实际的应用要求，那么选择与实际的应用要求相近的接口宏，然后根据需要来调整输入/输出的配置。

通过参数 P0015 修改宏，修改 P0015 参数的步骤为：

①设置 P0010=1；

②修改 P0015；

③设置 P0010=0。

> 注意：只有在设置 P0010=1 时才能更改 P0015 参数。

7.5.2　G120C 的宏

G120C 变频器可以提供多种宏定义用于实现对电动机的控制，当控制单元是 CU240E-2DP-F 型号时可以提供 17 种宏，如表 7-5-1 所示。

表 7-5-1　控制单元 CU240E-2DP-F 的宏

宏编号	含义
1	双方向两线制控制，两个固定转速
2	单方向两个固定转速，预留安全功能
3	单方向四个固定转速
4	现场总线 PROFIBUS
5	现场总线 PROFIBUS，预留安全功能
6	现场总线 PROFIBUS，预留两项安全功能
7	现场总线 PROFIBUS 控制和点动切换
8	电动电位器（MOP），预留安全功能
9	电动电位器（MOP）
12	端子启动模拟量调速
13	端子启动模拟量调速，预留安全功能
14	现场总线 PROFIBUS 控制和电动电位器（MOP）切换
15	模拟给定和电动电位器（MOP）切换
17	双方向两线制控制，模拟量调速（方法 2）
18	双方向两线制控制，模拟量调速（方法 3）
19	双方向三线制控制，模拟量调速（方法 1）
20	双方向三线制控制，模拟量调速（方法 2）

注意：宏定义的模拟量输入类型为-10~10 V 电压输入，模拟量输出类型为 0~20 mA 电流输出，通过修改参数可修改模拟量信号的类型。

7.5.3　数字量输入端子

G120C 变频器的数字量输入端子 5、6、7、8、16、17（DI 0~DI 5）为用户提供了 6 个完全可编程的数字输入端子，数字输入端子的信号可以来自外部的开关量，也可来自晶体管和继电器的输出信号。端子 28、9 为 24 V 的直流电源正负两端，给用户提供了数字量输入所需要的直流电源。数字量信号（使用变频器的内部电源）来自外部开关端子的接线方法如图 7-5-1 所示。

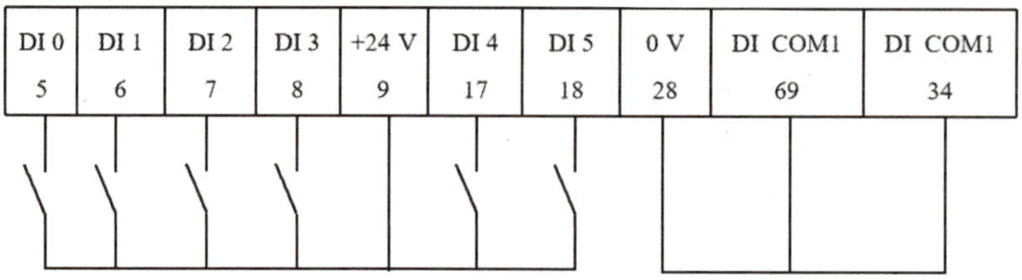

图 7-5-1　外部开关量与数字量输入端子的接线图

若使用外部直流电源,则外部开关量的公共端子与外部 24 V 直流电源正极性端相连,24 V 直流电源负端与 69 和 34 号端子相连,如图 7-5-2 所示。

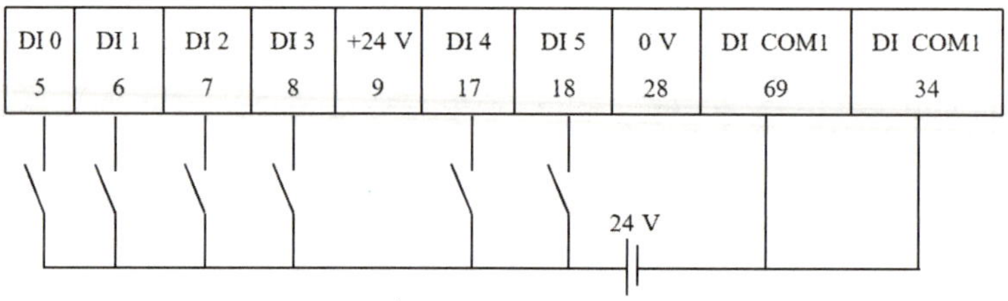

图 7-5-2　使用外部直流电源时,外部开关量与数字量输入端子的接线图

7.5.4　宏 1 的应用

5	DI 0	ON/OFF1/正转
6	DI 1	ON/OFF1/反转
7	DI 2	应答
8	DI 3	
16	DI 4	固定转速3
17	DI 5	固定转速4

图 7-5-3　宏 1 功能图

利用宏 1 实现电动机正反转电动控制。

此时需将宏参数 P15 设置为 1:双方向两线制控制,两个固定转速。其对应功能如图 7-5-3 所示。

宏 1:双方向两线制控制,两个固定转速

P1003=固定转速 3

P1004=固定转速 4

DI 4、DI 5 都接通时变频器将以“固定转速 3+固定转速 4”运行。

P1001~P1015 为变频器运行的固定频率设定值,P1001 为固定转速 1,P1002 为固定转速 2,P1003 为固定转速 3,依次类推。

通过预定义接口宏可以定义变频器用什么信号控制启动,由什么信号来控制输出频率。

任务实施

1. 设备与器材

(略)

2. 内容与步骤

1)绘制原理图

根据宏 1 的功能可绘制出外部端子控制电动机正反转的原理图,如图 7-5-4 所示。图中 SA1 是正转的启动/停止开关，SA2 是反转的启动/停止开关，SA3 是正转频率设定，SA4 是反转频率设定。

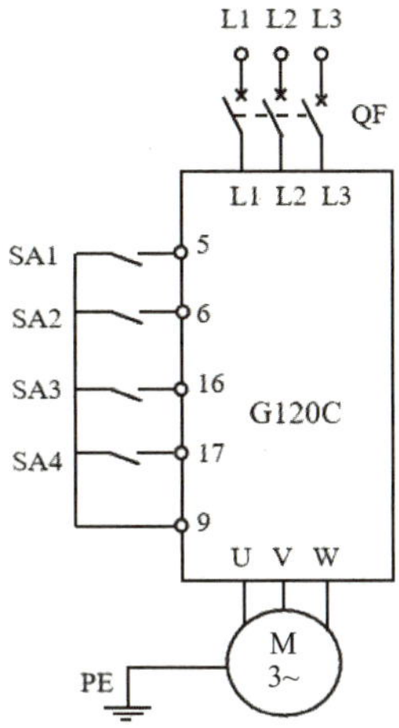

图 7-5-4　外部端子控制电动机正反转的原理图

2)参数设置

在完成恢复出厂设置和快速调试后可进行变频器参数设置。

因任务要求中未指定具体使用哪个数字量输入端子作为启动信号端和固定频率控制端,故可选择宏参数为 1。因没有运行频率信号,还需要设 P1003=500、P1004=1 000 两个参数,如表 7-5-2 所示。

表 7-5-2　宏 1 时的参数设置

参数号	设定值	说明
P0003	3	
P10	1	启动宏参数
P0015	1	双方向双线制控制,两个固定转速
P10	0	退出宏设置
P1003	500	固定设定值 3
P1004	1 000	固定设定值 4

3)硬件连接

参照图 7-5-4 所示原理图进行线路连接,经检查或测量确认无误后进入下一实施环节。

4)系统调试

当 SA1 和 SA3 同时接通时,电动机以 500 r/min 的转速正向运行;当 SA1 和 SA4 同时接通时,电动机以 1 000 r/min 的转速正向运行。当 SA1 断开时,电动机停止运行。

当 SA2 和 SA3 同时接通时,电动机以 500 r/min 的转速反向运行;当 SA1 和 SA4 同时接通时,电动机以 1 000 r/min 的转速反向运行。当 SA2 断开时,电动机停止运行。

任务考核

任务 7.5 考核标准

（见“任务 7.5 考核标准”码课）

任务拓展

本任务中当 SA1、SA3 和 SA4 同时接通时，电动机的运行状态是什么？当 SA2、SA3 和 SA4 同时接通时，电动机的运行状态是什么？

练习题

任务 7.5 练习题

（见“任务 7.5 练习题”码课）

任务 7.6　应用 G120 变频器的外部端子实现电动机的多段速运行

任务描述

在自动化生产线上，不同的工序可能需要电动机以不同的速度运行，以实现精确的加工和装配。在物流系统中，输送带的速度也需要根据货物的种类和运输需求进行调整。在一些特殊的应用场合，如舞台灯光设备的移动、游乐设施的运行等，也需要通过多段速度控制来实现不同的运动效果。

电动机的多段速运行可以通过 G120 变频器的外部端子控制功能来实现。通过配置不同的输入信号，可以预设多种运行速度，从而实现电动机在不同工况下的精确调速。这种方式不仅提高了电动机的运行效率，还增强了系统的灵活性和可靠性。在实际应用中，用户可以根据生产需求灵活调整电动机的运行速度，以达到最佳的生产效果。

通过本任务的学习，学生能够掌握通过外部端子实现电动机多段速控制的方法。

利用 G120C 变频器外部端子实现电动机多段速控制的具体要求如下：闭合开关 SA1，电动机以 500 r/min 的转速运行；闭合开关 SA2，电动机以 700 r/min 的转速运行；闭合开关 SA3，电动机以 1 000 r/min 的转速运行；闭合开关 SA4，电动机以 1 200 r/min 的转速运行；打开开关 SA1，电动机停止。

任务目标

1. 知识目标

（1）总结 G120C 变频器数字量输入端子信号的含义。

（2）总结固定频率运行的参数的含义与设置。

（3）设计电动机多段速控制的方案。

2. 能力目标

（1）能绘制数字量控制变频器运行的原理图。

（2）能进行固定频率运行的参数设置。

（3）能利用直接选择方法结合数字量端子实现变频器多段速的控制。

3. 素养目标

（1）通过参数的正确设置，培养学生认真细致的工作态度。

（2）在进行硬件连接的过程中，要求学生严格遵循行业标准，培养学生严谨的工作态度。

任务准备

7.6.1 宏设置实现 G120C 变频器多段速运行

多段速运行又称固定频率运行，即用数字量端子选择固定设定值或其组合，实现电动机的多段速固定频率运行。

使用固定频率运行时，宏参数 P15 必须为 1、2 或 3，对应功能如图 7-6-1（a）、（b）、（c）所示。

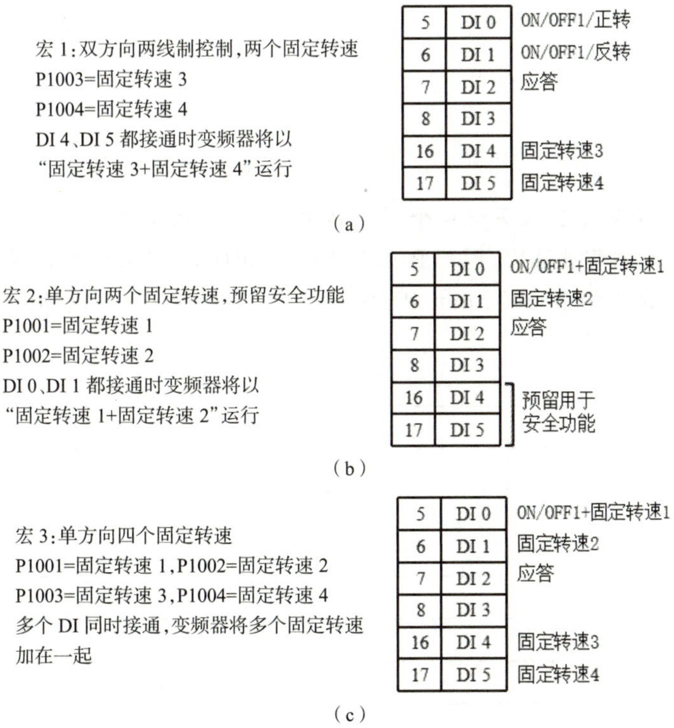

图 7-6-1　宏 1、2、3 功能图

（a）宏 1　（b）宏 2　（c）宏 3

注意：宏 2 和宏 3 时，DI 0 同时作为启停命令和固定转速 1 选择命令，也就是任何时刻固定转速 1 都会被选择。

任务实施

1. 设备与器材

（略）

2. 内容与步骤

1）绘制原理图

变频器多段速控制的原理图如图 7-6-2 所示。

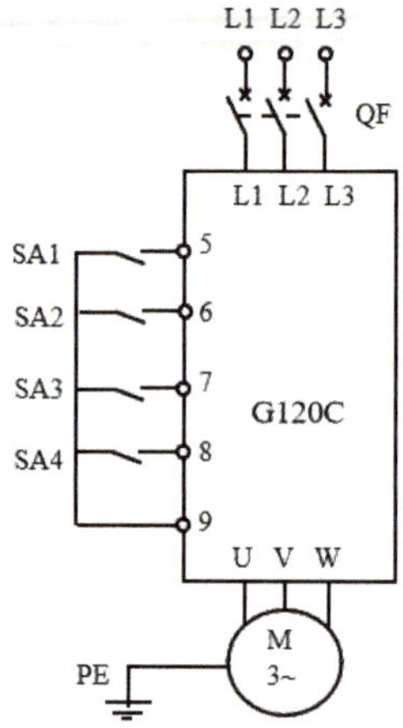

图 7-6-2　变频器多段速控制的原理图

2）参数设置

本任务中根据控制要求需实现 4 个不同转速控制，因此需选择宏参数 3。宏参数为 3 时固定转速 1 任何时刻都被选中，因此 P1001、P1002、P1003、P1004 需设置为 P1001=500 r/min，P1002=200 r/min，P1003=500 r/min，P1004=700 r/min，如表 7-6-1 所示。

表 7-6-1　变频器多段速控制的参数设置

参数号	参数值	说明
P3	3	
P10	1	
P0015	3	单方向四个固定转速
P10	0	
P1001	500	固定转速 1
P1002	200	固定转速 2
P1003	500	固定转速 3
P1004	700	固定转速 4

3)硬件连接

参照图 7-6-2 所示原理图进行线路连接,经检查或测量确认无误后进入下一实施环节。

4)系统调试

硬件连接和参数设置好后,合上开关 SA1,观察变频器以哪个速度运行?合上开关 SA1、SA2,观察变频器以哪个速度运行?合上开关 SA1、SA3,观察变频器以哪个速度运行?合上开关 SA1、SA4,观察变频器以哪个速度运行?在变频器运行时,断开 SA1,观察变频器的状态。

任务考核

(见“任务 7.6 考核标准”码课)

任务拓展

在 P0015=1 时,如何实现三段速控制?

练习题

(见“任务 7.6 练习题”码课)

任务 7.6 考核标准　　任务 7.6 练习题

项目 8

基于 PLC 与变频器的综合应用

项目导读

随着我国自动化控制技术研究工作的日渐深入，PLC 自动控制技术受到各行各业的广泛关注和重视，如今已经被广泛运用在我国多个领域中。传统的变频器控制灵活性不足，操作过程较为复杂，需要投入较高的人力资源成本，将 PLC 自动控制技术应用其中，相当于在机器中设置一个微型逻辑编辑器，可弥补传统变频器存在的不足，实现变频器的自动化工作，进一步降低操作误差，对设备进行科学合理的管控，提高变频器工作效率，满足企业自动化生产工作需求。基于此，本项目针对常见的变频器的正反转和多段速控制进行 PLC 改造。

本项目以 SINAMICS G120C 为载体，结合 S7-1215C PLC 来进行变频器的 PLC 控制，使学生能够掌握变频器和 PLC 之间的连接，并利用 PLC 实现变频器的正反转控制、多段速控制、通信控制。这将为学生今后在实际工程项目中应用 PLC 控制变频器运行打下坚实的基础。同时，通过实践操作，学生能够学会如何排查和解决变频器使用中遇到的一般问题，提升解决实际问题的能力。

项目描述

本项目主要介绍利用 PLC 实现变频器的正反转控制、多段速控制、通信控制的方法，使学生掌握用 PLC 控制变频器的使用方法。

项目目标

1. 知识目标

（1）说明用 PLC 控制变频器的接线原理。

（2）归纳用 PLC 控制变频器的参数设置。

(3)设计用 PLC 实现变频器的正反转控制、多段速控制、通信控制的方案。

2. 能力目标

(1)能熟练说出 G120C 常用宏参数的含义及各端子的功能。

(2)能独立完成 G120C 和 PLC 之间的接线并检测。

(3)能在教师的指导下利用 PLC 实现变频器的正反转控制、多段速控制、通信控制。

3. 素养目标

(1)在任务实施过程中,培养学生严谨求实的精神。

(2)培养学生查询信息和总结信息的能力。

(2)培养学生刻苦勤奋、诚实守信、持之以恒的优良品质以及团结协作精神。

任务 8.1　利用 PLC 和变频器实现电动机的正反转运行

任务描述

很多变频器控制电动机的正反转调速电路,通常采用交流接触器来实现其正转、反转、停止,以及外接信号的控制,其优点是动作可靠、线路简单、企业电工人员易于掌握。但是其缺点是接线复杂,需要较多的硬件设备和空间,且交流接触器在频繁动作时容易损坏,导致维护成本较高。此外,使用交流接触器进行控制还存在一定的安全隐患,如触点打火等问题,需要特别注意安全防护。因此,在实际应用中需要寻找更为可靠、高效、安全的控制方法。而利用 PLC 和变频器实现电动机正反转运行,正是一种理想的解决方案。

本任务采用 PLC(型号为 S7-1200 CPU 1215C DC/DC/DC)控制 G120C 变频器,实现电动机的正反转控制,通过外接电位器调节转速。具体要求如下:按下正转启动按钮 SB1,电动机正转;按下反转启动按钮 SB2,电动机反转;通过外接电位器调节电动机转速;按下停止按钮,电动机停止。

通过本次任务的学习,学生能够掌握变频器模拟量控制的实现方法和相关参数的设置,以及程序的编写。

任务目标

1. 知识目标

(1)说出模拟量输入信号的含义。

(2)总结模拟量输入参数的含义。

(3)设计模拟量实现电动机正反转控制的方案。

2. 能力目标

(1)能绘制模拟量控制变频器运行的原理图。

(2)能进行模拟量输入参数的设置。

（3）能利用外接电位器调节变频器的转速。

3. 素养目标

（1）在进行参数设置时，参数要正确设置且不能漏设，培养学生认真细致的工作态度。

（2）在进行硬件连接时，要求学生按图接线且遵循接线工艺和行业标准，培养学生严谨的工作态度。

（3）培养学生触类旁通、举一反三的学习精神。

任务准备

8.1.1 G120C 模拟量输入端子认知

G120C 变频器为用户提供了 1 路模拟量输入，端子 3、4 分别为 AI 0+，AI 0-。G120C 变频器提供了多种模拟量输入模式，可以使用参数 P0756 进行模拟输入类型的选择，具体如表 8-1-1 所示。

表 8-1-1 模拟量输入参数 P0756 的功能

参数号	设定值	功能	说明
P0756	0	单极性电压输入，0~10 V	带监控是指模拟量输入通道具有监控功能，能够检测断线
	1	单极性电压输入，带监控 2~10 V	
	2	单极性电流输入，0~20 mA	
	3	单极性电流输入，带监控 4~20 mA	
	4	双极性电压输入（出厂设置），-10~10 V	
	8	未连接传感器	

> 注意：必须正确设置模拟量输入通道对应的 DIP 拨码开关位置。电压输入时，DIP 开关调节到位置“U”（出厂设置）；电流输入时，DIP 开关调节到位置“I”。

参数 P0756 修改了模拟量输入的类型后，变频器会自动调整模拟量输入的标定。线性标定曲线由两个点（P0757，P0758）和（P0759，P0760）确定，也可以根据需要调整标定参数。以 P0756[0]=4 模拟量输入 AI 0 标定为例，具体设置如表 8-1-2 所示。

表 8-1-2 模拟量输入的参数设置

<table>
<tr><th>参数号</th><th>设定值</th><th>功能</th><th>曲线图</th></tr>
<tr><td>P0757</td><td>-10</td><td rowspan="2">输入电压-10 V 对应-100%的标度及-50 Hz</td><td rowspan="5">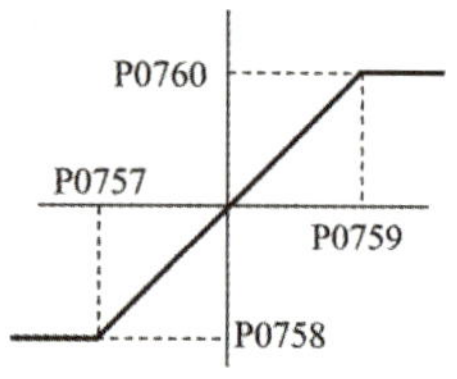
</td></tr>
<tr><td>P0758</td><td>-100%</td></tr>
<tr><td>P0759</td><td>10</td><td rowspan="2">输入电压+10 V 对应 100%的标度及 50 Hz</td></tr>
<tr><td>P0760</td><td>100%</td></tr>
<tr><td>P0761</td><td>0~20</td><td>死区宽度</td></tr>
</table>

8.1.2 G120C 模拟量输入的预定义宏

G120C 变频器为模拟量输入提供了 7 种预定义宏，分别为宏 12、13、15、17、18、19、20，如表 8-1-3 所示。

表 8-1-3 模拟量输入预定义宏

宏 12：端子启动模拟量调速。 宏 13：端子启动模拟量调速，预留安全功能	宏 15：模拟给定和电动电位器（MOP）切换。 DI 3 断开时，选择模拟量设定方式；DI 3 接通时，选择电动电位器（MOP）设定方式	
5 DI 0 ON/OFF1 6 DI 1 换向 7 DI 2 应答 8 DI 3 16 DI 4 预留用于安全功能 17 DI 5 预留用于安全功能 3 AI 0+ 设定值 4 AI 0– I U –10~10 V	5 DI 0 ON/OFF1 6 DI 1 外部故障 7 DI 2 应答 8 DI 3 LOW 16 DI 4 17 DI 5 3 AI 0+ 设定值 4 AI 0– I U –10~10 V	5 DI 0 ON/OFF1 6 DI 1 外部故障 7 DI 2 应答 8 DI 3 HIGH 16 DI 4 MOP升高 17 DI 5 MOP降低 3 AI 0+ 4 AI 0–
宏 17：双方向两线制控制，模拟量调速（方法 2）。 宏 18：双方向两线制控制，模拟量调速（方法 3）	宏 19：双方向三线制控制，模拟量调速（方法 1）	宏 20：双方向三线制控制，模拟量调速（方法 2）
5 DI 0 ON/OFF1/正转 6 DI 1 ON/OFF1/反转 7 DI 2 应答 8 DI 3 16 DI 4 17 DI 5 3 AI 0+ 设定值 4 AI 0– I U –10~10 V	5 DI 0 使能/OFF1 6 DI 1 ON/正转 7 DI 2 ON/反转 8 DI 3 16 DI 4 17 DI 5 3 AI 0+ 设定值 4 AI 0– I U –10~10 V	5 DI 0 使能/OFF1 6 DI 1 ON 7 DI 2 换向 8 DI 3 应答 16 DI 4 17 DI 5 3 AI 0+ 设定值 4 AI 0– I U –10~10 V

注：①宏 17 时只能在电动机停止后接收新的控制指令，如果端子 5 和 6 同时接通，电动机按照以前的方向旋转；

②宏 18 时电动机在任何时候都能接收新的控制指令，如果端子 5 和 6 同时接通，电动机将按照 OFF1 斜坡停车。

任务实施

1. 设备与器材

（略）

2. 内容与步骤

1）绘制原理图

根据任务的控制要求可知，G120C 变频器的模拟信号来自外部电位器，电位器两端电压取自 G120C 内部的 10 V 电源，如图 8-1-1 所示。本任务选用电压信号输入，需将第一个拨码开关拨向“U”位置。图中 SB1 为正转启动按钮，SB2 为反转启动按钮，SB3 为停止按钮，Q0.0 为电动机正转运行，Q0.1 为电动机反转运行，可以通过外接电位器 R_P 调速。

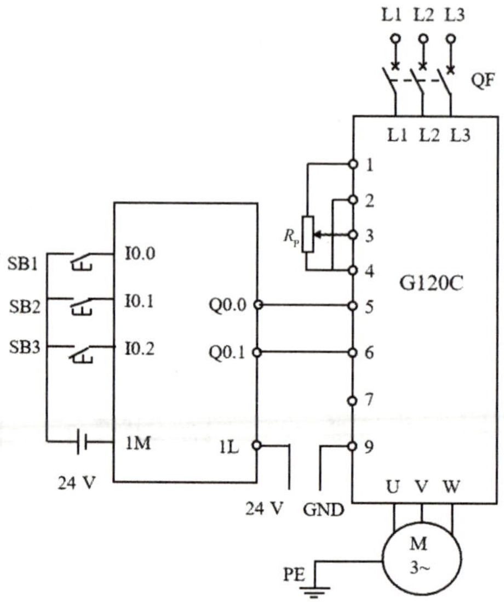

图 8-1-1　PLC 控制变频器正反转控制电位器调速的原理图

2）参数设置

本任务中 DI 0 为正转启动信号，DI 1 为反转启动信号，参数具体设置如表 8-1-4 所示。

表 8-1-4　电位器调速的电动机正反转点动运行参数设置

参数号	参数值	说明
P0003	3	专家级
P0010	1	进入快速调试，设置宏参数
P0015	17/18	宏 17：双方向两线制控制，模拟量调速（方法 2）。 宏 18：双方向两线制控制，模拟量调速（方法 3）
P0010	0	宏参数设置完成，退出快速调试
P0756	0	单极性电压输入，0~ 10 V
P0757	0	输入电压 0 V 对应 0%的标度及 0 Hz
P0758	0%	
P0759	10	输入电压 10 V 对应 0%的标度及 50 Hz
P0760	100%	

注意：相关参数必须分别在下标[0]中设置。

3）硬件连接

参照图 8-1-1 所示原理图进行线路连接，经检查或测量确认无误后进入下一实施环节。

4）编制梯形图

硬件连接和参数设置好后，编制梯形图。PLC 控制变频器正反转的梯形图如图 8-1-2

所示。

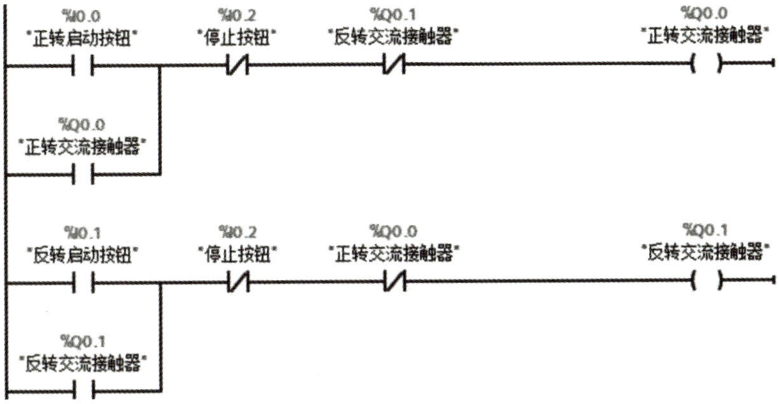

图 8-1-2　PLC 控制变频器正反转的梯形图

5）系统调试

程序编制后，下载至 PLC。按下正转启动按钮 SB1，将电位器调至最小，即输入电压为 0 V，观察电动机是否运行，若运行，运行速度是多少？然后调节电位器，使输入电压分别为 2 V、4 V、6 V、8 V 和 10 V，观察电动机的运行速度是否与表 8-1-2 中曲线图一致；如果按下 SB3，电动机能否停止。

同理，按下反转启动按钮 SB2，观察现象。

任务考核

（见“任务 8.1 考核标准”码课）

任务 8.1 考核标准

任务拓展

当 P0015=12、19、20 时，程序如何编制？

练习题

（见“任务 8.1 练习题”码课）

任务 8.1 练习题

任务 8.2　利用 PLC 和变频器实现电动机的多段速运行

任务描述

起重机、提升机、立体仓库等设备需要根据负载和操作要求调整速度。PLC 和变频器的组合可以实现这些设备的多段速运行，提高操作的灵活性和安全性。

天车作为一种重要的起重设备，广泛应用于各种工业场合，如工厂、仓库、码头等。在这些场合中，天车需要根据不同的负载和操作要求，以不同的速度运行。通过 PLC 和变频器的组合，可以实现对天车电动机的多段速控制，这种控制方式不仅提高了天车的操作灵活性，还大大增强了其安全性和稳定性。

本任务以天车的控制为例，使学生熟悉多段速控制各参数的含义并掌握 PLC 控制 G120C 变频器实现多段速控制的方法。

利用 PLC 和 G120C 变频器实现电动机四段速控制的具体要求如下：按下按钮 SB1，电动机以 500 r/min 的转速运行；按下按钮 SB2，电动机以 700 r/min 的转速运行；按下按钮 SB3，电动机以 1 000 r/min 的转速运行；按下按钮 SB4，电动机以 1 200 r/min 的转速运行。任何时候只能按下一个按钮，当松开按钮时，电动机停止运行。

任务目标

1. 知识目标

(1)说明 PLC 控制变频器的接线原理。

(2)能解释利用 PLC 和变频器实现多段速运行所涉及参数的含义。

(3)总结利用 PLC 和变频器实现多段速控制的方法。

2. 能力目标

(1)能熟练指出 G120C 宏 1、2、3 的含义及各端子的功能。

(2)能独立完成 G120C 和 PLC 之间的连接并检测。

(3)能利用 PLC 和变频器实现多段速控制。

3. 素养目标

(1)在变频器接线过程中培养学生严谨求实的精神。

(2)培养学生搜集信息和总结信息的能力。

任务准备

8.2.1 PLC 和 G120C 变频器实现电动机多段速运行

PLC 和变频器既可以利用宏参数 1、2、3 实现电动机多段速运行，也可以配合使用开关量端子实现电动机多段速控制。

但是利用宏定义实现多段速控制时，不能实现大于 4 个固定频率的多段速运行。为了实现电动机大于 4 个固定频率的多段速运行，有两种固定设定值模式：直接选择模式和二进制选择模式。当参数 P1016=1 时，选定直接选择模式；当参数 P1016=2 时，选定二进制选择模式。

1. 直接选择模式

最多可以设置 4 个数字输入信号。采用直接选择模式，需要设置参数 P1016=1。其中，参数 P1020~P1023 为固定设定值的选择信号，如表 8-2-1 所示。

表 8-2-1　P10120~P1023 为固定设定值的选择信号

参数号	说明	参数号	说明
P1001	固定设定值 1	P1020	固定设定值 1 的选择信号
P1002	固定设定值 2	P1021	固定设定值 2 的选择信号
P1003	固定设定值 3	P1022	固定设定值 3 的选择信号
P1004	固定设定值 4	P1023	固定设定值 4 的选择信号

2. 二进制选择模式

4 个数字量输入通过二进制编码方式选择固定设定值，使用这种方法最多可以选择 15 个固定频率值，不同的数字输入状态对应的固定设定值如表 8-2-2 所示。采用二进制选择模式，需要设置参数 P1016=2。

表 8-2-2　二进制选择模式下 DI 状态与设定值对应表

固定设定值	P1023 选择的 DI 状态	P1022 选择的 DI 状态	P1021 选择的 DI 状态	P1020 选择的 DI 状态
P1001 固定设定值 1				1
P1002 固定设定值 2			1	
P1003 固定设定值 3			1	1
P1004 固定设定值 4		1		
P1005 固定设定值 5		1		1
P1006 固定设定值 6		1	1	
P1007 固定设定值 7		1	1	1
P1008 固定设定值 8	1			
P1009 固定设定值 9	1			1
P1010 固定设定值 10	1		1	
P1011 固定设定值 11	1		1	1
P1012 固定设定值 12	1	1		
P1013 固定设定值 13	1	1		1
P1014 固定设定值 14	1	1	1	
P1015 固定设定值 15	1	1	1	1

以实现电动机的五段速控制为例，具体要求如下：闭合 SA，同时按下 SB1，电动机以 100 r/min 的转速运行，松开 SB1，按下 SB2 电动机以 200 r/min 的转速运行；松开 SB2，按下

SB3，电动机以 300 r/min 的转速运行；松开 SB3，按下 SB4，电动机以 400 r/min 的转速运行；松开 SB4，按下 SB5，电动机以 500 r/min 的转速运行；断开 SA，电动机停止运行。以上各段频率运行均为点动控制。

本任务的具体参数设置如表 8-2-3 所示。

表 8-2-3　电动机五段速控制的参数设置

参数号	参数值	说明
P840	722.0	5 号端子 DI 0 作为变频器的启动/停止信号
P1000	3	固定频率运行
P1001	100 r/min	第一段速转速
P1002	200 r/min	第二段速转速
P1003	300 r/min	第三段速转速
P1004	400 r/min	第四段速转速
P1005	500 r/min	第五段速转速
P1016	2	二进制选择模式
P1020	722.1	选定 6 号端子 DI 1 作为速度信号
P1021	722.2	选定 7 号端子 DI 2 作为速度信号
P1022	722.3	选定 8 号端子 DI 3 作为速度信号
P1070	r1024	转速固定设定值有效

根据设计方案，可以绘制出电气原理图，如图 8-2-1 所示，其控制程序如图 8-2-2 所示。

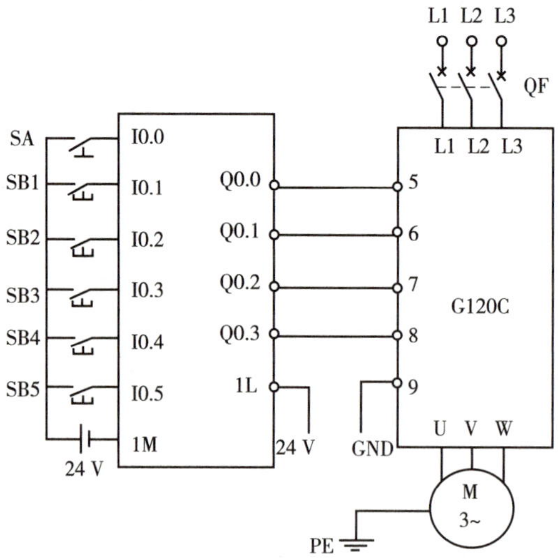

图 8-2-1　电动机五段速控制的 PLC 接线图

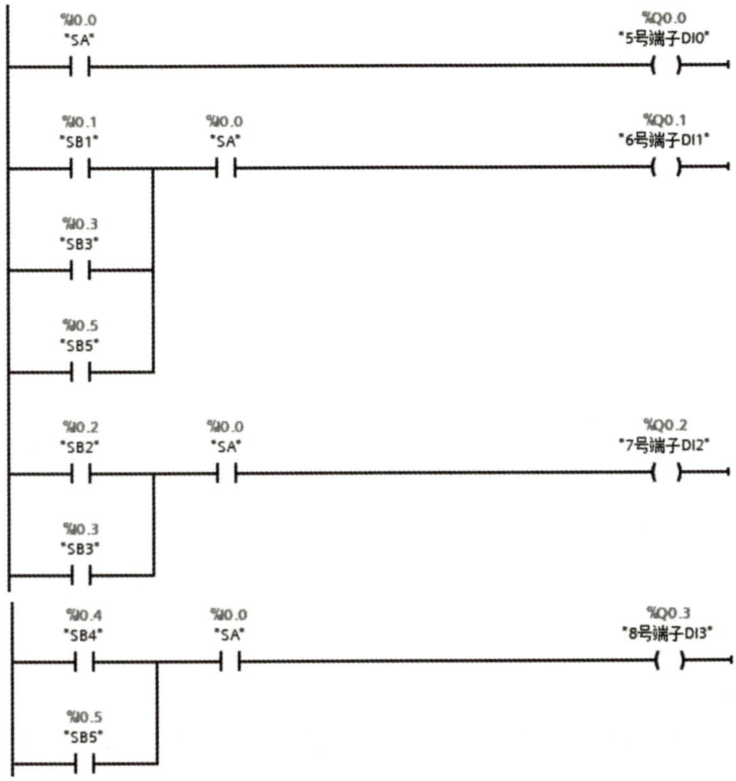

图 8-2-2　电动机五段速控制的梯形图

任务实施

1. 设备与器材

（略）

2. 内容与步骤

1）绘制原理图

利用 PLC 和变频器实现电动机多段速控制的原理图如图 8-2-3 所示。

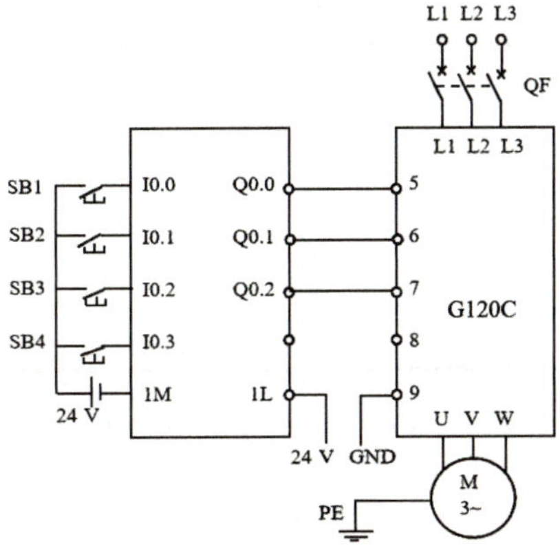

图 8-2-3　利用 PLC 和变频器实现电动机多段速控制的原理图

2)参数设置

本任务中根据控制要求可选择宏参数为3,因为固定设定值1任何时刻都被选中,因此P1001、P1002、P1003、P1004需设置为P1001=500 r/min,P1002=200 r/min,P1003=500 r/min,P1004=700 r/min,如表8-2-4所示。

表 8-2-4　变频器多段速控制的参数设置

参数号	参数值	说明
P3	3	
P10	1	
P15	3	单方向四个固定转速
P10	0	
P1001	500	固定设定值 1
P1002	200	固定设定值 2
P1003	500	固定设定值 3
P1004	700	固定设定值 4

3)硬件连接

参照图8-2-3所示原理图进行线路连接,经检查或测量确认无误后进入下一实施环节。

4)梯形图编写

由于天车运行是点动控制,所以其梯形图如图8-2-4所示。

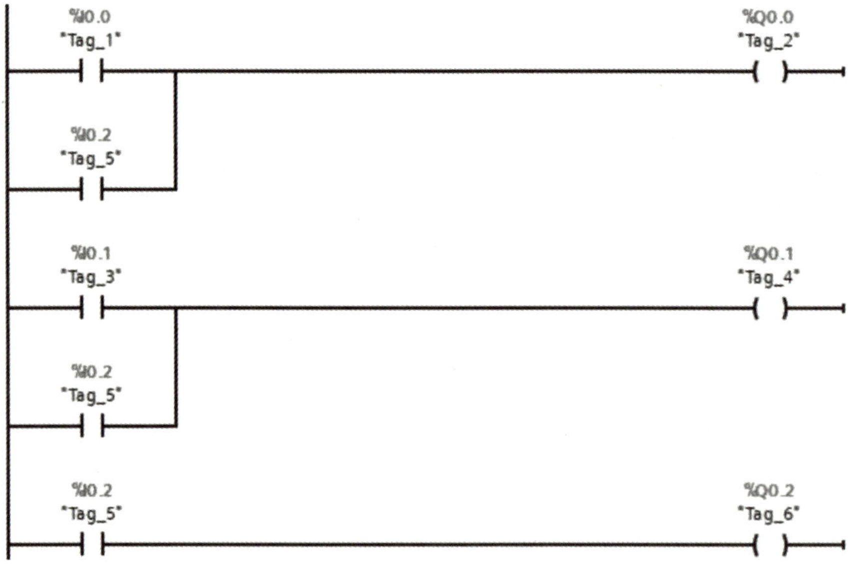

图 8-2-4　PLC 控制多段速的梯形图

5)系统调试

程序下载成功后,按下按钮SB1,观察变频器以哪个速度运行;松开SB1,观察变频器状态。

按下按钮 SB2，观察变频器以哪个速度运行；松开 SB2，观察变频器状态。

按下按钮 SB3，观察变频器以哪个速度运行；松开 SB3，观察变频器状态。

按下按钮 SB4，观察变频器以哪个速度运行；松开 SB4，观察变频器状态。

任务考核

（见“任务 8.2 考核标准”码课）

任务 8.2 考核标准

任务拓展

在该任务中，若转速是负值控制，该如何处理？

练习题

（见“任务 8.2 练习题”码课）

任务 8.2 练习题

任务 8.3　S7-1200 PLC 通信控制 G120 变频器

任务描述

科技创新

在现代工业自动化系统中，PLC 与变频器之间的通信控制是实现高效、精确控制的关键。S7-1200 PLC 作为西门子自动化系列中的一款重要产品，具有强大的通信功能和灵活的编程能力。而 G120 变频器是西门子推出的高性能变频器，能够提供灵活的控制方式和优异的控制性能，非常适合与 PLC 配合使用，共同构建高效的调速系统。

通过 S7-1200 PLC 与 G120 变频器的通信，可以实现多种控制策略，包括速度控制、位置控制以及转矩控制等。这些控制策略的实现依赖于 PLC 与变频器之间的数据交换，包括设定值的发送、实际值的反馈以及状态信息的传递。在实际应用中，S7-1200 PLC 通过发送控制指令给 G120 变频器，实现对电动机的启动、停止和速度调节。此外，PLC 还可以实时读取变频器的状态数据，如当前转速、故障信息等，以便进行及时的故障处理和优化控制。

本任务详细描述了 S7-1200 与 G120C 变频器的 PROFINET 通信、控制西门子 G120C 变频器的项目实施过程，包括博途硬件组态、SINAMICS G120C 变频器配置以及编程使用变量表实现转速控制的步骤。

通过 PROFINET 网络控制电动机的运行，具体要求如下：若按下正向启动按钮 SB1，由 G120C 变频器驱动的电动机正向运行且正向运行指示灯 HL1 亮，转速为 50 r/min；若按下反向启动按钮 SB2，电动机反向运行且反向运行指示灯 HL2 亮，转速 30 r/min；按下停止按钮 SB3 时,电动机停止。

通过本任务的学习,学生能够掌握 PROFINET 通信控制电动机运行的硬件组态、参数配置、程序编写的方法。

任务目标

1. 知识目标

(1)说明现场总线控制变频器的参数配置。

(2)总结 PLC 通信控制 G120C 变频器的硬件组态的方法。

(3)设计 PROFINET 通信控制变频器运行程序的方案。

2. 能力目标

(1)能正确解释宏 7 的含义。

(2)能对 G120C 变频器进行名称和 IP 地址的配置。

(3)能说出变频器常用控制字的含义。

(4)能独立编制 PROFINET 通信控制变频器运行程序。

3. 素养目标

(1)通过变频器的名称和 IP 地址设置,培养学生认真严谨的学习态度,让他们意识到设备名称和 IP 地址的一字之差对系统的影响。

(2)培养学生团队合作、共同解决问题的能力,培养学生积极探究的精神。

任务准备

8.3.1 G120 PROFINET 通信功能概述

SINAMICS G120C 支持基于 PROFINET 的周期过程数据交换和变频器参数访问。

周期过程数据交换是指 PROFINET IO 控制器(PLC)将控制字和主给定值等过程数据周期性发送至变频器,并从变频器周期性地读取状态字和实际转速等过程数据。

变频器参数访问是指通过提供的 PROFINET IO 控制器(PLC)访问变频器参数的接口,有以下两种方式能够访问变频器的参数。

(1)周期性通信的 PKW 通道(参数数据区):通过 PKW 通道 PROFINET IO 控制器可以读写变频器参数,每次只能读或写一个参数,PKW 通道的长度固定为 4 个字。

(2)非周期通信:PROFINET IO 控制器通过非周期通信访问变频器数据记录区,每次可以读或写多个参数。

8.3.2 PROFINET 报文结构及控制字和状态字

FROFINET 报文分为两种主要类型:PKW 和 PZD。PKW 主要用于读写参数值,包括

USS 通信,而 PZD 则用于周期性地读写控制字、状态字、给定值和实际反馈值等过程数据。PZD 的通信速度快但数量有限,而 PKW 通信不受数量限制但响应速度较慢,因此通常推荐使用 PZD 来控制传动系统。

1.PZD 报文结构

PKW	PZD01	PZD02	PZD03	PZD04	PZD05	PZD06	PZD07	PZD08	PZD09	PZD10	PZD11	PZD12	PZD13	PZD14

报文 1:转速控制

STW1	NSOLL_A
ZSW1	NIST_A

报文 2:转速控制

STW1	NSOLL_B	STW3
ZSW1	NIST_B	ZSW3

报文 3:转速控制,1 个位置编码器

STW1	NSOLL_B	STW3	G1_STW		
ZSW1	NIST_B	ZSW3	G1_ZSW	G1_XIST1	G1_XIST2

报文 4:转速控制,2 个位置编码器

STW1	NSOLL_B	STW3	G1_STW	G2_STW				
ZSW1	NIST_B	ZSW3	G1_ZSW	G1_XIST1	G1_XIST2	G2_ZSW	G2_XIST1	G2_XIST2

报文 20:转速控制 VIK/NAMUR

STW1	NSOLL_A				
ZSW1	NIST_A GLATT	IAIST_ GLATT	MIST_ GLATT	PIST_ GLATT	MELD_ NAMUR

报文 350:转速控制

STW1	NSOLL_B	M_LIM	STW3
ZSW1	NIST_A GLATT	IAIST_ GLATT	ZSW3

报文 352:PCS7 的转速控制

STW1	NSOLL_A	PCS7的过程数据			
ZSW1	NIST_A GLATT	IAIST_ GLATT	MIST_ GLATT	WARN_ CODE	FAULT_ CODE

报文 353:转速控制,带有用于读写的 PKW 范围

PKW	STW1	NSOLL_A
	ZSW1	NIST_A

报文 354:PCS7 的转速控制,带有用于读写的 PKW 范围

PKW	STW1	NSOLL_A	PCS7的过程数据			
	ZSW1	NIST_A GLATT	IAIST_ GLATT	MIST_ GLATT	WARN_ CODE	FAULT_ CODE

报文 999:自由互联

STW1	接收数据的报文长度
ZSW1	发送数据的报文长度

报文中各元素说明如表 8-3-1 所示。

表 8-3-1　报文说明

缩写	含义说明	缩写	含义说明
STW1	控制字 1	MIST_GLATT	经过平滑的转矩实际值
ZSW1	状态字 1	PIST	有功功率实际值
STW3	控制字 3	M_LIM	转矩限值
ZSW3	状态字 3	FAULT_CODE	故障号
NSOLL_A	转速设定值 16 位	WARN_CODE	警告编号
NSOLL_B	转速设定值 32 位	MELD_NAMUR	故障字,依据 VIK/NAMUR 定义
NIST_A	转速实际值 16 位	G1_STW/ G2_STW	编码器 1 或编码器 2 的控制字
NIST_B	转速实际值 32 位	G1_ZSW/ G2_ZSW	编码器 1 或编码器 2 的状态字
IAIST	电流实际值	G1_XIST1/ G2_XIST1	编码器 1 或编码器 2 的位置实际值 1
IAIST_GLATT	经过滤波的电流实际值	G1_XIST2/ G2_XIST2	编码器 1 或编码器 2 的位置实际值 2

2. 控制字

控制字 r2090[0...15]为二进制互联输出,用于以位方式连接 PROFLdrive 控制器接收到的 PZD1,其每一位的名称及参数设置如表 8-3-2 所示。

表 8-3-2　控制字功能表

控制字位	功能	参数
0	ON/OFF1	r54.0
1	OFF2 停车	r54.1
2	OFF3 停车	r54.2
3	脉冲使能	r54.3
4	使能斜坡函数发生器	r54.4
5	继续斜坡函数发生器	r54.5
6	使能转速设定值	r54.6
7	故障应答	r54.7
8、9	JOG 位 0，JOG 位 1	
10	通过 PLC 控制	r54.10
11	反向	r54.11
12	未使用	r54.12
13	电动电位计升速	r54.13
14	电动电位计降速	r54.14
15	CDS 位 0	r54.15

常用控制字有：OFF1 停车的控制字（047E，十六进制）；正转启动的控制字（047F，十六进制）；反转启动的控制字（0C7F，十六进制）；故障复位的控制字（04FE，十六进制）。

3. 状态字

状态字用于反映当前 G120C 变频器的运行状态，一共有 15 位，每一位的名称及参数设置如表 8-3-3 所示。

表 8-3-3　状态字功能表

状态字位	功能	参数
0	接通就绪	r52.0
1	运行就绪	r52.1
2	运行使能	r52.2
3	存在故障	r52.3
4	OFF2 激活	r52.4
5	OFF3 激活	r52.5
6	禁止合闸	r52.6
7	存在报警	r52.7
8	转速差在公差范围内	r52.8
9	控制请求	r52.9
10	达到或超出比较速度	r52.10

续表

状态字位	功能	参数
11	达到 I、P、M 的极限	r52.11
12	装置抱闸打开	r52.12
13	电动机超温报警	r52.13
14	电动机正向旋转	r52.14
15	变频器过载报警	r52.15

8.3.3 S7–1200 与 G120C 的 PROFINET PZD 通信

本任务详细描述了 S7-1200 与 G120C 变频器的 PROFINET PZD 通信，以组态标准报文 1 为例，介绍通过 S7-1200 如何控制变频器的启停、调速以及读取变频器状态字和电动机实际转速。

1. 硬件列表

S7-1200 PLC 和 G120 变频器通信控制的硬件列表如表 8-3-4 所示。

表 8-3-4 硬件列表

设备	订货号
S7-1200 CPU 1215C/DC/DC/DC	6ES7 215-1AG40-0XB0
G120C	6SL3 210-1KE12-3UF2

2. 硬件组态

1)创建工程项目

双击桌面上的 TIA V16 图标，打开博途软件，在博途视图中选择“创建新项目”，输入项目名称“G120C 网络通信应用”，选择项目保存路径，然后单击“创建”按钮完成创建。

2)硬件组态

在项目视图的项目树中双击“添加新设备”选项，添加设备名称为 PLC1 的设备 CPU 1215C(CPU 的型号与实物相同)，并进行 IP 地址配置，此处将其配置为 192.168.0.1。

在项目视图的项目树中再次点击“添加新设备”选项添加变频器，具体操作如下：“添加新设备”→“驱动”→“SINAMICS 驱动”→“SINAMICS G120C”，如图 8-3-1 所示。需要注意的是，在进行变频器组态时，需选择和实物变频器相同的订货号和版本。

先单击“网络视图”，再单击 G120C 变频器上的“未分配”，最后单击出现的“PLC 1.PROFINET 接口_1”，完成选择 IO 控制器的连接，即在 PLC 与变频器之间建立一条绿色以太网连接(或选中 PLC 上的以太网接口，按住鼠标将其拖至变频器上的以太网接口)，如图 8-3-2 所示。

完成 PLC 和变频器的网络连接后，在变频器的巡视窗口中可以看到变频器自动匹配和 PLC 在同一网段的 IP 地址，本例中变频器的 IP 地址自动匹配为 192.168.0.2。

图 8-3-1　G120C 变频器组态

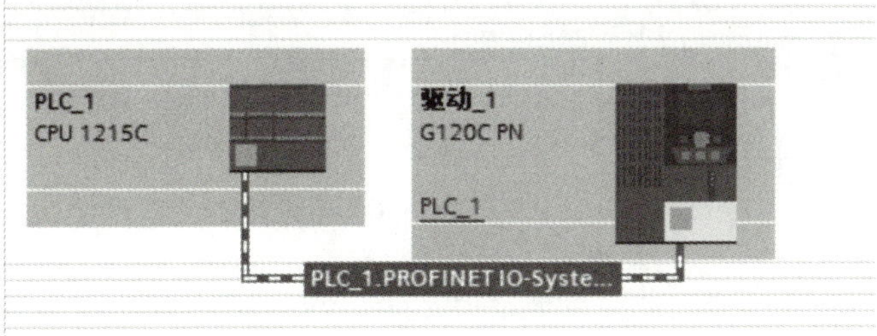

图 8-3-2　PLC 和变频器的网络连接

> 注意：配置变频器时，变频器的名称和 IP 地址要与硬件组态时的名称和 IP 地址一致。

3)进行 G120C 变频器的报文配置

在 G120C 变频器的巡视窗口可以进行报文配置，在进行报文配置时，需注意驱动发送数据至通信伙伴的设置和驱动从通信伙伴接收数据的设置。

如图 8-3-3 所示是驱动发送数据至通信伙伴（即 PLC）时的报文配置，其采用的报文是标准报文,默认起始地址是 IW256,长度是 2 个字,即 IW256 和 IW258。该地址也可以自行修改,本例不做修改。

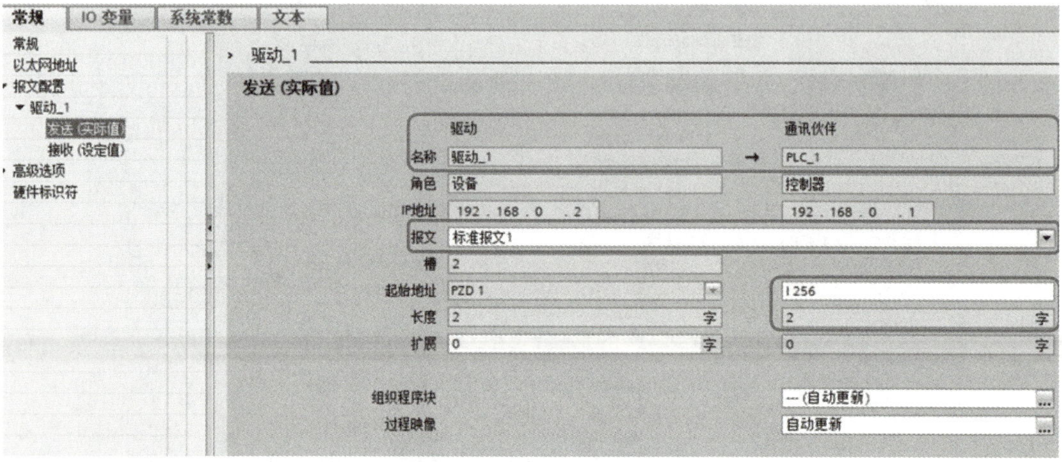

图 8-3-3　驱动发送数据至通信伙伴的报文配置

如图 8-3-4 所示是驱动接收通信伙伴(即 PLC)发出数据时的报文配置,其采用的报文是标准报文,默认起始地址是 QW256,长度是 2 个字,即 QW256 和 QW258。该地址也可以自行修改,本例不做修改。

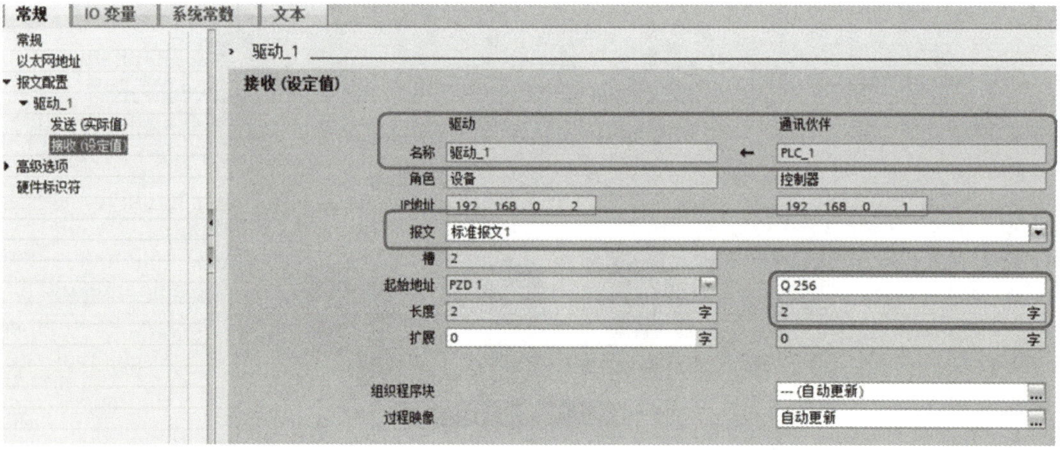

图 8-3-4　驱动接收通信伙伴发出数据的报文配置

4)组态编译和下载

将以上硬件组态进行保存编译并下载到 CPU 中。

3. G120C 变频器调试和参数修改

将 G120C 变频器转至在线后,发现其在线预览位置提示下位组件错误,如图 8-3-5 所示。此时需要对变频器进行调试。

双击项目树中“驱动”下的“调试”选项,进入如图 8-3-6 所示调试界面。在调试界面可进行变频器的复位、快速调试、控制面板操作、电动机优化等。

图 8-3-5　G120C 变频器在线预览界面

图 8-3-6　G120C 变频器调试界面

首先根据图 8-3-7 所示调试向导、进行电动机参数设置，电动机参数设置完成后再进行电动机优化，完成以上操作后 G120C 变频器在线预览界面如图 8-3-8 所示。说明变频器通信良好，此时可利用如图 8-3-9 所示控制面板对变频器进行控制面板操作。

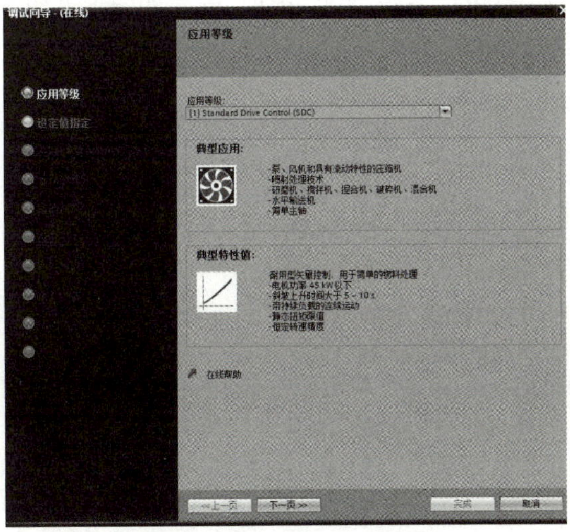

图 8-3-7　变频器调试向导界面

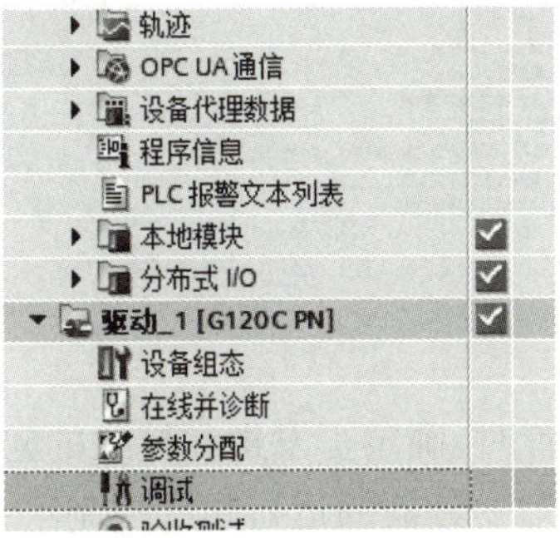

图 8-3-8　调试和优化后变频器在线预览界面

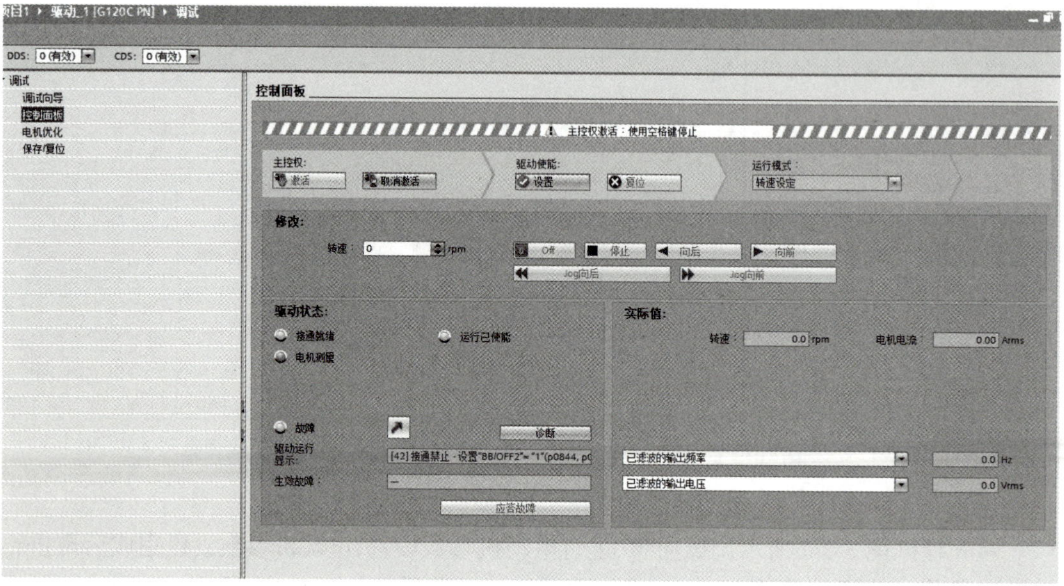

图 8-3-9　变频器控制面板

双击项目树中“驱动”下的“参数分配”选项，进入如图 8-3-10 所示参数视图。在该界面可进行变频器的参数的修改和查阅。

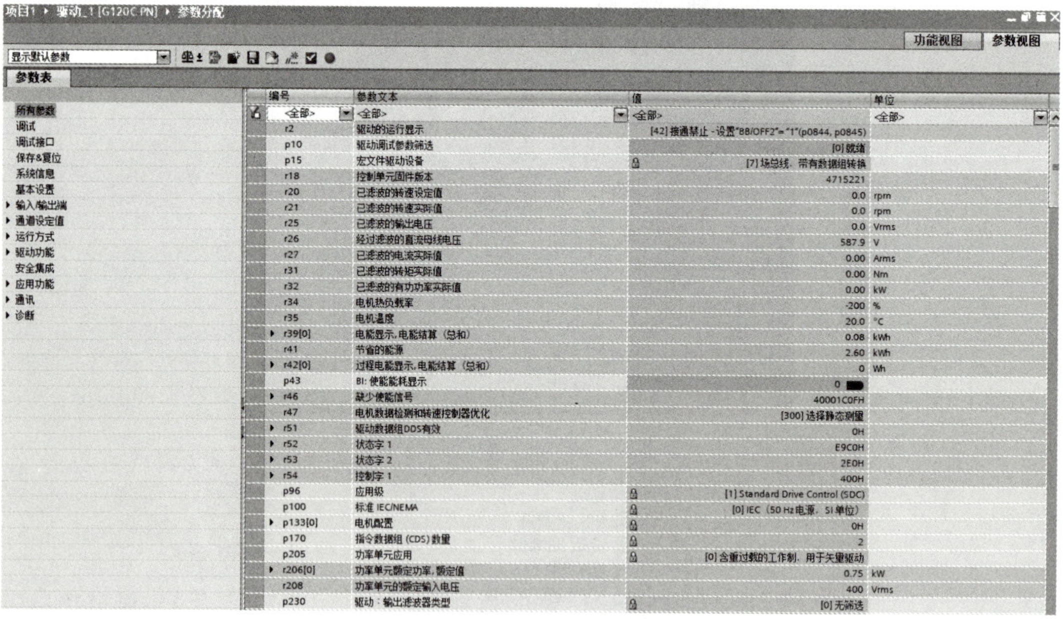

图 8-3-10　变频器参数视图

4. 程序编写

G120C 变频器进行报文配置时，确定了发送和接收的起始地址和报文长度，QW256 为变频器的命令控制字，QW258 为变频器的运行频率控制字，IW256 为变频器运行状态反馈字，IW258 为变频器实际运行转速反馈字。打开 OB1 组织块编写程序，以太网控制变频器运行程序如图 8-3-11 所示。

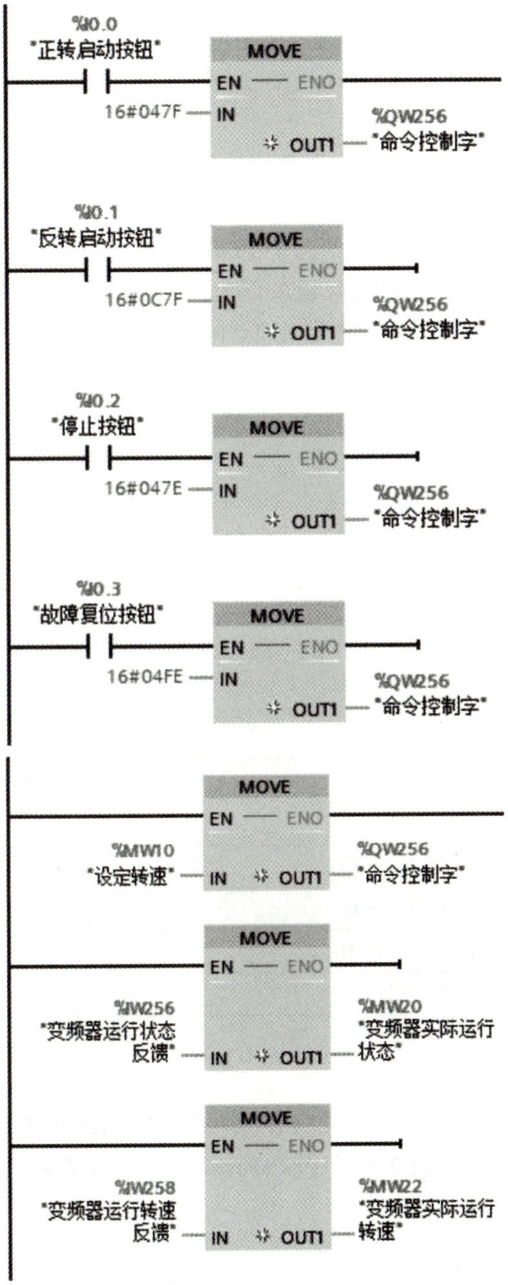

图 8-3-11　PROFINET 通信控制实现变频器运行的程序

程序说明：

前 4 行程序功能分别是：正转启动变频器并运行；其控制字为 16#047F；反转启动变频器并运行，其控制字为 16#0C7F；停止变频器，其控制字为 16#047E；消除故障，复位变频器控制字为16#04FE。

第5行程序，给定变频器的运行频率，给定数据16#0000~16#4000对应于给定频率0~50 Hz，即对应于0至额定转速。

第6行程序，监控变频器的运行状态，如是否运行、是否有故障等。

第7行程序，监控变频器驱动电动机的实际运行转速。16#0000~16#4000对应于0至额定转速。

注意：变频器的启动和停止信号均为脉冲信号。

5. 下载调试

程序编写好后，进行编译和保存。选中PLC_1设备下载，打开OB1并启动监控功能。为了调节电动机的转速，并监控电动机的运行，可在线修改变频器的运行转速设定值MW10。在启动变频器之前，最好先触发变频器停止信号，然后再触发变频器运行信号。

任务实施

1. 设备与器材

（略）

2. 内容与步骤

1）I/O分配表

根据任务描述，列写本任务的I/O分配表，如表8-3-5所示。

表8-3-5　I/O分配表

信号类型	描述	数据类型	I/O地址
DI	SB1正向启动按钮	Bool	I0.0
	SB2反向启动按钮	Bool	I0.1
	SB3停止按钮	Bool	I0.2
DQ	HL1正转指示灯	Bool	Q0.0
	HL2反转指示灯	Bool	Q0.1

2）原理图绘制

将正向启动按钮SB1、反向启动按钮SB2、停止按钮SB3作为PLC的输入信号，将电动机正反向运行指示灯HL1和HL2作为PLC的输出信号，可绘制出PROFINET通信控制电动机运行的原理图如图8-3-12所示。

3）硬件连接

参照图8-3-12所示原理图进行硬件接线，并检测线路。检测无误后方可进入下一实施环节。

4）参数设置

本任务使用PROFINET通信控制电动机运行，在此将预定义宏参数P15选择为7，电动机的相关参数务必与电动机的铭牌数据一致。

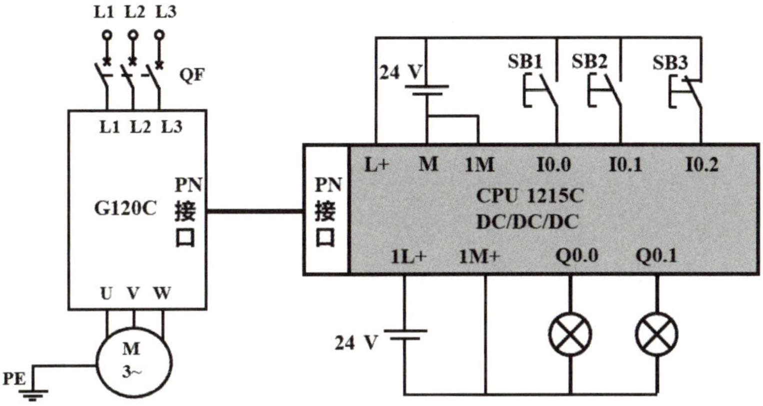

图 8-3-12　PROFINET 通信控制电动机运行的原理图

5）硬件组态

新建一个基于 PROFINET 通信控制电动机运行的项目，打开编程软件，添加 S7-1200 PLC 的 CPU 1215C 模块和 G120C 变频器并进行配置。具体方法参照本任务“S7-1200 与 G120C 的 PROFINET PZD 通信”进行设置。

6）软件编程

PROFINET 通信控制电动机运行的 PLC 变量表如图 8-3-13 所示。

通信控制电动机运行梯形图

		名称	数据类型	地址
1		正向启动按钮	Bool	%I0.0
2		反向启动按钮	Bool	%I0.1
3		停止按钮	Bool	%I0.2
4		正向指示灯	Bool	%Q0.0
5		反向指示灯	Bool	%Q0.1

图 8-3-13　PROFINET 通信控制电动机运行的 PLC 变量表

PROFINET 通信控制电动机运行的程序见“通信控制电动机运行梯形图”码课。

任务考核

（见“任务 8.3 考核标准”码课）

任务 8.3 考核标准

任务拓展

正反转控制要求同上，要求：按下停止按钮 SB3 时，电动机先以 150 r/min 的转速运行 5 s，然后停止运行。

练习题

（见“任务 8.3 练习题”码课）

任务 8.3 练习题

参考文献

References

[1] 谢军. 组态技术应用教程[M]. 2 版. 北京：中国铁道出版社，2021.

[2] 董玲娇，颜晓河. 组态控制技术[M]. 北京：机械工业出版社，2024.

[3] 江珊珊，老盛林. 工业组态控制技术项目化教程[M]. 北京：机械工业出版社，2024.

[4] 侍寿永，王玲. 西门子 PLC、变频器与触摸屏技术及综合应用：S7-1200、G120、KTP 系列 HMI[M]. 北京：机械工业出版社，2023.

[5] 陈丽，程德芳. PLC 应用技术（S7-1200）[M]. 北京：机械工业出版社，2021.

[6] 余攀峰. 西门子 S7-1200 PLC 项目化教程[M]. 北京：机械工业出版社，2023.

[7] 吴繁红. 西门子 S7-1200 PLC 应用技术项目教程[M]. 2 版. 北京：电子工业出版社，2022.

[8] 戴花林. S7-1200 PLC 应用技术项目式教程 [M]. 北京：北京理工大学出版社，2022.

[9] 孙琳. PLC 应用技术：西门子 S7-1200 [M]. 北京：北京理工大学出版社，2023.

[10] 李俊婷，黄文静. 电气控制与 PLC：西门子 S7-1200 [M]. 北京：北京理工大学出版社，2021.

[11] 赵秋玲，丁晓玲，牟海春，等. PLC 高级应用与人机交互 [M]. 北京：北京理工大学出版社，2021.

[12] 方涛. 电动机控制与调速技术 [M]. 北京：北京理工大学出版社，2020.